확률
Fun & Easy

| 이훈 지음 |

PROBABILITY FUN & EASY

한티미디어

저자 소개

이 훈

고 3때 '앞으로 전자공학의 시대가 열릴 것'이라는 고교 은사님의 말씀을 듣고 경북대학교 전자공학과에 진학하였다. 대학 재학 중 외국의 잡지를 읽으면서 눈에 보이지 않는 무선통신의 매력에 빠져서 석사과정에서는 무선통신공학을 전공하였다. 석사학위 취득 후 KT R&D 센터에 근무하면서 외국의 잡지와 논문을 읽다가 'computer & communication'이라는 주제에 관심을 가지게 되고 '머지 않아 인터넷 시대가 올 것'을 알았다.

서른 살이 되던 해에 회사의 해외유학생 파견 프로그램에 선발되어 일본 미야기현(宮城縣) 센다이시(仙台市)에 있는 도호쿠대(東北大)로 유학 가서 '인터넷의 서비스품질 보장에 관한 연구'로 공학박사 학위를 받았다. 그 뒤 다시 KT 연구개발본부에서 인터넷 설계 업무에 종사하였다.

마흔 살이 되던 해에 창원대학교 정보통신공학과로 옮겨서 연구와 교육에 종사하고 있다. 강의 과목은 이산수학, 확률론, 컴퓨터네트워크, 사물인터넷이고 연구 관심 분야는 사물인터넷이다. 2021년 6월 현재 130여 편의 논문을 국내외 저널과 학회에 발표하였다. 저서로는 이 책 이외에 대기행렬의 기초, 사물인터넷과 생태계, 인터네트워킹로지 2.0, 정보통신공학개론 등이 있다.

확률
Fun & Easy

발행일 2021년 12월 20일 초판 1쇄
지은이 이 훈
펴낸이 김준호
펴낸곳 한티미디어 **|** **주소** 서울시 마포구 동교로 23길 67 Y빌딩 3층
등 록 제 15-571호 2006년 5월 15일
전 화 02)332-7993~4 **|** **팩스** 02)332-7995
ISBN 978-89-6421-432-9 (93410)
정 가 25,000원

마케팅 노호근 박재인 최상욱 김원국 김택성 **|** **관리** 김지영 문지희
편 집 김은수 유채원 **|** **본문** 이경은 **|** **표지** 유채원

이 책에 대한 의견이나 잘못된 내용에 대한 수정정보는 한티미디어 홈페이지나 이메일로 알려주십시오.
독자님의 의견을 충분히 반영하도록 늘 노력하겠습니다.

홈페이지 www.hanteemedia.co.kr | **이메일** hantee@hanteemedia.co.kr

---

『재이(災異)는 하늘의 감응(感應)이 있어서 온 것인가, 아니면 자연(自然)히 온 것인가?』

● 세종(世宗) 5년(1423년) 3월 28일 과거시험(科擧試驗) 책문(策問) ●

PREFACE

대부분의 사람은 '수학=어렵다', '확률=더 어렵다'고 말한다. 필자가 20여 년간 정보통신공학과 학생들을 대상으로 확률을 강의하면서 항상 느끼는 점은 많은 학생들이 수학, 특히 확률을 어려워해서 그 이유가 무엇인지에 대하여 많은 생각을 했다. 가장 큰 이유는 시중에 나와있는 대부분의 확률책이 수식 전개를 위주로 '정리+증명+예제+연습문제'로 되어 있으며 다루는 예제도 우리의 실생활과는 관계없이 추상적이어서 이해하기 어려운 것이 아닌가 싶다.

대학교에서 확률을 가르치는 방법에도 문제가 있다. 학부 2학년 과정에서 수학을 전공한 강사 또는 교수가 확률이 어떻게 쓰이는지에 대한 응용적 측면은 염두에 두지 않은 채 정리 증명과 예제 풀이에 치중해서 가르치고 있다(필자도 예전에 그렇게 배웠다). 그래서 대부분의 학생들이 확률에 재미를 느끼지 못하는 것은 아닐까?

한편 필자가 알고 지내는 이공계 교수들에게 확률을 어떻게 강의하는지 물어보았더니 학생들이 확률을 어려워하고 기피해서 거의 강의를 개설하지 않는다고 했다.

수학을 전공하는 사람이라면 어려운 수식을 증명하고 다양한 문제도 잘 풀어야 하겠지만 그렇지 않는 사람에게는 확률의 물리적인 의미를 아는 것이 더 중요하지 않을까? 특히 21세기 제4차 산업혁명 시대에서 빅데이터, 인공지능 및 그에 기반한 사물인터넷 등 주변의 변화하는 불확실한 현상을 분석하여 의미 있는 의사결정을 내리는 데 있어서 확률은 없어서는 안 될 필수학문이다.

확률을 학문적으로 연구하지 않고 문제 해결의 도구로 사용하는 사람에게 필요한 것은 자신이 가지고 있는 문제를 수학적으로 표현하는 방법을 아는 것이라고 생각한다.

이런 생각에서 필자는 대학에서 강의하고 연구하면서 얻은 경험을 바탕으로 전공을 불문하고 2년 또는 4년제 대학생이라면 누구나 혼자서 확률의 개념을 이해할 수 있는 확률책을 쓰기로 하고 우리 주변의 현상을 사례로 제시하면서 이야기를 전개하였다. 그래서 책의 이름도 '확률 FUN & EASY'로 정했다.

필자의 소박한 바람은 전국의 모든 대학, 모든 학과에 확률 강의가 개설되어 학생들이 재미있게 공부하는 것이다.

2021년 여름

필자 씀

CONTENTS

CONTENTS

CONTENTS

읽어 두기

아래의 수를 읽어 보자.

① 15,521,338,335,321

② 23,657,339,000

장담하건대 위의 두 수를 보자마자 바로 읽을 수 있는 사람은 거의 없을 것이다.

위의 ①은 15조 5213억 3833만 5321이고 ②는 236억 5733만 9000이다.

그런데 위의 수를 읽으면서 중간에 들어있는 쉼표가 아주 거슬린 경험이 있을 것이다. ②를 예로 들면 236억에서 3과 6 사이에 쉼표가 들어있고 5733만에서도 7과 3 사이에 쉼표가 들어있고 그나마 9000은 참을 만하다. 사실 대부분의 사람은 마음 속으로 일의 자리부터 앞으로 헤아린 후에야 위의 수를 간신히 읽을 수 있다.

왜 그럴까? 이유는 단순하다. 우리나라와 서양(특히 미국)의 숫자 읽기 방법이 다르기 때문이다.

미국은 숫자를 읽을 때 thousand, million, billion, trillion 등 1000 단위를 기준으로 그 안에서 다시 일, 십, 백의 세부 단위로 읽는다. 그래서 미국인들은 ①은 "15trillion, 521billion, 338million, 335thousand, and 321"로 읽고 ②는 23billion, 657million, and 339thousand"로 읽는다. 그래서 쉼표가 숫자를 읽기 편하게 해준다.

한편 우리나라는 만, 억, 조 등 만 단위로 읽되 각 단위 안에서 다시 일, 십, 백, 천의 세부 단위가 있다. 그래서 위의 ②를 읽을 때 바로 읽지 못하고 쉼표를 거꾸로 세어서 첫째 자리 숫자의 값이 200억이라는 것을 안 뒤 236억 5733만 9000이라고 읽는다. 이런 이유로 우리나라 사람들은 서양식으로 구획된 숫자를 잘 읽지 못하는 것이다.

그래서 필자는 제안하고자 한다. 15,521,338,335,321을 15,5213,3833,5321처럼 네 자리로 끊어서 나타내면 어떨까? 이렇게 하면 사람들은 쉼표가 세 개가 있으므로 셈의 단위가 '만-억-조'의 순이므로 굳이 일의 자리부터 역으로 헤아리지 않고도 바로 쉽게 15조 5213억 3833만 5321이라고 읽을 수 있을 것이다.

그래서 필자는 이 책에서 숫자를 15,5213,3833,5321처럼 표시하고 싶은데 우리나라의 어디에서도 이처럼 나타내지 않기에 하는 수 없이 15조 5213억 3833만 5321의 숫자 사이에 만, 억, 조 등의 글자를 추가하되 5,321과 같은 숫자는 그냥 5321로 표시하기로 하였다. 독자 여러분의 넓은 이해를 바란다.

CHAPTER

1

우리 주변의 확률 이야기

CONTENTS

ABSTRACT

보통 시중에 나와있는 확률 책을 보면 맨 처음부터 바로 확률의 개념을 정의하고 예제로 들어간다. 그런데 우보천리(牛步千里)라고 하듯이 먼 길 가는데 서두르지 말고 좀 천천히 가는 것도 좋지 않을까? 우리가 운동할 때 준비운동을 하고 공연할 때도 리허설을 하듯이 확률의 세계로 들어가기 전에 간단하게 머리를 풀고 가기로 한다.

제1장에서는 확률과 관련하여 우리 주변에 존재하는 여덟 가지 에피소드를 소개한다.

먼저 (애피타이저(appetizer) 차원에서) 많은 사람들이 자주 이야기하는 머피의 법칙에 대한 오해와 진실을 소개한다. 이어서 미국에서 일어난 어느 살인사건의 열쇠를 찾는 일화에 대해서 소개한다. 그리고 '확률'의 단골 손님인 주사위에 대해서 알아본다. 사실 가위 바위 보에도 확률이 숨어있는데 이것에 대해서 알아본다.

이어서 우리의 일상생활에서 선택의 기로에 섰을 때 최선의 답이 무엇인지에 대해서 몬티 홀의 문제를 통해 알아본다. 또한 바이오 쪽으로 가서, '우리 아이가 왜 내 마음대로 되지 않고 날 닮지 않았는지(?)' 생각해 본다.

한편 인간이 저지르기 쉬운 몇 가지 확률적 오류에 대해서 이성과 감성을 넘나들면서 알아보고 투자의 법칙에 대해서 이야기한다.

마지막으로 (디저트(dessert) 차원에서) 최소한의 확률 상식을 소개한다.

1. 머피의 법칙: 진실과 오해

사람들은 자신이 기대했던 대로 일이 되지 않을 때 머피의 법칙이 작용했다며 아쉬워하곤 한다. 대부분의 사람들은 머피의 법칙(Murphy's law)을 '자신의 희망과 반대로 일이 벌어지는 현상' 또는 '평소에는 멀쩡하던 것이 자신이 관여되면 일이 이상하게 꼬이는 현상' 등으로 알고 있다. 어느날 경제신문에는 '머피의 법칙에 우는 개미들'이라는 제목으로 개미(투자의 규모가 기관이나 외국인에 비해서 작은 개인투자가를 말함)들이 주식을 팔면 그 주식이 오르고 또 주식을 사면 그 주식이 내린다고 하면서 그 현상을 '머피의 법칙'이라고 소개했다.

일반적으로 사람들은 아래의 현상을 머피의 법칙에 해당한다고 말하곤 한다.

- 평소에 잘 되던 일이 멍석을 깔아놓고 하면 안 된다.
- 화창한 봄날이 계속되다가 하필이면 소풍 가는 날에 비가 온다.
- 주중에 계속 날씨가 좋았는데 주말에 데이트 약속만 하면 비가 온다.
- 아침에 늦잠을 자서 회사에 지각을 하게 생겼는데 넥타이를 매면서 토스트에 버터를 바르다가 하필이면 버터를 바른 쪽이 아래를 향하여 떨어지는 바람에 먼지와 머리카락이 덕지덕지 붙어서 먹지도 못하게 된다.
- 주말 오후 할인매장에 가서 쇼핑을 하고 가장 짧아 보이는 계산대에 섰는데 유독 내가 서 있는 줄만 줄어들지 않는다.

살다가 보면 '이런 일이 왜 꼭 나에게만 일어나는지?' 궁금한 사람들도 있을 것이다. 그런데 과연 자기만 운이 나쁜 것인가? 아니면 우연이 아닌 다른 이유가 있는 것인가? 이유가 있다면 무엇이 문제인가?

사실 우리 주변에서 머피의 법칙을 제대로 알고 있는 사람은 아주 드물다. 또한 머피의 법칙과 상반되는 개념으로서 샐리의 법칙이라는 것이 있는데 이에 대해서는 거의 대부분의 사람이 그것이 무엇인지도 모른다. 지금부터 두 법칙에 대해서 소개한다.

머피의 법칙

머피의 법칙(Murphy's law)은 경험법칙(經驗法則, law of experience)이라고도 하는데 미국의 에드워드 공군기지에 근무하던 에드워드 머피(Edward A. Murphy) 대위가 자신의 경험을 바탕으로 주창한 이론이다. 당시 미 공군에서는 고속으로 날던 비행기가 갑자기 감속 또는 정지할 때 조종사의 신체 상태가 어떻게 변하는지를 알아보고자 실험장치를 고안하였는데 이상하게도 실험을 정상적으로 할 수 없었다. 그래서 머피 대위가 뭔가 이상하다고 여겨서 실험장치를 꼼꼼히 조사해 보니 전극봉의 한쪽 끝이 잘못 연결되어 있었는데 이 실험에 참가한 기술자가 아무 생각 없이 배선을 잘못한 것이었다. 이것을 본 머피 대위는 '어떤 일을 하기 위해서는 여러 가지 복잡한 단계가 있는데 그중에서 별로 중요하다고 생각하지 않는 어느 한 단계에서 사소한 실수가 일어나면 그로 인하여 큰 재앙이 초래된다'고 하였으며 그의 이름을 따서 머피의 법칙이라고 부르게 되었다. 즉, 머피의 법칙은 '어떤 큰 사고의 뒤에는 누군가의 어처구니없는 실수가 있으며 그것이 사고의 단초를 제공한다'는 것이다.

우리 주변에도 사고는 누구에게나 일어날 수 있는 것이지 특정인이 특별히 운이 나빠서 매번 불운을 겪는 것은 아니다. 그런데 이 이야기가 나중에 와전되어서 무슨 일이든지 꼬여서 제대로 되는 일이 없는 경우에 이 말을 사용하게 되었다. 가령, 아주 소심한 사람이 평소에는 늘 안전하다고 여기는 기차를 타고 다녔는데 어느 겨울 날 무심코 버스를 탔고 도중에 폭설을 만나서 그 버스가 미끄러져서 큰 사고를 당하는 것이 그 예이다. 사실, 겨울에 버스를 타고 장거리 여행을 하면 도중에 어디서 눈을 만날지 모르기 때문에 큰 사고를 당할 확률이 상당히 높다. 따라서 이 경우는 그가 운이 나빠서 그런 것이 아니고 그가 무심코 그런 상황에 자신을 가져갔기 때문에 일어난 것이다.

머피의 법칙 사례

머피의 법칙을 잘 나타낸 사례를 몇 가지 소개한다.

■ 너트 하나 때문에...

2011년 2월 11일 오후 1시 5분, 부산을 출발하여 경기도 광명역으로 향하던 KTX 산천 열차는 종착역을 불과 500m 정도 앞둔 터널 안에서 선로를 탈선하는 사고를 냈다. 그로부터 사흘 뒤인 2월 14일 당시 국토해양부는 사고 원인을 발표하였는데, 시간대별로 일어난 일의 내막은 이렇다.

① 2월 11일 이른 새벽(정확하게는 1시 30분~4시 30분 사이), 선로수리 담당 용역업체 직원이 광명역의 선로전환기의 노후된 케이블을 교체하면서 지름이 7mm인 너트 하나를 제대로 조이지 않은 채 작업을 마쳤다. 그로 인해서 구로에 있는 관제센터에는 에러신호가 계속해서 나타났다.

② 아침 7시 30분, 코레일 직원이 현장에 나가서 점검했으나 너트가 느슨하게 조여있는 사실을 발견하지 못한 채 열차가 직진만 가능하도록 선로전환기를 고정시켜 놓고 철수하면서 이 사실을 관제센터에는 알리지 않았다.

③ 한편, 부산을 출발한 열차는 도착예정 시간보다 약 3분 늦게 광명역에 도착하였다. 통상적으로 광명역에 도착한 열차는 역에 들어갈 때 일단은 직진으로 들어간 후 나중에 차량을 돌려서 플랫폼으로 들어가서 손님을 내린다.

④ 그런데 관제센터는 선로가 직진으로만 고정된 사실을 모른 채 열차의 도착시간이 늦은 것을 (단 3분!) 만회하기 위해서 사고열차의 기관사에게 선로를 바꿔서 우측 플랫폼으로 바로 들어가도록 지시했고 아무것도 모르는 열차의 기관사는 관제센터에서 시키는대로 했다. 그리고 기차는 탈선했다.

■ 네가 왜 거기서 나와?

2011년 2월 4일, 전남 영광에 있는 원자력발전소(이하, 원전) 5호기(출력 1기가와트)가 냉각펌프와 연결된 모터의 고장으로 사흘간 가동이 중단됐다. 모터가 고장나면 냉각펌프가 멈추고 그러면 과열로 불이 난다. 원전에서 불이 나면 어떻게 될지는 여러분의 상상에 맡긴다.

영광 원전의 냉각펌프 모터는 지름이 3m에 달하며(아파트의 천장 높이 정도) 독일의 지멘스가 제작하고 2000년 미국의 웨스팅하우스에서 설치했다. 지멘스도 웨스팅하우스도 이 분야 세계 최고의 기업이다.

모터를 분해한 결과 코일로 된 전선 사이에서 30cm 길이의 일자형 드라이버가 나왔다. 한국수자원공사는 이 드라이버가 전선에 닿으면서 합선을 일으켜서 고장을 유발한 것으로 분석했다.

그런데 지난 10년간 영광 원전은 이 모터를 분해하거나 수리한 적이 없다. 결국 당시 영광 원전을 건설하면서 냉각펌프에 모터를 설치하던 사람이 모터 안에 드라이버를 놔둔 채 작업을 마친 것으로 추정되는데 그동안 운좋게 드라이버가 모터에 끼이지 않다가 그만 사달이 난 것으로 추정된다. 영광 원전은 사흘간 가동을 중단하는 바람에 입은 피해액이 약 25억 원이다.

이처럼 아무리 좋은 기계라도 그것을 만지는 사람의 사소한 부주의 하나로 엄청난 재앙이 초래되기도 한다. 이 또한 황당한 인재(人災)이며 그 속에는 머피의 법칙이 숨어있다.

한편 대형사고가 나기 전에는 반드시 그 사고와 관련하여 경미한 사고들이 반복해서 일어나는 경우가 많은데 이것을 '하인리히의 법칙(Heinrich's law)'이라고 부른다. 이 법칙은 허버트 윌리엄 하인리히(Herbert William Heinrich)가 1931년 펴낸 <산업재해 예방: 과학적 접근 Industrial Accident Prevention: A Scientific Approach>라는 책에서 소개되었다. 당시 하인리히는 미국의 트래블러스 보험사(Travelers Insurance Company)의 엔지니어링 및 손실통제 부서에 근무하고 있었다. 업무를 수행하면서 수많은 사고 통계를 접했던 하인리히는 산업재해 사례 분석을 통해 하나의 통계적 법칙을 발견하였다. 그것은 바로 산업재해가 발생하여 중상자가 1명 나오면 그 전에 같은 원인으로 발생한 경상자가 29명, 같은 원인으로 부상을 당할 뻔한 잠재적 부상자가 300명 있었다는 사실이다. 즉 큰 재해와 작은 재해 그리고 사소한 사고의 발생 비율이 1:29:300이라는 것이다. 그래서 하인리히 법칙은 1:29:300법칙이라고도 부른다.

샐리의 법칙

우리 주변에는 이상하게도 무슨 일을 하든지 일이 술술 풀리는 (것같이 보이는) 사람이 있다. 그런데 사실 일이 사람을 가려서 순순히 풀리지는 않는다. 일이 잘 풀리는 데는 그만한 이유가 있다. 누군가가 성공하였을 때 우리는 다른 사람이 보지 않는 곳에서 그 사람만의 피나는 노력이 숨어있다고 봐야 한다.

여러분은 흐린 날 혹시나 싶어서 우산을 들고 집을 나왔는데 그날따라 갑자기 소나기가 쏟아지는 경우, 또는 중요한 시험을 치면서 시험 직전에 급하게 펼쳐 본 부분에서 문제가 출제된 경우 횡재했다고 느낄 것이다. 이처럼 별로 대수롭지 않은 일임에도 불구하고 마음을 썼는데 자신에게 좋은 일이 일어난 경우를 설명하는 현상으로서 샐리의 법칙(Sally's law)이 있다.

샐리는 1989년에 제작된 롭 라이너(Rob Reiner) 감독의 영화 '해리가 샐리를 만났을 때(When Harry met Sally)'에 나오는 여주인공의 이름인데, 그 영화는 해리와 샐리가 벌이는 우정과 사랑의 진행을 코믹하게 그리고 있다. 필자는 뉴욕을 봄과 가을에 각각 한 번씩 가보았는데 이 영화를 보노라면 뉴욕 맨해턴에 있는 중앙공원(central park)에 다시 한번 가보고 싶게 만들 정도로 뉴욕의 가을 풍경을 아름답게 담고 있다.

영화 이야기로 돌아가서, 해리와 샐리는 1979년 시카고 대학(University of Chicago)을 졸업하고 각자 성공을 꿈꾸며 뉴욕으로 가는데 학교 안에서 해리가 샐리의 곧 부서질 것 같은 고물차를 얻어 타면서 이야기가 시작된다. 해리와 샐리는 시카고에서 뉴욕까지 가는 길(거리 1258km, 쉬지 않고 계속 운전하면 약 14시간 정도 걸림)에서 남녀 간에 우정이 성립하느니 마느니 식성이 특이하다느니 어쩌느니 티격태격하면서 끝까지 서로 팽팽한 설전을 벌인다.

뉴욕에 도착한 후 그들은 헤어져서 각자 자신이 원하던 직업을 구하고 또 서로 다른 사람을 만나기도 하였는데 둘 다 애정사업에 실패를 맛보게 된다. 영화에서 해리는 이혼에 대한 상처의 아픔을 초췌한 모습으로 드러내놓고 표현하지만 샐리는 실연의 아픔을 극복한 듯 의연하게 생활한다.

약 10년 뒤 크리스마스 이브에 다시 만난 둘(필자의 기억으로는 샐리가 해리에게 전화를 걸었던 것 같음)은 다시 사랑에 빠지고 결국은 결혼하게 된다는 이야기인데, 이 이야기로부터 좋지 않은 일이 일어남에도 불구하고 서로 조금씩 노력하고 또 배려하는 과정에서 서로의 성격과 견해 차이를 극복하고 결국은 해리와 결혼하게 되는 여주인공 샐리의 모습에서 '샐리의 법칙'이 나왔다.

이 영화를 보면서 느낀 것은 샐리가 좋지 않은 일들을 겪으면서도 희망을 잃지 않고 삶을 살아간 덕에 결국 해피엔딩이 된 것이 아닌가 싶다. 그리고 실제로 영화 속에는 아주 오랫동안 함께 살아온 몇 명의 노부부가 나와서 자신들의 결혼생활에 대해서 이야기하는 장면이 있다.

앞에서 우리의 실생활을 예로 든 것처럼 자신이 어쩌다가 한 일이 자신에게 유리한 쪽으로 전개된 것도 결국은 자신이 그 상황에서 최선의 노력을 했기 때문에 얻어진 것이다. 사실 하늘이 흐리면 비가 올 확률도 높고 그것을 염두에 두고 우산을 들고 가는 사람은 비가 와도 비를 맞지 않겠지만 그것을 무시하고 그냥 집을 나선 사람은 비를 맞을 수밖에 없다. 또 시험 직전에 굳이 책을 펼쳐보지 않을 수도 있는데 마지막 순간까지 책을 뒤적인 사람이 시험문제를 하나 더 맞는 행운을 얻는 것이 아닐까?

머피의 법칙이건 샐리의 법칙이건 간에 분명한 것은 '어떤 일이든 그 일이 그렇게 진행되는 것에 대해서 대부분은 그럴만한 이유가 있다'는 것이다. 즉, 일이 그렇게 될 수밖에 없는 필연성이 존재하는데 문제는 그 필연성이 반드시(100%) 일어나지 않고 어떨 때는 일어나고 어떨 때는 일어나지 않는데 거기에는 확률의 개념이 들어있다.

위의 이야기로부터 여러분은 머피의 법칙은 운과 불운을 논하는 것이 아님을 알았을 것이다. 머피의 법칙이 우리에게 시사하는 것은 사실 나중에 3장에서 다룰 조건부 확률과 관련이 있다. 다시 말하면 어떤 큰 사건이 일어난 이유에는 그 전에 '사소한 실수'라는 전사건(前事件)이 있었기 때문인 경우가 많은데 사소한 실수라는 조건이 없었다면 그 뒤에 큰 사건(後事件)이 일어날 확률도 작았을 것이기 때문이다.

2. 살인의 추억

미국의 프로풋볼리그인 NFL(National Football League)에서 러닝백(running back)으로 활약하면서 한 시즌에 2000야드[1] 이상(약 2km에 해당)을 전진해서 유명한 풋볼선수였던 오렌탈 제임스 심슨(Orenthal James Simpson(1947~), 나중에 그는 배우, 대변인, 그리고 방송인으로도 활약했음, 이하 제임스)이라는 사람이 있다. 제임스가 얼마나 대단한 선수인가 하면 우리나라 사람이라면 거의 알고 있는 한국계 미국 프로 풋볼선수인 하인스 워드[2](Hines Ward, 2005 시즌의 MVP에 선정됨)라는 선수가 연평균 1000야드를 달린 기록을 보면 쉽게 알 수 있을 것이다.

그런데, 1994년 6월 12일, 제임스의 아내인 니콜 심슨(Nicole Brown Simpson)과 그녀의 남자친구인 로널드 골드만(Ronald Goldman)이 니콜의 집에서 칼에 의해서 잔인하게 살해당했다. 제임스는 당연히 그들을 살해한 혐의를 받았다.

세상을 떠들썩하게 했던 이 사건은 제임스가 범인이라는 증거가 없어서 검사들을 참 난처하게 만들었는데 1년 뒤에 결국 무죄로 평결이 나면서 형사상의 문제는 끝을 맺었다.

그로부터 2년 뒤인 1997년에 민사재판에서 제임스에게 살해에 대해 책임을 물어 3350만 달러(그 당시 우리나라는 IMF 사태로 환율이 1달러당 2000원에 육박하였기에 한화로 6700억 원에 해당)의 벌금형을 선고했다.

1 1Yard=0.9144m.

2 필자가 2006년 2월 미국에 있을 때 이 선수의 경기를 TV로 생중계하는 것을 보았는데 그는 그해 NFL 슈퍼볼에서 최우수선수(MVP)상을 수상했다.

그리고 10년 뒤인 2006년에 제임스는 'If I did it'이라는 책으로 마치 자기가 아내를 죽였다는 것을 암시라도 하듯이 살인사건에 대한 소설을 썼다. 그런데, 무슨 이유에서인지는 몰라도 출판 직전에 출판사가 인쇄를 취소하였으며, 아직까지 이 사건에 대한 의문은 해소되지 않고 있다. 내가 이야기를 하려는 것은 지금부터이다.

검찰 : 너, 마누라하고 그녀의 애인 죽였지?

제임스 : No, I didn't do it!

검찰 : 내가 증거를 많이 가지고 있는데 순순히 시인하는 게 어때?
첫째, 범행현장에서 너의 신발과 같은 크기의 발자국이 발견되었고,
둘째, 또 그 발자국 왼쪽에 핏자국도 있었고,
셋째, 네 왼손에 그때 칼에 베인 자국이 있었잖아!
그래도 네가 범인이 아니란 말이야?

제임스 : … :^^:, Hey, attorney, help me!!

제임스의 변호인 : 아따 거 참, 뻑적지근 하네잉. 나가 글케 나올 줄 진즉 알아뿌렀쏘. 보소 이 양반, 여그는 거시기(신발)와 거시기한 게 거시기하게 많당게요. 글고, 여그는 왼잽이도 거시기하게 많아뿔서 거시기(왼손)를 거시기한(다친) 사람도 거시기하게 많당게요. 글고 또, 깜도 안 되는 일을 갖고 갸를 거시기해 뿔고, 참 거시기 하고만요.

검찰 : !@#$%^&&*?

이렇게 사건은 흐지부지 되었다(고 생각하는 사람이 대부분이었다).

그런데, 미국의 필라델피아에 있는 템플(Temple) 대학의 수학과 교수 존 폴로스(John Allen Paulos)는 'Once upon a number'라는 논문에서 제임스가 범인이 아니라는 주장이 얼마나 근거가 부족한지를 설명하는 글을 썼다. 폴로스 교수의 말을 들어보자.

폴로스 :

ⓐ 제임스와 같은 크기의 신발을 신는 사람은 미국 내에 살고 있는 성인 남자 중 15명에 한 명의 비율이다.

ⓑ 살인사건이 난 바로 그날을 전후하여 왼손에 상처가 나 있는 미국 성인 남자의 비율은 1만 명에 한 명꼴이다.

ⓒ 따라서, 두 시간이 동시에 일어날 확률은 1/150,000 = 0.00067%이다. 그 당시 미국에서 이런 상황에 있을 사람은 확률상 15만 명 중에 한 명일 정도로 아주 드문 일이다. 즉 어지간해서는 이런 일이 잘 일어나지 않는다는 말이다. 결국 제임스는 범인일 확률이 대단히 높다.

이제 위의 이야기를 맺을 때가 되었다. 2011년 6월 24일 매일경제신문 인터넷판에는 이와 관련된 이야기가 실려 있다. 2011년 6월 23일 보도된 내셔널 인콰이어리(National Inquiry)지에 의하면 제임스는 그의 전처와 전처의 남자친구를 살해했다는 것을 마침내 고백했다고 한다. 사건의 전말은 이렇다.

제임스는 사건 당일인 1994년 6월 12일 당시에 별거 중이었던 니콜과 한 레스토랑에서 말다툼을 벌였다. 비록 둘은 별거 중이었지만 니콜이 자녀 앞에서 상습적으로 마약을 복용하고 자녀와 함께 사는 집에 남자를 끌어들이는 행동에 화가 났다.

집에 돌아온 후에도 분을 삭이지 못한 제임스는 니콜의 집으로 향했고 초인종을 눌러도 대답이 없자 문을 두드리고 소리를 질렀다. 한동안 대답이 없던 니콜은 손에 식칼을 쥐고 나타나서 위협하며 제임스에게 "꺼지라"고 소리쳤다. 제임스는 너무 화가 나서 칼을 빼앗아 찌르고 또 찔렀고 마침 집에 들어선 니콜의 남자친구 로널드 골드먼과 몸싸움을 벌이다가 그도 죽였다.

위에서 다룬 문제는 서로 연관이 없는 사건들이더라도 여러 개의 사건을 연관 지어서 종합적으로 판단하면 그 사건이 일어날 확률이 아주 작음을 보여줌으로써 역으로 그 사건에 대해 관련이 있는 피의자가 범인일 확률이 높다는 것을 말하고 있다. 이것을 프로파일링(profiling)이라고 한다.

한편, 일반적으로 다음과 같은 통계도 있다고 한다.

- 남편에게 폭행을 당하는 아내 중에서 남편에 의해서 살해당할 확률 < 0.1%
- 남편에게 폭행을 당하던 아내가 죽었을 때 남편이 범인일 확률 > 80%

여기서 위의 두 문장 속에 들어있는 정보는 비슷한 것 같지만, 전후 관계의 순서만 바뀌어도 확률은 엄청나게 차이가 있다. 첫 번째 경우는 '아내가 남편에게 폭행을 당한다고 하여 자신의 남편에 의해서 살해되는 확률은 그다지 크지 않다'는 뜻이다. 한편, 두 번째 경우는 '아내가 평소에 남편으로부터 폭행을 당할 경우 그 아내가 폭행으로 숨진 채 발견되었을 때 남편이 범인일 확률이 아주 높다'는 것을 말한다.

이 문제 역시 나중에 다루겠지만, 어떤 사건을 두고 그 사건이 일어나게 된 배경사건과 결과적으로 얻어진 최종사건 사이에는 사건의 전후 관계가 존재하고, 그 관계에 따라 확률의 값은 완전히 다르다.

이처럼 배경사건과 최종사건 간의 관계는 나중에 3장에서 다룰 조건부 확률, 전확률의 법칙, 그리고 베이즈의 공식으로 정의되는 확률의 법칙에 의해서 설명될 수 있다.

3. 주사위 이야기

확률을 논할 때 자주 등장하는 것이 주사위이다. 우리가 애매한 상황에서 주사위로 결정한 결과를 두고 공정성에 대해 시비거는 사람은 거의 없을 것이다. 왜냐하면 주사위는 거짓말을 하지 않기 때문이다. 아니, 주사위는 사람으로 하여금 딴 생각을 가지지 못하게 만든다.

그럼 현재 우리가 사용하고 있는 주사위는 어디에서 유래하였을까? 이에 대한 해답은 '확률의 함정(데보라 J. 베넷 著/박병철 譯)'에서 찾을 수 있다. 그 책에는 주사위가 고대 이집트에서 기원전 3000년 전부터 게임 및 도박의 도구로서 사용되어 왔음을 밝히고 있는데 초기에는 나무 막대 혹은 동물의 뼈(복사뼈)나 상아를 이용하여 만들었다고 한다. 특히 동물의 복사뼈는 보는 각도에 따라 모양이 달라서 주사위로서 많이 사용되었다.

그러다가, 기원전 2750년경 현재의 북부 이라크 지방인 고대 메소포타미아의 유적지에서 지점토로 만든 주사위가 발견되었는데 이 주사위는 삼각기둥, 사각기둥, 정육면체 등 기하학적인 모양을 하고 있었다. 다만, 그 당시에는 문자가 없었으므로 각 면마다 점의 개수를 다르게 찍어서 표시하였다. 기원전 1320년경에는 고대 이집트에서도 정육면체의 주사위가 발견되었다. 현대적인 모양의 주사위는 그 뒤, 그리스, 로마, 지중해, 중국, 인도를 거쳐서 우리나라로 들어왔으리라고 짐작된다.

이처럼 다양한 모양의 주사위 가운데 현재의 주사위가 정육면체인 것은 아마도 여러 가지 모양 중에서 가장 공정한 결과를 얻을 수 있기 때문일 것이다. 그런데, 여기서 한 가지 신기한 것은 문자를 가지고 있는 현재 대부분의 주사위도 기원전의 주사위와 같이 점으로 표시되어 있다는 것이다. 그리고 주사위의 눈은 서로 마주 보는 면의 숫자를 합하면 7이 된다.

필자가 수업 중에 특이한 주사위를 가져오는 학생에게 보너스 점수를 주겠다고 이야기하자 일주일 후 한 학생이 주사위를 하나 가지고 왔다. 그 주사위는 각 면에 아라비아 숫자가 적혀 있었다. 학생은 그 주사위를 500원을 주고 샀다고 했다. 그래서 필자는

그림 1.1 아라비아 숫자가 적혀있는 주사위

보너스 점수와 함께 500원을 그 학생에게 주었다. 그림 1.1은 아라비아 숫자가 적혀 있는 주사위이다.

그런데 특이한 것은 숫자가 0에서 5까지 적혀 있었다. 그 이유는 무엇일까?

한편, 필자는 이 글을 쓰면서 '우리나라에서는 언제부터 주사위를 사용하였으며 최초의 주사위는 어떤 모습일까?'라는 의문을 가지고 있었으나 역사 지식이 짧은 관계로 실마리를 잡을 수 없었다.

그런데, 2007년 10월 8일자 조선일보의 '문화재 야화[16]'에서 답을 찾았는데 신라시대였다! 당시 신문에 실린 기사를 중심으로 신라시대의 주사위의 모습을 관찰하여 보자. 1975년 문화재 발굴단은 경주의 임해전지(臨海殿址)를 출토하다가 통일신라시대의 것으로 추정되는 참나무로 만든 14면체 물건을 하나 발견하였는데 이 물건이 주령구(酒令具)이다.

문화재를 관리하는 직원이 그 물건을 씻어서 보니 울퉁불퉁한 것이 참 이상한 모양이었고 재질은 나무인데 각 면마다 글자가 적혀 있었다. 그래서, 우선 글자를 베껴두고 사진도 하나 찍어둔 후 그것을 보존하려고 수분을 빼내는 작업을 하였는데 특수 제작한 전기오븐의 자동 온도조절기가 제대로 작동되지 않고 과열되는 바람에 그만 태워버렸다(이것 또한 머피의 법칙에 해당함). 불행 중 다행으로 남은 자료를 가지고 나중에 그 물건을 복원하였는데 그림 1.2가 그 물건의 복제품이다.

주사위의 모양이 그림에서 보는 것처럼 높이는 4.8cm 정도로 어른의 손에 잡히는 크기이다. 그러나 모양이 십사면체였고, 특이한 것은 여섯 개의 면은 정사각형이었으며

그림 1.2 통일신라시대의 주사위 주령구

여덟 개의 면은 삼각형을 닮은 육각형이었다.

그리고 열 세 개의 면에는 네 글자씩 적혀 있었고 나머지 한 면은 다섯 글자였다. 거기에 적힌 글자들을 해석해 본 결과 이 주사위는 술자리에서 사용되던 '벌칙용'이었음을 알 수 있었다. 정사각형에 적힌 벌칙은 다음과 같다.

음진대소(飮盡大笑 · 술을 모두 마시고 크게 웃기)
삼잔일거(三盞一去 · 술 석 잔을 동시에 들고 '원샷' 하기)
자창자음(自唱自飮 · 혼자 노래 부르고 술 마시기)
금성작무(禁聲作舞 · 반주도 노래도 없이 춤추기)
중인타비(衆人打鼻 · 여러 사람으로부터 코를 맞기)
유범공과(有犯空過 · 여러 사람이 덤벼서 장난쳐도 참기)

한편, 육각형에 적힌 벌칙은 다음과 같다.

추물막방(醜物莫放 · 잘 정돈하지 않으면 놓아주지 않기, 즉 벌칙으로 청소시킴)
양잔즉방(兩盞則放 · 술 두 잔을 빨리 마시고 통과)
임의청가(任意請歌 · 좌중으로부터 요청을 받아서 노래하기)
곡비즉진(曲臂則盡 · 팔을 굽힌 채 술을 다 마시기)
농면공과(弄面孔過 · 얼굴을 간지럽게 해도 참기)
월경일곡(月鏡一曲 · 달과 관련된 노래 부르기)
공영시과(空詠詩過 · 시 한 수 읊기)
자창괴래만(自唱怪來晩 · '괴래만'이란 저녁 늦게 곤드레가 되어 들어오는 모양을 나타내는 말로서 취권을 하듯 비틀거리며 노래를 부르기)

한편 14면체인 주사위의 모양이 좀 특이한데 과연 이 주사위를 던지면 각 면이 나올 확률은 모두 같을까? 먼저 각 면의 넓이가 같으면 그 면이 나올 확률도 같을 것이라는 생각에 누군가가 면의 넓이를 측정해 보았는데, 정사각형의 넓이는 6.25cm^2(가로 세로 각 2.5cm)였고, 육각형의 넓이는 6.265cm^2(최대폭 3.25cm, 높이 2.8cm)로 두 도형의 넓이는 거의 같았다. 요즘처럼 표준형 자도 없는 시대에 이 정도이면 아주 정확하게 같다고 할 수 있지 않을까?

그런데, 이것만으로 각 면이 나올 확률이 같은지 아닌지 판단하기는 어렵다. 단국대 수학교육과 이강섭 교수는 1987년 그의 제자들과 함께 임해전지에서 출토된 주사위와 같은 복제품을 만들어서 7000번 던졌다. 실험의 결과 어떤 면은 542번이 나왔고, 또 어떤 면은 468번만 나온 것도 있었지만, 거의 모든 면이 평균치인 500번에 가까웠다. 그래서 이 교수는 정다면체가 아닌 십사면체의 각 면의 넓이를 거의 똑같이 만들어 각 면이 나올 확률을 동일하게 만든 신라 장인의 솜씨가 놀랍다고 말했다. 우리가 봐도 참, 놀랍다. 우리나라에서 1000년 전에 이런 일이 있었다니?

주사위의 역사를 찾아보니 우리 선조의 지혜가 참으로 대단하다는 생각을 한다. 어찌 그 좁은 면에 그렇게 기발한 내용을 새겨 넣을 생각을 하였단 말인가?

주사위를 이용한 실험은 나중에 2장에서 정의하는 확률모형 중 공리적 확률모형을 설명하는 데 유용하게 사용된다.

4. 몬티 홀 문제

이미 오래전의 이야기이다. 천하장사 강호동이 은퇴한 뒤 예능계에 막 들어섰을 때의 이야기이니까…

그림 1.3과 같이 세 대의 트럭이 있다. 한 대의 트럭에는 냉장고, 세탁기, 공기청정기, 스타일러 등 누구나 탐낼만한 가전제품이 가득 들어있고 나머지 두 대의 트럭은 야속하게도 텅 비어있다.

그리고 이 가전제품을 가지기를 간절히 바라는 한 가족이 방송에 출연한다. 강호동은 출연자 가족에게 프로그램에 출연하게 된 사연을 물어본 뒤 꼭 소원을 이루시라는 덕담을 하면서 세 대의 트럭 중에 하나를 선택하라고 한다. 그러자 출연자 가족은 서로 신중하게 이야기를 나눈 뒤 어머니가 대표로 나서서 주저주저하다가 맨 왼쪽의 트럭(그림에서 A) 앞에 선다.

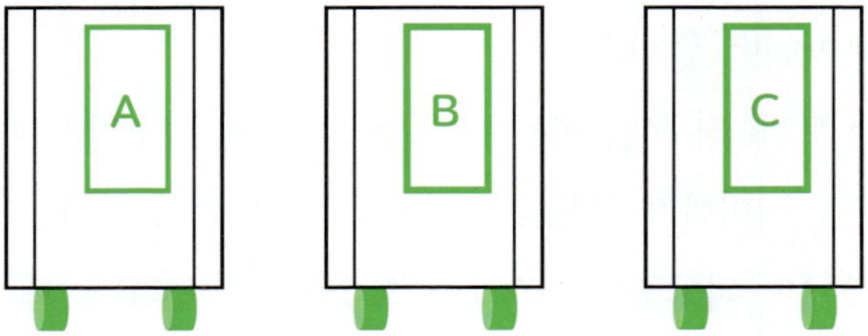

그림 1.3 몬티 홀 문제 설정

상품이 피자나 과일이라면 가까이 다가가서 냄새라도 맡으면서 힌트를 끄집어낼 텐데 가전제품이라서 아무리 봐도 속을 알 수가 없는 어머니는 트럭을 선택한 후에도 '내가 맞게 선택한 것인가?' 불안하기 짝이 없다.

이때 강호동이 트럭C의 문을 벌컥 연다. 그런데 트럭C에는 아무것도 들어있지 않다. 짓궂은 강호동은 이상야릇한 표정을 지으면서 어머니에게 묻는다. "어무이, 혹시 트럭 바꿀랑교?" 즉, 트럭A에서 트럭B로 바꿀 의사가 있는지 묻는다.

이때 여러분이 주인공이라면 어떻게 할 것인가? 이것이 바로 몬티 홀 문제(Monty Hall problem)이다.

몬티 홀 문제는 미국의 TV 게임 쇼 《Let's Make a Deal》에서 유래한다. 쇼의 이름은 진행자 '몬티 홀'의 이름에서 따왔다. 쇼의 내용은 다음과 같다.

한 출연자가 세 개의 문 중에 하나를 선택하여 문 뒤에 있는 선물을 가질 수 있는 게임에 참가한다. 하나의 문 뒤에는 승용차가 있고, 나머지 두 문 뒤에는 염소가 있다(참가자를 빈 손으로 돌려보내기는 그렇고 선물을 주기는 주는데 염소를 줌으로써 참가자를 당황하게 하려는 의도가 숨어있음). 이때 참가자가 1번 문을 선택했을 때, 쇼 진행자는 3번 문을 열어서 문 뒤에 염소가 있음을 보여주면서 1번 대신 2번을 선택하겠냐고 묻는다. 참가자가 승용차를 가지고 싶을 때(염소를 가지려고 쇼에 출연하는 참가자는 없을 것임) 원래 선택했던 번호를 바꾸는 것이 유리할까?

다시 그림 1.3으로 돌아가자. 맨 처음 어머니가 트럭A를 선택한 상황에서 이 가족이 가전제품을 받을 확률은 1/3이다(이것은 균등분포를 따르는 확률실험인데 뒤에서 확률변수를 다룰 때 자세히 다룰 예정임). 그리고 이 가족이 가전제품을 받지 못할 확률은 2/3이다. 그래서 트럭A를 선택한 어머니가 불안했던 것이다.

그런데 강호동이 트럭C의 문을 여는 순간 트럭C에게 주어졌던 1/3의 확률이 트럭B에게로 이전된다. 즉, 어머니가 선택한 트럭A에 가전제품이 들어있을 확률은 1/3이고 모든 확률은 더하면 1이 되므로 나머지 1−1/3=2/3, 즉 트럭B에 가전제품이 들어있을 확률은 2/3이다. 따라서 어머니는 트럭B로 갈아타는 것이 유리하다. 이것이 몬티 홀 문제의 핵심이다.

그런데, 필자가 이 이야기를 수업시간에 하면 많은 학생들이 고개를 갸우뚱한다. 어떤 사람은 강호동이 트럭C의 문을 연 뒤 트럭A와 트럭B에 가전제품이 들어있을 확률이 1/2이므로 어머니가 갈아타든 아니든 확률은 같지 않느냐고 할 수도 있다. 물론 그 상황만 보면 맞는 말이다.

그러나, 이때는 처음부터 끝까지의 상황을 모두 고려해야 한다는 것이다. 사실, 정확하게 말하면 표 1.1과 같다.

표 1.1 몬티 홀의 문제

<table>
<tr><th colspan="2">상황</th><th>출연자의 당첨 확률</th><th>최종 당첨 확률</th></tr>
<tr><td colspan="2">처음 트럭A를 선택하였을 때</td><td>1/3</td><td>1/3</td></tr>
<tr><td rowspan="2">강호동이 트럭C의 문을 열고 난 뒤</td><td>그대로 고수함</td><td>(1/3)×(1/2)=1/6</td><td rowspan="2">3/6, 즉 1/2</td></tr>
<tr><td>트럭B로 갈아탐</td><td>(2/3)×(1/2)=2/6</td></tr>
</table>

여기서 이 가족이 가전제품을 받아갈 확률(최종 당첨 확률)이 0.5라는 것은 두 번의 확률 실험을 시행한 경우 어머니가 위치를 고수할 경우와 트럭을 갈아탈 두 가지 경우의 수를 합친 것이며 실제로 어머니가 두 가지 행동 중 하나만을 선택해야만 한다면 트럭을 B로 갈아타는 것이 그대로 고수할 때보다 확률이 두 배 더 크다는 것을 의미하므로 어머니는 무조건 트럭을 갈아타야 한다.

그런데 많은 출연자가 자신이 한 번 선택한 결정을 쉽사리 바꾸지 못하고 고민하는데, 강호동은 그 상황을 즐기면서 출연자를 계속 혼란스럽게 만든다. 이 장면을 지켜보는 시청자는 거기서 더 재미를 느끼는 게 아닐까?

5. 가위 바위 보

여러분은 일상생활에서 가위 바위 보를 많이 해보았을 것이다. 사람들은 보통 아주 중요하지는 않지만 순서를 정하기가 애매한 경우 가위 바위 보로 순서를 정한다. 만약 가위 바위 보로 단 한판의 승부를 가리는 경우 여러분은 무엇을 내는 것이 가장 유리할까? 아니면 아무것이나 내도 괜찮은 것일까?

2007년 12월 20일자 중앙일보 인터넷판에서는 '가위 바위 보 게임을 할 때 맨 처음에는 가위를 내면 이길 확률이 가장 높다'는 뉴사이언티스트(New Scientist)의 기사를 소개했다. 그에 따르면 그 이유는 다음과 같다.

- 가위, 바위, 보 중 사람들이 가장 많이 내는 것은 바위이다(사람들은 아마도 불안해서 주먹을 움켜지는 것 같음).
- 눈치 빠른 사람은 상대방의 의중을 간파하고 바위를 이기는 보를 선택한다.
- 그런데, 뛰는 놈 위에 나는 놈이 있다고, 한 수 높은 사람은 상대방의 심리를 역이용해 가위를 낸다.

실례로 1천만 파운드짜리 인상파 화가의 그림을 갖고 있던 한 일본인 컬렉터는 세계에서 가장 유명한 경매회사인 크리스티와 소더비의 두 곳 중 어느 곳을 통해 그림을 팔지 고민하다가 두 회사 대표를 불러서 가위 바위 보로 정할 것을 제의했는데(참, 이 아저씨도 할 일이 없는 사람이군…) 크리스티측 대표는 당시 11살짜리 딸의 말을 듣고 가위를 내 경매를 성사시킨 것으로 알려졌다(참, 이 아저씨는 더 웃기는 사람이군…). 그 소녀는 "누구나 상대가 바위를 낼 것으로 예상한다. 따라서 상대방은 그에 맞서서 보를 낼 것이다"라고 설명했는데 실제로 소더비사 대표는 이런 예상에 걸맞게 보를 냈던 것이다(그런데 그 똑똑한 소녀, 지금은 어디서 무엇을 할지 궁금하네…).

한편 뉴사이언티스트는 "이렇게 사람들이 처음엔 가위로 시작하지만 게임이 계속되면 다른 전략을 구사해야 한다"면서 "예를 들어 '나는 바위를 내겠다'고 말을 하고 그대로 할 경우 믿지 않는 상대가 전략에 말려들게 된다"고 지적했다.

가위 바위 보 게임에서 이길 수 있는 또 한 가지 전략은 상대가 먼저 냈던 손 모양을 보고 그에 따라 자신이 이길 수 있는 동작을 하는 것도 한 가지 방법인데, 그 이유는 가위 바위 보를 하는 사람들은 무의식적으로 자신이 낸 동작을 다음 번에는 바꾸는 경향이 있기 때문이다.

표 1.2 가위 바위 보의 승패 시나리오

상대가 먼저 낸 동작	상대가 다음에 낼 동작	내가 낼 수 있는 동작과 승패	내가 내면 유리한 동작
가위	바위 보	가위: 이기거나 짐 바위: 비기거나 짐 보: 이기거나 비김	보
바위	가위 보	가위: 이기거나 비김 바위: 이기거나 짐 보: 비기거나 짐	가위
보	가위 바위	가위: 비기거나 짐 바위: 이기거나 비김 보: 이기거나 짐	바위

표 1.2는 사람들이 자신이 한 번 취한 동작을 다음에는 바꾸는 경향이 있다고 가정하였을 경우 이길 수 있는 경우를 보이고 있다.

결론적으로 말하면 가위 바위 보를 계속해서 반복할 때 상대가 먼저 낸 동작에 대해서 자신이 지는 동작을 다음번 동작에서 내면 자신이 이길 확률이 높다는 것을 알 수 있다.

한편 위와 같은 전략이 통하지 않는 경우가 있어서 소개한다. 중국 저장대학(浙江大學) 연구팀은 학교에서 열린 가위 바위 보 대회에 참가한 360명 학생의 행동을 분석하였는데 가위 바위 보에서 이긴 사람은 자신이 낸 것을 다시 내는 경향이 있고 진 사람은 '패'를 계속 바꾸었다. 이 현상은 '달콤한 성공의 추억'이라고 하는데 이런 행동은 일반인의 금융거래나 투자를 결정하는 방식을 설명하는 데 이용된다고 한다.

그래서 가위 바위 보는 확률 게임임에는 분명하지만 한편으로는 인간의 복잡한 심리적 요소가 얽혀있기 때문에 이 전략이 반드시 통용된다고 말할 수는 없다. 참고로 필자는 이 원리를 당시 중학생인 아들에게 적용해 보았으나 전혀 효과가 없었다.

이처럼 인간의 고도의 전략이 개입되는 가위 바위 보는 3장에서 소개하는 조건부 확률과 관계가 있다.

6. 발가락이 닮았다?

여러분은 어렸을 때 김동인의 소설 '발가락이 닮았다'를 읽어보았을 것이다. 먼저 질문 하나! 여러분은 가족 중에서 누구를 가장 많이 닮았는가? 필자는 어릴 때 동네 사람들로부터 할아버지와 걸음걸이나 하는 짓(?)이 닮아서 "멀리서 걸음걸이만 봐도 이주사 손자다(할아버지도 나도 멀리 앞을 보면서 성큼성큼 걷는 성향임)."라는 말을 많이 들었고 커서는 친척들로부터 "할아버지와 체격이나 성격이 많이 닮았다(할아버지는 박학다식하셨으나 성격이 까칠하셨음)!"는 말을 많이 들었다.

한편, 필자의 아버지는 미국에서 대공황이 일어난 해에 서울에서 태어나셨는데 1920년대 후반에 태어난 성인 남자의 평균키가 160cm대인데 비해서 필자의 아버지는 키 180cm에 목소리는 노래처럼 부드러웠고 머리결이 아주 고와서 젊었을 때 사진을 보면 꼭 이승기와 배용준을 합친 것처럼 멋있었다. 반면에 필자의 어머니는 키도 작고 머리결은 억세고 목소리도 매끄럽지 못했는데 필자는 아버지의 좋은 점은 닮지 않고 어머니의 거친 머리결과 목소리를 닮았다.

사실 필자는 아버지와는 성격도 다르고 혈액형도 다르고(아버지는 A형, 필자는 B형) 공통점이 별로 없다. 그러나 필자의 혈액형이 어머니의 혈액형과 같고 아주 어릴 때부터 증거가 집에 군데군데 있었기에 필자를 다리 밑에서 주워온 것이 아님은 확실하다.

한편, 필자의 아들은 필자보다는 할아버지(필자의 아버지)를 더 닮아서 아들이 어릴 때 사진을 보면 할아버지를 참 많이 닮았다는 생각을 한다. 그래서 아들이 잘못을 저질러서 혼내주려고 다가가면 자꾸 아버지 얼굴이 어른거려서 뒤로 한 발짝 물러서곤 했다. 아무리 그래도 아버지를 때릴 수는 없지 않은가?

왜 이런 일이 일어나는 걸까? 지금부터 그 이야기를 하고자 한다.

영국 케임브리지 대학교의 레슬리 냅(Leslie A. Knapp) 교수팀은 진화생물학에서 흥미로운 문제 중 하나를 영국의 왕립학회보(Proceedings of the Royal Society B) 2009년 11월호에 발표하였다. 그는 7개 국가를 대상으로 X염색체를 기준으로 하는 유전의 연구결과를 발표하였다. 그 결과에 의하면 손녀는 친할머니와 X염색체를 50%를 공유하며 손자는 X염색체에 대해서만 본다면 친할머니와 전혀 관계가 없었다. 물론 손녀는 친할아버지와는 아무런 관계가 없다.

한편, 손녀와 손자 모두가 외할머니와는 X염색체를 25%를 공유한다. 즉 손녀는 하나의 X염색체는 친할머니로부터 받고 나머지 하나의 X염색체는 외할머니 혹은 외할아버지로부터 받는다. 그리고 손자의 경우에는 Y염색체는 친할아버지로부터 받지만 X염색체는 외할아버지 혹은 외할머니로부터 받는다. 그림 1.4는 이 사실을 나타내고 있다.

한편, 부모자식 간에는 어떨까? 그림 1.4에서 나타난 것처럼 아들(그림에서 손자)은 어머

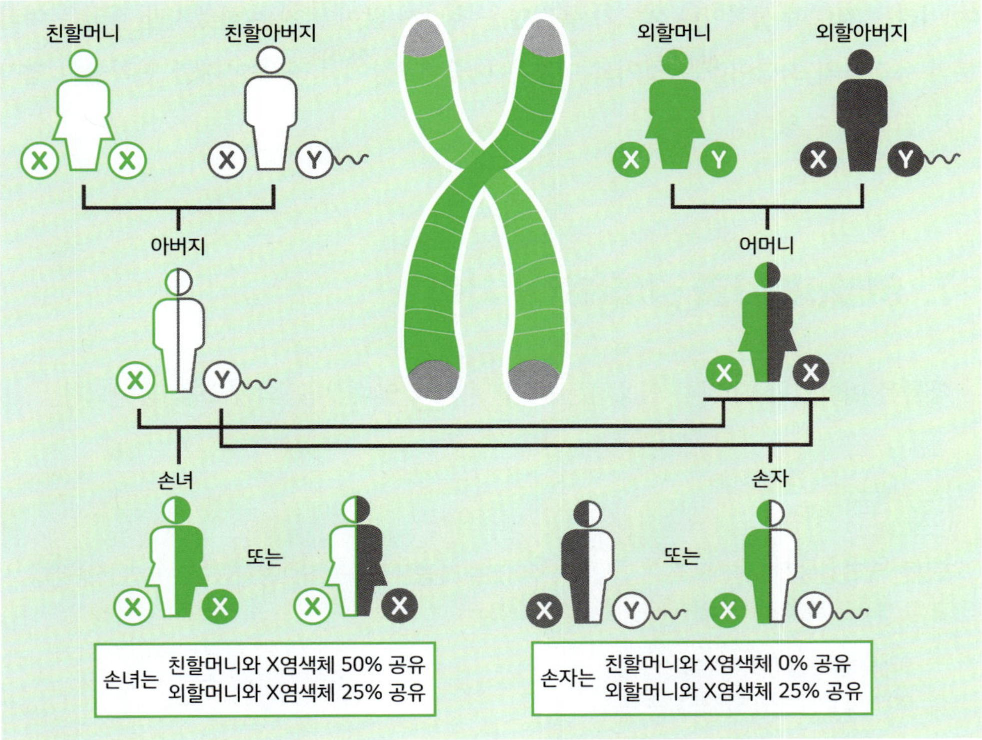

그림 1.4 삼대의 염색체 구성

니와 X염색체가 100% 같다. 즉, 아들의 X염색체는 어머니의 두 개의 X염색체 중에서 하나를 물려받는다. 그리고 Y염색체는 아버지로부터 물려받는다. 반면에 딸(그림에서 손녀)은 하나의 X염색체는 아버지로부터 받고 나머지 하나의 X염색체는 어머니의 X염색체와 같다. 이 연구결과에 의하면 인간의 X염색체는 생식능력이나 지능 등 인간의 생존에 아주 중요한 유전자를 가지고 있다고 한다.

그런데 위에서 이야기한 것처럼 자녀의 염색체는 어머니와 아버지로부터 물려받는 것이므로 혹시 여러분의 자식이 공부를 기대만큼 못하더라도 너무 몰아세우지 말기 바란다.

지금까지의 이야기는 결국 자손은 어머니와 아버지 양가 선조의 종합적 피조물(被造

物)이라는 것이며 성격이나 외모가 특정인을 유난히 많이 닮기는 하겠지만 결국은 여러분의 유전자의 조합이라는 것이고 이것은 나중에 3장에서 자세히 다룰 전확률의 법칙으로 설명될 수 있다.

7. 이성(理性)과 감성(感性) 사이

확률을 이야기할 때 자주 인용하는 예가 몇 가지 있다. 다음의 퀴즈를 풀어보자.

QUIZ 퀴즈 1

투명한 유리 항아리에 아래의 두 가지 상황이 주어졌을 때 붉은 구슬을 잡으면 상금으로 10만 원을 준다고 할 때 어느 쪽을 선택할 것인가?

ㄱ. 9개의 흰 구슬과 1개의 붉은 구슬
ㄴ. 92개의 흰 구슬과 8개의 붉은 구슬

조사에 의하면 위의 제안에 대해서 30~40%의 학생이 ㄴ을 선택했다고 한다. 그런데 확률로 볼 때는 붉은 구슬을 잡을 확률이 ㄱ이 10%이고 ㄴ이 8%이므로 ㄱ을 선택하는 것이 유리할텐데 왜 30~40%의 학생은 ㄴ을 택했을까? 이 현상을 세 명의 학자가 다음과 같이 해석했다.

① 세이무어 엡스타인(Seymour Epstein): 대부분의 사람은 복잡한 계산을 싫어하고 본능적으로 생각하는 경향이 있어서 ㄴ에 붉은 구슬이 더 많이 들어있다고 생각하기 때문이다.
② 폴 슬로비치(Paul Slovic): 이것은 분모 무시(denominator neglect) 현상이다. 즉, 사람들은 분모의 수는 크게 신경쓰지 않고 분자의 수가 큰 것을 고른다. 위에서 분

자를 보면 ㄱ은 1, ㄴ은 8로 ㄴ이 분자의 값이 크다. 그러나 분모를 보면 ㄱ은 10, ㄴ은 100인데 이것은 무시한다.

③ 대니얼 카네만(Daniel Kahneman): 사람들은 유리 항아리를 보는 순간 단 한 개의 붉은 구슬이 들어있는 ㄱ 항아리에 비해 8개의 붉은 구슬이 들어있는 ㄴ 항아리가 눈에 더욱 강하게 들어온다. 이것을 뚜렷한 영상 효과(vivid imagery effect)라고 한다.

다음의 퀴즈를 풀어보자.

QUIZ 퀴즈 2

여러분이 맞아야 할 예방주사에 대해서 다음과 같은 두 가지 통계가 있다고 할 때 여러분은 어느 쪽에 더 신경이 쓰이는가?

ㄱ. 10만 명 중 1명은 사망할 수 있다.
ㄴ. 0.002%의 확률로 사망할 수 있다.

조사에 의하면 대부분의 사람들은 ㄱ을 선택했다고 한다. 그러나 계산을 해보면 사실은 ㄴ이 ㄱ보다 두 배나 더 위협적이다. 그럼에도 불구하고 왜 사람들은 ㄱ을 택했을까?

심리학을 연구하는 전문가들에 의하면 대부분의 사람들은 확률을 추상적인 값으로 제시할 때보다 구체적인 수치로 표시할 때 더욱 심각하게 받아들인다고 한다. 즉 사망률이 0.002%라고 하면 거의 죽을 확률이 없다고 생각하면서도 10만 명 중에 1명이 죽는다고 하면 마치 그 한 명이 자기자신이 될 수도 있다고 생각하는 것이다.

이와 같은 일은 법정에서도 많이 일어나는데 어떤 피의자의 DNA 검사를 의뢰했을 때 오판률이 0.1% 또는 1000명 중에 1명이라고 한다면 그 피의자의 변호사는 대개 1000명 중에 1명이라는 표현을 써서 그 피의자의 DNA가 아닌데 오판을 해서 일치되는 것으로 주장을 하고 반대로 검사는 오판률이 0.1%밖에 안되므로 그 DNA는 피의자의 것과 일치한다고 주장한다고 한다.

이번에는 다음의 퀴즈를 풀어보자.

QUIZ 퀴즈 3

여러분은 아래의 두 가지 중에서 어느 쪽을 선택할 것인가?

ㄱ. 확률 5%로 1만 원을 받을 수 있다.
ㄴ. 확률 95%로 1000원을 받을 수 있다.

이 문제에 대해서도 많은 사람들은 ㄱ을 선택한다고 한다. 그런데 실제로 받을 수 있는 기대치를 구해보면 ㄱ은 0.05×1만+0.95×0=500, ㄴ은 0.95×1000+0.05×0=950으로 ㄴ의 경우가 거의 2배의 돈을 받을 수 있다. 그럼에도 불구하고 사람들은 왜 ㄱ을 선택할까?

어떤 사람은 ㄴ이 돈을 받을 확률은 높지만 액수가 작아서 관심이 없는 반면에 ㄱ은 비록 확률은 낮지만 큰 돈을 손에 넣을 수 있다고 판단하기도 하고, 또 어떤 사람은 실리적으로 비록 적은 금액이지만 돈을 받을 수 있는 확률이 높기에 ㄴ을 택했다고 할 것이다.

마지막으로 다음의 퀴즈를 풀어보자.

QUIZ 퀴즈 4

어떤 놀이시설에 갔는데 매표소에 다음과 같이 적혀있었다.

아래의 둘 중에서 하나를 택하시오.
ㄱ. 무조건 1만 원을 내시오.
ㄴ. 주사위를 던져서 2보다 큰 수가 나오면 2만 1000원을 내시오.

여러분은 어느 쪽을 선택하겠는가? ㄱ을 선택하면 사람들은 무조건 1만 원을 내야 한다. 반면에 ㄴ을 선택하면 평균적으로 1만 4000원을 내야 한다. 그럼에도 불구하고 많은 사람들은 ㄴ을 선택한다고 한다. 왜 그럴까? 우선 ㄱ을 선택하면 무조건 1만 원을 내야 하지만 ㄴ을 선택하면 33.33%의 확률로 돈을 한 푼도 내지 않을 수도 있기 때문이다. 물론 그 반대의 확률이 높으므로 이 기대는 실현되지 않을 가능성이 높지만 이것을 '기대치의 함정'이라고 부른다.

이 같은 네 가지 이성과 감성의 사례는 우리가 일상생활에서 접하는 확률적 선택의 문제에서 사람이 얼마나 비이성적으로 결정을 내리는지를 보여주는 전형적인 사례이다. 의외로 많은 사람들이 고도의 수학적 지식을 가지고도 이와 같이 어처구니없는 판단을 내린다고 한다.

다시 말해서, 인간의 이성과 감성 사이에는 주관적 판단이 존재하며 이 이야기는 2장에서 주관적 확률모형을 공부하는 데 도움이 될 것이다.

8. 투자의 법칙

2020년 초부터 전세계적으로 창궐한 코로나 바이러스(COVID-19)로 인하여 인간의 경제적 사회적 활동이 극도로 제한(사회적 거리두기)되면서 글로벌 경제가 마비되고 실업자가 폭증하게 되자 각국 정부는 막대한 양의 돈을 찍어냈고(量的緩和) 금리는 거의 0%가 되는 초유의 사태가 발생했다.

그 결과 자산 가치가 폭락할 것을 우려한 사람들은 부동산과 주식 등 위험자산을 마구 사기 시작했는데 마침 우리나라는 정부가 강력한 부동산 규제를 취하는 바람에 갈 곳을 잃은 개인 자금이 주식시장으로 몰려들었다. 그래서 2020년에 새로이 등장한 개미들이 많은데 머리도 식힐 겸 이들 개미에 대해 알아보자.

- 동학개미(東學개미): 코로나 사태로 신흥국에 속하는 우리나라의 원-달러 환율이 폭등하자 환율과 시세차익도 얻고 글로벌 변동성에 취약한 우리나라를 떠나려고 외국인이 주식을 팔자 그 주식을 모두 사서 우리나라 증시를 지키겠다는 애국심 강한 개미
- 서학개미(西學개미): 코로나 사태라는 초유의 위기에 국제정세에 취약하고 시장규모도 아주 작은 우리나라보다 기술주가 많은 서양 특히 미국의 주식이 매력적이라고 판단하여 해외주식 직구 투자에 뛰어든 개미
- 대륙개미(大陸개미): 2020년 3월 19일 COVID-19의 글로벌 팬데믹(global pandemic, 전 지구적 확산)으로 미국 증시가 폭락한 뒤 2~3개월 만에 미국 주식이 무려 30% 정도 폭등하자 그에 비해 덜 오른 중국 대륙의 주식으로 눈을 돌린 개미
- 스마트개미(smart ant): 급변하는 글로벌 경제상황을 간파하고 국내외 주식을 넘나들며 모두들 공포에 질려 주가가 폭락하면 주식을 사고 모두들 기대감에 충만하여 주가가 오르면 조용히 주식을 파는 행위를 하는 등 시장 상황의 변동에 관계없이 똑똑한 개미
- 병정개미(兵丁개미): 군 복무 중인 20대 개미를 말하는데, 요즘 병사의 월급이 많이 올라서 영내에서 군것질만 안해도 매달 20만 원 이상 주식을 살 수 있고 또 저녁에는 스마트폰도 사용하게 하여 최근에 들어서 병사의 주식투자가 붐을 이루고 있다고 함
- 불개미: '불에 달려드는 개미'라는 의미로 아직 주식시장에 상장되지 않은 장외 주식에 투자하는 개미를 말함. 사실 비상장 주식은 객관적 정보도 없고 향후 운명도 불확실한 회사가 많아서 자칫 투기의 가능성이 높은 주식임

이처럼 COVID-19 사태는 우리나라에 다양한 개미(개인투자자)를 지칭하는 온갖 신조어가 탄생하게 했고 주부나 70대 노인은 물론이고 그동안 주식 무풍지대였던 2030까지 주식에 뛰어드는 현상(이것을 panic buying이라고 부름)이 발생했다. 그 와중에 일부 스마트개미는 재빠르게 치고 빠져서 돈을 번 경우도 있었지만 투자하고자 하는 회사의 재무제표나 사업 포트폴리오는 고사하고 PER, PBR, PDR 등 증시의 기본 용어도 모른 채 소문만 듣고 뛰어든 대부분의 개미(특히 동학개미, 병정개미 및 불개미)는 상투를 잡고(주가가 오를 만큼

올라서 평소보다 비싼 가격에 사는 것을 말함) 눈물을 흘려야 할 확률이 높을 것이다.

비록 이 책이 주식투자 입문 책은 아니지만 스마트개미를 추구하는 필자로서 여러분이 이것만은 알고 주식투자에 나서야 할 것 같아서 이들 개념에 대해서 간략한다.

먼저 PER(price earning ratio, 이것을 사람들은 '퍼'라고 읽는데 필자는 크게 동의하지 않음)는 우리 말로 '주가 수익 비율'이다. 즉, '기업이 만들어내는 이익 대비 기업의 가격(주가)이 얼마인지에 대한 비율'이다. 예를 들면 PER이 10이라고 하면 기업의 주당 순이익에 비해서 투자자들이 그 회사의 주식의 가치를 10배 더 높게 평가받고 있다는 의미이다. 사실 대부분의 나라에서 상장된 주식의 PER 총평균이 10 내외에서 형성되어 있기 때문에 어떤 회사의 주식의 PER이 10이라고 해서 고평가되었다고 보기는 무리가 있지만 결국 PER이 지나치게 높은 기업은 주식의 가치가 실제 낸 이익에 비해서 고평가되어 있다는 말이다. 그럼에도 불구하고 투자자들은 고PER주에 열광하고 있다. 그것은 마치 비싼 명품백에 사람들이 더 열광하는 것과 같은 이치이다.

PBR(price book-value ratio)은 '주가 순자산 비율'인데 주가를 주당 순자산으로 나눈 값이다. 즉 주가가 순자산(자본금과 자본잉여금, 이익잉여금의 합계)에 비해 1주당 몇 배로 거래되고 있는지를 측정하는 지표이다. 만약 PBR이 1보다 작으면 당시 주가가 그 회사의 자산 가치보다 더 작다는 것을 말한다. 2020년 8월 11일 이 글을 쓰고 있던 당시 한국전력의 PER은 N/A(not available, 계산 불가)이고 PBR은 0.2였다. 이 말은 한국전력의 가치는 매길 수 없고(영업 적자에다 부채비율이 너무 높음!) 당장 한국전력의 자산을 몽땅 팔아치우면 상장된 주식의 값를 합친 것보다 5배는 더 많다는 것을 말한다. 일반적으로 회사의 PBR이 1보다 작으면 그 회사의 가치가 저평가되어 있다고 투자를 권하는 것이 일반적이지만 그 회사의 속사정을 알고 있는 투자자라면 그 회사 주식을 살까 말까 한 번쯤 고민해 봐야 한다.

PDR(price dream ratio)은 최근(2020년경)에 등장한 개념인데 제4차 산업혁명 붐과 COVID-19의 상황에서 비대면(untact)과 관련된 회사가 인기를 끌면서 그 분위기를 타고 전기자동차, 2차전지, 플랫폼, 바이오 기업 등 장래 성장성이 큰 기업들의 주가가 기존의 PER이나 PBR로는 설명이 되지 않자 증시에 새로이 등장한 개념으로 주가(price)와 투자자의 기대감(dream)의 비율을 말한다. 전기차 회사 테슬라나 수소전기차 회사 니콜라 등의 기업의 PDR이 수백을 넘는다는 이야기가 경제지에 실리는 것도 이 사실을 뒷받침하고 있다.

이상의 이야기를 결론짓자면 주식을 살 때 어떤 회사의 PER이나 PBR이 동종업종의 평균치보다 낮을 경우 그 회사의 주식의 가치가 저평가(low price)되어 있으므로 그 주식을 값이 쌀 때 사두면 나중에 오를 확률이 높다고 할 수 있다. 다만 PDR에 대해서는 기업의 실적이나 가치보다는 투자자의 꿈(기대치)을 나타내는 지표인만큼 시장이 과열되거나 투자자의 과잉기대에 의한 현상이므로 이 값은 그다지 신뢰할 수 없다.

투자, 사실 그리 간단치 않다. 지금부터 이 이야기를 하고자 한다.

1956년 미국 전화회사 AT&T의 부속연구소인 벨랩(Bell laboratory)의 존 켈리(John Larry Kelly)는 그의 동료인 클로드 샤논(Claude Shannon)이 개발한 장거리 통신회선에서 소음 문제를 모형화하는 연구결과를 이용하여 부(富)의 공식(일명 Kelly criterion)을 만들었다.

켈리의 부의 공식은 어떤 확률적 실험(경마, 주식, 그리고 심지어 도박 등)에 대하여 내부 정보를 알고(즉, 성공확률을 어느 정도 짐작하고) 확률실험을 하는 사람이 자신이 가지고 있는 전체 돈에서 걸어야 할 최적 금액을 계산하는 식이다. 물론 아무런 정보도 없이 경마, 주식 등의 확률적 실험을 하면 얼마를 걸더라도 이익을 내기는 어려워진다.

켈리의 부의 법칙은 다음과 같다.

- 만약 p를 확률실험에서 이길 확률이라 하고 F를 자신이 가진 돈 중에서 그 실험에 걸면 이익을 볼 금액의 비율이라고 한다면 $F=2p-1$이다.

이 법칙의 의미는 만약 어떤 사람이 어떤 사업에 투자한다고 할 때 성공확률에 2를 곱하고 여기서 1을 빼면 자신이 현재 가지고 있는 자금 중에서 그 투자에 걸어야 할 자금의 비율을 알 수 있다는 것이다.

예를 들어서 여러분이 어떤 투자에 대해 성공확률이 70%라고 하자. 일단은 보기에 성공확률이 꽤 높아 보인다. 보통 이 경우에 사람들은 성공확률이 높으니까 자신이 가진 돈을 전부 투자하여 대박을 얻으려고 할 것이다.

여러분은 이때 자신이 가지고 있는 돈 중에서 얼마를 걸어야 손해를 보지 않을까? 답은 $F=2\times0.7-1=0.4$이므로, 즉 여러분이 가진 돈 중에서 40%만 걸어야 한다. 괜히 욕심을 내서 그 이상 걸었다가는 손해를 볼 가능성이 있다.

그럼, 이번에는 여러분이 도박을 하려고 하는데 성공확률이 50%라고 하자. 그러면 여기서 최대 이익을 거두기 위해 여러분이 가진 자금 중에서 투자를 해야 할 자금의 비율은 얼마일까? 답은 $F=2\times0.5-1=0$이다. 투자하지 말아야 한다. 다시 말하면 도박의 성공확률이 반일 경우 그 도박을 하면 돈을 잃는다는 말이다. 그런데 실제로 대부분의 도박에서 고객이 돈을 딸 확률은 50%를 넘지 않게 설계되어 있다. 이에 대해서는 5장에서 기대치를 이야기할 때 자세히 다루겠다.

마지막으로 어떤 일이든지 성공확률이 50%를 넘지 않을 때에는 어떻게 해야 하나? 계산을 해 볼 필요도 없다. 얼른 빠져나와야 한다. 돈은 따는 것도 중요하지만 잃지 않는 것은 더 중요하다.

이 공식은 실제로 샤논의 동료였던 에드워드 소프(Edward O. Thorp)라는 사람이 블랙 잭(black jack)이라는 도박과 증권시장에서 실제로 사용했다고는 하나 그가 이 공식을 사용하여 돈을 벌었는지 아닌지 필자로서는 알 방법이 없다.

9. 최소한의 확률 상식

지금부터 하는 이야기는 확률을 공부하는 사람으로서 상식으로 알아두었으면 하는 에피소드이다.

여러분(이건 우리나라의 이야기임, 즉 대한민국 국민)이 일생 동안 한 번이라도 교통사고로 다칠 확률은 얼마일까? 답은 35.2%이다. 꽤 높다. 국민 셋 중 한 명은 일생 동안 한 번 이상은 교통사고에 휘말릴 수 있다.

그럼 여러분이 교통사고로 죽을 확률은? 답은 1.02%이다. 참고로 이 확률은 여러분이 암에 걸릴 확률보다 크다. 길을 다닐 때 차를 조심해야 한다.

그럼 여러분이 화장실에서 다칠 확률은? 답은 0.01%(1만분의 1)이다. 사실, 그럴 일은 많지 않겠지만 화장실에서 부주의로 바닥에 묻은 물을 잘못 밟아서 미끄러지면 크게 다친다.

2020~2021년 전 지구를 혼란에 빠트린 코로나 바이러스. 2021년 5월 하순경 필자가 이 부분을 손보고 있던 당시 우리나라에서 아스트라제네카(AstraZeneca, 이하 AZ) 백신을 맞은 사람이 211만 2000명가량이었는데 백신의 안전성에 대한 우려와 논란이 많았다. 왜냐하면 그 당시 통계로 백신을 맞고 중대한 부작용이 발생한 비율이 0.00028(590명에게서 중대한 부작용이 발생했음)이었고 사망한 비율이 0.000028이었다(211만 2000명 중 59명). 비율로 봐서는 작아 보이지만 백신을 맞기 전에 건강하던 사람이 59명이나 죽었으니 사람들이 불안한 것은 당연하였다. 당시 필자도 접종 대상이어서 예약을 할지 말지 한참 망설이다가 용기를 내서 사전예약을 했다.

그런데 당시 대부분의 미디어에는 이처럼 비율로 말하지 않고 AZ 백신에 대한 중대한 부작용 및 사망 확률이 각각 0.028%, 0.0028%라고 말했는데 모든 사람이 같은 조건이라고 보면 비율을 확률로 대치해도 큰 문제는 없다고 생각한다. 다만, 엄격히 말하면 비율과 확률은 다르다.

확률 값이 너무 작으니까 실감이 안 난다면 이 질문에 한 번 답해보자. 금광, 유전, 신약 개발에 성공할 확률은 각각 얼마일까? 답은, 각각 10%, 5%, 0.02%이다. 의외로 성공확률이 높지 않은가?

그 외 확률 값이 더욱 작은 경우도 많다. 다음의 예를 보자.

- 화재로 죽을 확률 = 0.00025%(40만분의 1)
- 독이 든 음식을 먹고 죽을 확률 = 0.0000333%(300만분의 1)
- 벼락을 맞을 확률 = 0.0000167%(600만분의 1)
- 로또 1등 당첨 확률 = 0.000012277%(814만 5060분의 1)

마지막으로 동해안에 있는 울진 원자력 발전소에 비행기가 추락할 확률은 얼마일까? 갑자기 이게 무슨 소리인가 싶지만 당시 원자력안전위원회 회의에서 정부의 탈원전 정책을 지지하는 한 위원이 이 문제를 제기하며 원자력발전소의 안전성에 이의를 제기하여 화제가 된 적이 있었다.

그렇다면 답은? 1000만 년에 딱 한 번 있을까 말까 하다고 한다. 인간이 농경생활을 시작한 게 불과 1만 년 전이니까 1000만 년은 너무나 까마득한 세월이다. 또한 1903년 노스캐롤라이나 키티 호크(Kitty Hawk)에서 오빌 라이트(Orville Wright)와 윌버 라이트(Wilbur Wright) 형제의 비행 성공 이후 1922년 12월 10일 안창남이 여의도 비행장을 이륙하여 서울 중심부를 선회비행한 것이 우리나라 상공에 비행기가 뜬 최초의 사례인데 그 후 아직 99년(2021년 기준)밖에 되지 않았으니 적어도 앞으로 999만 9901년은 좀 더 지나봐야 이 수치가 어떤 것을 의미하는지 실감할 수 있을 것이다.

지금까지 제1장에서 우리는 주변에서 확률과 관련된 여러 가지 일화를 알아보았다. 이처럼 우리 주변에는 확률이라는 개념이 우리가 알게 모르게 깊숙이 들어있다. 아무쪼록 여러분이 이어지는 이야기를 통해 확률의 재미있는 세계를 탐험해보기를 기대한다.

CHAPTER

2

확률의 기초

CONTENTS

ABSTRACT

제2장에서는 확률에 대한 기본적인 배경과 개념을 소개하기로 한다.

먼저 확률의 정의에 대하여 알아본다.

이어서 확률의 계산에 있어서 기본이 되는 경우의 수에 대하여 생각해 본다. 그리고 확률의 모형을 정의하고 확률값을 계산하는 방법을 알아본다.

마지막으로 확률의 개념을 적용한 몇 가지 응용문제를 소개한다.

1. 확률의 정의

확률(確率, probability)이라는 말은 우리가 평소에 자주 접하는 단어이다. 특히 우리나라 TV의 뉴스는 맨 마지막에 일기예보로 끝맺는데 국토의 면적이 그다지 크지 않아도 지역마다 도시마다 비가 올 확률이 다르다.

우리의 일상생활에서도 확률을 사용하곤 하는데, 예를 들면 '로또 1등에 당첨될 확률이 팔백십사만오천육십분의 일이다', '서해안은 겨울에 눈이 내릴 확률이 높다' 등이다. 이때 앞의 문장은 어떤 일이 일어날 확률을 구체적인 수치로 표시하여 정량적(定量的, quantitative)으로 나타낸 것이고, 뒤의 경우에는 확률 값은 구체적으로 나타내지 않고 그냥 높다고 말하여 정성적(定性的, qualitative)으로 나타낸 것이다.

이처럼 확률이란 우리가 관심을 가지고 있는 어떤 일에 대하여 그 일이 일어날 가능성의 정도(probable+ability)를 다루는 학문이다.

우리 주변의 물리적인 현상을 관찰해보면 대부분의 사건은 두 가지로 나눌 수 있다. 하나는 사건이 일어날 가능성이 확정적(確定的, deterministic)인 경우이고 다른 하나는 비확정적(非確定的, non-deterministic)인 경우이다. 여기서 확정적인 사건은 사건이 반드시 일어나는 것을 표현하는데, 예를 들면 '내일은 온다.' 즉, '내일은 태양이 뜬다'와 같은 것이다.

한편, 비확정적인 사건은 미래에 그 사건이 일어날 수도 있고 일어나지 않을 수도 있으므로 다른 말로는 확률적(確率的) 사건이라고 한다. 사람들은 일반적으로 '비확정적' 대신 '확률적'이라는 용어를 더 많이 사용한다.

확률적 사건의 예로서는 '내일 비가 올 확률이 50%'와 같은 것이다. 즉, 내일은 비가 올 수도 있고 오지 않을 수도 있는데 그 확률이 반반이라는 말이다. 이때 사람들은 참으로 난감하다. 우산을 가지고 가야 할지 말아야 할지…. 답은 스스로 판단해서 결정하는 것이다. 이처럼 확률적 사건에 대한 판단에는 개인의 주관이 개입되는데 나중에 언급할 주관적 확률모형이 이 경우에 해당한다.

확률사건의 예로서는 어떠한 것이 있을까? 주사위 던지기, 가위 바위 보, 도박, 주식 투자, 신제품의 성공 여부, 승진 가능성, 날씨, 환율, 도로의 교통량, 바람의 세기, 네트워크가 붐비는 정도 등 이루 셀 수 없이 많은 예가 있는데 이들 사건은 한결같이 임의성(randomness) 혹은 불확실성(uncertainty)을 띄고 있다.

그림 2.1을 보자. 내부의 모습이 보이지 않는 상자(black box)의 좌측으로부터 입력되는 신호는 이 상자를 거쳐서 우측으로 전달된다. 그런데, 이 상자는 외부로부터 간섭을 받을 수 있다.

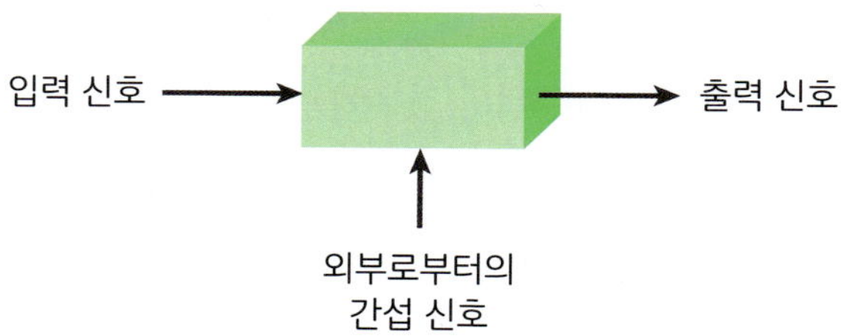

그림 2.1 예측 불가능한 시스템의 동작

이 시스템이 디지털 신호를 보내는 장치라고 가정하고 시간의 흐름에 따라 0 혹은 1의 신호가 왼쪽에서 오른쪽으로 전달된다. 이때 외부로부터 간섭이 없을 경우에는 입력측에서 들어간 신호가 출력측으로 순서대로 전달되므로 이 시스템은 확정적 시스템(deterministic system)이다.

그러나, 이 시스템에 외부로부터 예측 불가능한(random) 잡음 신호가 흘러들어간다고 가정하자. 잡음 신호는 0 혹은 1의 수열이며 잡음은 랜덤하게 발생한다. 그러면 출력측에는 처음의 입력신호와는 전혀 다른 신호가 나타날 것이고 그 신호는 어떤 모양을 할지 예측할 수 없다. 이 경우 이 시스템은 비확정적 시스템(nondeterministic system)이다. 그리고 비확정적 시스템에서는 사건이 확률적 특징을 가지고 일어난다.

이런 일이 일어날 확률은?

실제로 2007년 여름 어느 날 대전에서 일어난 사건인데, 국내의 K 모 방송에서 9시 뉴스를 진행하면서 서울의 아나운서(A)와 대전의 P 기자(B) 사이의 통화 중에서 방송 사고가 났다. 아래는 그때의 상황을 필자의 기억대로 재구성한 것이다.

A : 대전의 모 회사에서는 노사 간 단체협상이 결렬되어 현재 노조와 회사 간에 충돌이 벌어져서 시끄러운 모양입니다. 자세한 사정을 대전으로부터 알아보도록 하겠습니다. 대전의 P 기자?

B : … 왜?

A : '?? (어딘가 좀 이상한데 … 으흠. 그래도 차분히 진행을 해야지)' 오늘 노사 간 단체협상이 결렬된 모양인데 그 이유를 좀 이야기 해주시지요.

B : 아, 몰라!!

A : ^^;; 죄송합니다. 현재 통신 사정이 좋지 못해 나중에 다시 연결하겠습니다. @#$%^&*?

대전에서 대체 무슨 일이 일어난 것일까? 사정은 이랬다. 대전의 P 기자는 9시 뉴스가 시작된 뒤 서울에 있는 방송사의 전화가 오기를 기다리고 있었는데 기자는 몰랐지만 마이크가 이미 켜져 있었다. 그런데 그 사이에 자신의 휴대폰에 개인적인 전화가 걸려와서 심기가 약간 좋지 않은 상태로 통화를 하고 있는데 그때 서울의 스튜디오로부터 걸려온 업무용 전화도 연결된 것이다. 그런데 그 기자는 회사 전화가 연결된 줄은 모른 채 개인적으로 통화하던 사람에게 "왜?"라고 퉁명스럽게 묻고 그 다음 물음에는 "아, 몰라!!"라고 대답한 것이다. 그것이 아주 우연하게도 동기(synchronization)가 딱 들어맞아서 괴상한 대화가 되어버린 것이다.

그런데 여기서 질문 하나, 이런 일이 일어날 확률은 얼마일까? 나는 태어나서 이런 일은 처음 보았다! 우리는 이런 사건을 희귀사건(稀貴事件, rare event)이라고 한다. 희귀사건은 자주 일어나지는 않지만 일단 일어나면 아주 중요한 결과를 가져온다. 일반적으로 공학적인 문제에서 제품의 신뢰성, 안전성, 품질 등은 아주 엄격한 수준을 요구한다. 예를 들면 비행기가 추락할 확률은 아주 작아야 한다. 그렇지 않다면 누구도 비행기를 타려고 하지 않을 것이다. 한편 데이터 통신에서 패킷의 전송에 대하여 보통 10^{-6}에서 10^{-9}의 에러율을 요구하는데 이 값은 100만 개에서 10억 개 정도의 패킷을 보낸다고 가정할 때 1개 이상의 패킷 손실은 허용하지 않는다는 의미이다. 따라서, 이런 일은 자주 일어나면 안 된다.

2. 경우의 수

경우의 수(counting)란 어떤 사건이 일어날 수 있는 경우의 수를 나타내는 것으로서 유한한 원소의 개수(가령 n)를 가지는 표본공간(標本空間, sample space) 내에 있는 임의의 사건이 일어날 경우의 수를 계산하는 것이다.

예를 하나 들어보자. 세계적으로 가장 인기있는 스포츠 행사로 4년마다 열리는 월드컵 축구가 있다. 우리나라도 2002년에 일본과 공동개최를 한 적이 있는데 이때 우리나라가 기적적으로 4강에 진출하는 신화를 이룩하기도 했다.

그런데 우리나라는 그 뒤 계속해서 월드컵 본선에 진출하는 쾌거(?)를 이루고 있었으나 점점 아시아의 다른 나라들의 실력도 늘어서 쉽게 본선에 진출하지 못하고 경우의 수를 생각해야 하는 처지에 놓이게 되었다. 게다가 대륙별 지역예선을 통하여 뽑은 32개의 팀이 겨루는 본선에서도 조별 4개팀 중 상위 2개팀밖에 16강에 올라가지 못하는 상황이므로 우리나라는 늘 경우의 수를 생각해야만 한다.

여러분은 혹시 점자에 대해서 알고 있는가? 점자는 19세기 초에 프랑스의 군인이 작전 내용을 적이 알 수 없도록 암호화하기 위해서 개발한 것인데, 그 후 시각장애인인

루이 브라유(Braille)가 자신과 같은 시각장애인용 글자로 처음 사용했다고 한다.

필자는 엘리베이터의 숫자판에 점자가 있는 것을 평소에는 대수롭지 않게 보고 지나쳤는데 이 책을 쓰면서 자세히 보니 하나의 점자는 가로 2개, 세로 3개의 총 6개의 점으로 구성되어 있다. 물론 엘리베이터에 있는 점은 6개의 점이 약간 떨어져서 나란히 배열된 12개인데 그것은 숫자를 나타내는 6개의 점(한글 자음 'ㄴ'자를 왼쪽으로 90도 회전한 모양인데 이것을 수표라고 함)이 숫자의 앞에 더해진 경우이고 일반적으로는 6개의 점으로 하나의 자음, 모음, 약자(한글의 경우), 숫자, 그리고 심지어 연산부호까지 표기할 수 있다. 점자는 영어, 일어, 중국어 등 세상의 거의 모든 언어를 표기할 수 있다. 그러면 여기서 퀴즈 하나! 6개의 점으로 이루어진 점자가 표기할 수 있는 경우의 수는 몇 개일까? 그리고 만약 6개의 점으로 표기할 수 없는 경우에는 어떻게 하면 될까?

한편, 우리가 자주 접하는 문제로서 어떤 실험에서 사건의 결과를 순서에 따라 나열을 하는 경우의 수와 그냥 사건이 일어날 경우의 수만 계산하는 두 가지 경우를 생각할 수 있는데 앞의 경우를 순서대로 나열한다고 하여 순열(順列, permutation)이라 하고 뒤의 경우를 순서에는 관계없이 경우의 수만 계산한다고 하여 조합(組合, combination)이라 한다.

2.1 순열

순열(順列, permutation)은 실험 결과 얻어진 원소를 순서에 의해서 나열하는 방법이다. 갑, 을, 병의 세 사람을 일렬로 세우는 방법을 생각해 보자. 세 사람을 나열하는 경우 모든 사람을 나열할 수도 있지만 일부의 사람만 뽑아서 나열할 경우도 있다.

표본공간의 모든 원소를 나열하는 방법

그림 2.2는 갑, 을, 병의 세 사람이 앉을 자리를 나타낸 것이다.

그림 2.2 세 사람이 앉을 자리

이때 각 자리에 들어갈 수 있는 경우의 수는 다음과 같다.

- 왼쪽에서부터 첫 번째 자리에는 갑, 을, 병 세 사람이 들어갈 수 있다. 따라서 경우의 수는 세 가지이다.
- 두 번째 자리에는 갑, 을, 병 세 사람 중에서 첫 번째 자리에 앉은 사람을 제외한 나머지 두 명이 앉을 수 있다. 따라서 경우의 수는 두 가지이다.
- 세 번째 자리에는 갑, 을, 병 세 사람 중 첫 번째와 두 번째 자리에 이미 앉은 사람을 제외한 나머지 한 명이 앉을 수 있다. 따라서 경우의 수는 한 가지이다.

결국 갑, 을, 병의 세 사람을 일렬로 세우는 방법은 $3 \times 2 \times 1 = 3! = 6$가지이다.
이 문제를 이용하면 100명의 사람을 일렬로 세우는 방법은 $100!$이고
n명의 사람을 일렬로 나열하는 경우의 수는 $n!$가지이다.

표본 공간에서 일부의 원소만 나열하는 방법

어떤 조직에 있는 n명의 사람 중에서 k명의 사람을 뽑아서 일렬로 나열하는 방법은 몇 가지인지 생각해 보자. 이 경우도 앞의 경우와 크게 다르지 않다. 다만, 뽑는 사람의 수가 표본 공간 중 일부에 해당하므로 이에 대한 어떤 제약을 가하는 작업이 더해져야 한다.

다시 문제로 돌아가자. 이번에는 갑, 을, 병, 정, 무 다섯 명의 사람이 있는데 의자에는 단 세 명만이 앉을 수 있다. 이때 경우의 수는 몇 가지인가?

- 첫 번째 자리에 사람을 배치할 경우의 수는 다섯 명 중에 한 명을 고르는 경우의 수이므로 5가지이다.
- 두 번째 자리에는 첫 번째 자리에 앉은 사람을 제외한 나머지 네 사람 중 한 명이 앉을 수 있으므로 4가지이다.
- 세 번째 자리에는 나머지 세 사람 중 한 명이 앉을 수 있으므로 경우의 수는 3가지이다.

결국 다섯 사람 중 세 명을 골라서 일렬로 앉히는 방법은 $5\times4\times3=60$가지이다.

따라서 n명의 사람 중 k명을 뽑아서 일렬로 나열하는 방법은 $n\times(n-1)\times\cdots\times(n-k+1)$가지이다.

n개의 서로 다른 원소 중 k개의 원소를 뽑아서 일렬로 나열하는 경우의 수를 ${}_nP_k$라고 나타내자. 단, P는 순열(permutation)의 첫 글자 P를 딴 것이며 ${}_nP_k$는 다음과 같다.

$${}_nP_k= n\times(n-1)\times\cdots\times(n-k+1)$$

그런데 위의 식의 오른쪽 부분이 좀 복잡하게 생겼다. 예를 들어서 $n=5$이고 $k=3$이라면 ${}_5P_3=5\times4\times3$으로 계산되겠지만 일단 항을 나열해놓으면 보기도 좋지 않고 또 외우기도 어렵다. 물론 필자는 수학은 절대 외우는 학문이 아니라고 말하지만 그래도 약간은 기억해야 한다. 그래서 약간의 작업을 하자. 위의 식에 항을 약간 더 곱하고 같은 항으로 나누어주면 결국 같으므로 위의 식을 다음과 같이 표현할 수 있다.

$${}_nP_k=\frac{n\times(n-1)\times\cdots\times(n-k+1)\times(n-k)\times\cdots\times3\times2\times1}{(n-k)\times\cdots\times3\times2\times1}=\frac{n!}{(n-k)!}$$

이제 식이 훨씬 보기 쉬워졌다.

이처럼 n명의 사람 중에서 k명의 사람을 뽑아 일렬로 나열하는 경우는 여러분이 고등학교에서 경우의 수에 대해 공부할 때 단골로 등장하는 복주머니의 문제에서 만난 적이 있을 것이다. 즉, 복주머니에 들어있는 n개의 서로 다른 구슬 중에서 k개의 구슬을 끄집어내서 배열하는 문제와 같다.

여기서, 구슬을 끄집어내는 방법은 두 가지가 있다. 한 번 끄집어낸 구슬은 다시 집어넣지 않는 경우를 비복원추출(非復元抽出)이라고 하고 추출한 구슬을 다시 집어넣는 경우는 복원추출(復元抽出)이라고 한다.

여기서 왜 복원 여부를 논하느냐 하면 추출방법에 따라서 경우의 수가 다르기 때문이다. 즉, n개의 서로 다른 구슬 중에서 k개의 구슬을 끄집어내서 배열하는 문제에서 만약 비복원추출이라면 위에서 이야기한 방법이 될 것이지만, 복원추출이라면 매 실험이 처음의 실험이 되므로 배열의 경우의 수는 n^k이기 때문이다.

예제 2.1

10장의 서로 다른 색의 색종이 중에서 5장을 일렬로 배열해서 카드를 만들 때 모두 몇 가지를 만들 수 있는가?

풀이

10장의 색종이 가운데 서로 다른 5장을 골라서 일렬로 나열하는 방법이므로 총 경우의 수는 다음과 같다.

$$_{10}P_5 = \frac{10!}{5!} = 3\text{만 } 240\text{가지}$$

문제 2.1

0,1,2,3,4의 숫자가 적힌 구슬이 들어있는 주머니에서 한 번에 하나씩 세 개의 구슬을 끄집어내어 세 자리 숫자를 만든다고 하자. 이때 다음의 물음에 답하라.

(1) 복원추출의 경우 세 자리의 홀수는 몇 가지 만들 수 있는가?

(2) 비복원추출의 경우 세 자리의 짝수는 몇 가지 만들 수 있는가?

문제 2.2

주사위 세 개를 던져서 나온 눈의 합으로 가장 빈번하게 나오는 수는 얼마이며 그 경우의 수는 몇 가지일까?

2.2 조합

조합(組合, combination)이란 어떤 집합에서 구성원의 전체 또는 일부를 추출할 때 순서에 관계없이 그냥 선택하는 경우의 수만을 고려하는 실험을 말한다. 즉 n명의 사람 중에서 k명의 사람을 일렬로 세우지 않고 그냥 뽑기만 하는 경우의 수는 어떻게 될까? 이것이 바로 조합의 문제이다.

그런데 선택은 하되 나열하지 않는다고 하니까 더 쉬울 것 같은데 막상 계산하려니까 오히려 더 복잡하게 느껴진다. 왜 그럴까? 이유는 순열처럼 자리가 정해져 있고 그 자리에 정렬을 하는 경우에는 머릿속에 그림이 떠오르는데 이제 자리의 구별이 없으니 더욱 혼란스러운 것이다.

그러나 우리는 앞에서 순서를 고려하여 추출하는 실험을 하였으므로 일단 거기서 실마리를 찾을 수 있다. 즉, 먼저 추출한 것을 나열해놓고 거기서 나열하는 경우의 수를 빼서 계산하는 것이다.

다음과 같이 세 가지 단계로 나누어서 생각하자.

- n명의 사람 중 k명의 사람을 뽑아서 일렬로 나열하는 경우는 ${}_nP_k$가지
- k명을 일렬로 나열하는 경우의 수는 $k!$가지
- 우리가 관심을 가지는 것이 n명의 사람 중에서 k명의 사람을 위치에 관계없이 뽑기만 하는 경우의 수이므로 앞에서 얻은 결과에서 k명의 사람을 나열하는 경우의 수만큼 나누어 주면 결국 다음과 같다.

$$ {}_nC_k = \frac{{}_np_k}{k!} = \frac{n!}{k!\,(n-k)!} $$

위의 식에서 C는 조합(combination)의 첫 글자로부터 나온 것이며 어떤 책에서는 ${}_nC_k$를 $\binom{n}{k}$로 표현하기도 한다.

조합의 예로서 로또 복권이 있다. 로또 복권은 고객이 1부터 45까지의 숫자 중에서 중복되지 않게 6개의 숫자를 선택하는 방법인데 여러분이 선택한 6개의 숫자와 로또 추첨에서 비복원추출한 숫자가 모두 같으면(단, 순서는 관계가 없다) 1등에 당첨된다. 따라서 로또는 조합에 의한 경우의 수로서 조합의 총 경우의 수는 ${}_{45}C_6$(=814만 5060)가지이다.

예제 2.2

사람 6명이 두 대의 승용차에 세 명씩 나누어 타고 가려고 한다. 이때 가능한 경우의 수는 몇 가지인가?

풀이

6명이 두 대의 차에 각각 세 명씩 나누어서 타고 가기 위해서는 먼저 어느 한 차에 타고 갈 세 명의 멤버를 구성해야 한다. 그러면 나머지 세 명은 그냥 다른 차에 타면 된다. 따라서, 6명 중에서 세 명을 골라야 하는데 이때 가능한 경우의 수는 ${}_6C_3 = \frac{6!}{3!3!} = 20$가지이다.

문제 2.3

가로가 세로보다 조금 더 긴 직사각형의 흰색 타일 30개를 써서 가로 6열, 세로 5단으로 만든 벽보판이 있다고 하자. 이때 타일을 한 개 이상 조합하여 그릴 수 있는 직사각형은 모두 몇 가지인가?

문제 2.4

오른쪽 그림과 같이 가로 세로로 바둑판 모양으로 구획 정리된 동네가 있다. 그림에서 선으로 된 부분은 길이고 빈 공간에는 집이 있다.

이때 한 지점에서 다른 한 지점으로 갈 때 가장 짧은 경로를 따라서 간다고 가정하고 다음의 물음에 답하라.

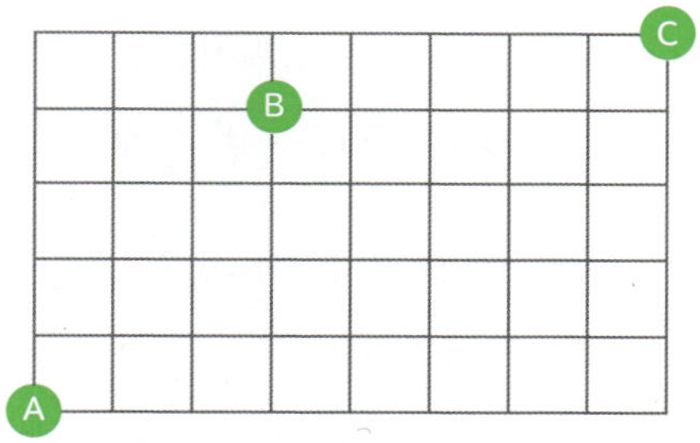

(1) A에서 C까지 가는 방법은 몇 가지인가?

(2) A에서 B를 거쳐서 C까지 도착하는 방법은 몇 가지인가?

문제 2.5

동네 한복판에 조그만 호수가 있는 마을이 있다. 이 동네는 오른쪽 그림과 같은 구조를 하고 있으며 선으로 된 부분이 길이고 그 사이에 있는 빈 공간에는 집이 있다.

이때 A에서 C까지 가는 방법은 몇 가지인가? 단, 한 지점에서 다른 한 지점으로 갈 때 가장 짧은 경로를 따라서 간다고 가정하며, 호수 둘레의 길은 걸어갈 수 없다.

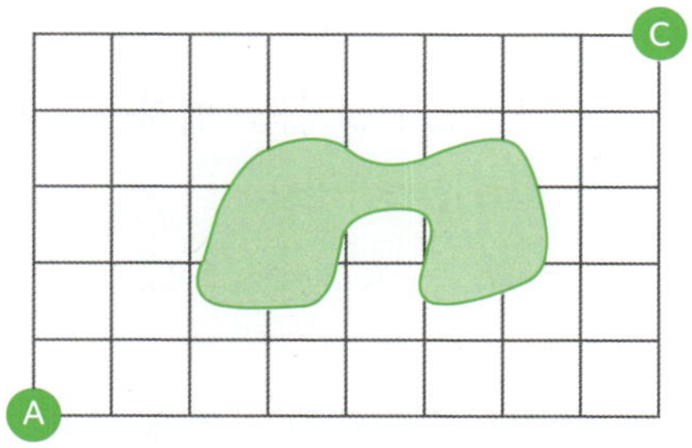

대상물을 여러 그룹으로 나누는 방법

앞에서 우리는 n개의 대상물을 두 개의 그룹으로 나누는 경우의 수를 공부하였는데 때로는 셋 이상 여러 개의 그룹으로 나누어야 할 경우도 있다. n명의 학생이 있는데 학생수가 n_1, n_2, $\cdots$, n_k인 k개의 서로 다른 그룹으로 나누는 방법의 수는 얼마일까?

학생이 서너 명 정도라면 종이에 이름을 적어놓고 경우의 수를 생각해가면서 헤아려 볼 수 있을지 모르지만 n명이라고 하니 대충 생각해서는 방법이 떠오르지 않을 것이다. 이때는 단계적으로 생각하면 쉽게 풀린다.

① n명의 학생 중에서 n_1명의 학생을 뽑는 방법은 ${}_{n}C_{n_1}$ 가지이다. 이때 남은 학생의 수는 $n-n_1$명이다.

② 두 번째 그룹의 학생을 뽑는 방법은 ${}_{n-n_1}C_{n_2}$ 가지이다. 이때 남은 학생의 수는 $n-(n_1+n_2)$명이다.

③ 위처럼 계속해서 k번째 그룹을 뽑는 방법의 수는 ${}_{n-\sum_{i=1}^{n-1}n_i}C_{n_k}$ 가지이다.

④ 이렇게 k개의 그룹에 대해서 학생을 뽑는 방법을 계산했다면 이제 남은 것은 전체의 경우의 수이다. 그런데 각 그룹의 경우의 수에 대하여 나머지 그룹의 경우의 수만큼 있으므로 곱의 법칙을 적용하면 가능한 방법의 수는 다음과 같다.

$${}_{n}C_{n_1} \times {}_{n-n_1}C_{n_2} \times \cdots {}_{n-\sum_{i=1}^{n-1}n_i}C_{n_k} = \frac{n!}{n_1!n_2!\cdots n_k!}$$

위의 식의 왼쪽항이 너무 길게 보일 것이다. 그래서 보통 위의 왼쪽항을 다음과 같이 표시한다.

$$\binom{n}{n_1, n_2, \cdots n_k} = \frac{n!}{n_1!n_2!\cdots n_k!}$$

위의 식을 이항계수의 개념의 연장으로서 다항계수(多項係數, multimodial coefficient)라고 한다.

예제 2.3

창원대 4학년 학생 40명은 2학기 기말고사가 끝난 뒤 지도교수와 함께 학창시절을 마무리하는 의미에서 남해 금산 보리암에 엠티를 가기로 하였다. 그런데 교수가 직접 운전하는 5인승 승용차(학생 4인 탑승 가능), 12인승 승합차, 그리고 24인승 미니버스 한 대씩이 준비되어 있다. 이때 학생들을 세 그룹으로 나누어서 타고 갈 수 있는 방법의 수를 구하라. 단, 승합차와 미니버스는 학생이 운전한다.

풀이

총 40명의 학생을 4명, 12명, 24명의 세 그룹으로 나누는 방법의 수이므로 다음과 같다.

$$\binom{40}{4,12,24} = \frac{40!}{4!12!24!}$$

3. 확률모형

지금까지 우리는 표본공간에서 표본을 뽑아내는 방법을 알아보았는데 이제 여러 가지의 사건 중에서 특정한 사건이 일어날 가능성이 얼마나 되는지를 계산하는 방법을 알아보자. 이처럼 특정한 사건이 일어날 가능성을 구하는 것을 확률의 모형화라고 하는데 이에 대해서 알아보기로 한다.

3.1 확률공간과 사건

확률을 정의하기 위해서는 사건이 존재하는 공간(이것을 '표본공간'이라고 함)을 먼저 정의해야 한다. 표본공간(標本空間, sample space)은 우리가 관심을 가지는 사건의 집합이다. 표본공간의 예로는 시험 성적(100점 만점), 주사위의 눈, 강수량 등이 있다. 표본공간은 보통 영어의 첫 글자를 따서 S라고 표시한다.

표본공간은 다른 말로 확률공간(確率空間, probability space)이라고도 한다. 표본공간의 예를 하나 들어보자. 필자는 강의를 개설할 때 강의계획서를 작성하는데 학생의 성적을 평가하는 방법을 사전에 제시하여 그 학생이 한 학기 동안 어떻게 공부해야 할지 예측하게 한다. 성적은 출석 10점, 리포트 20점, 수업 참여(수업시간에 얼마나 적극적으로 참여하는지를 매기는 점수) 30점, 중간과 기말고사를 합쳐서 40점 등 평가 항목별로 점수를 미리 정해놓고 학생들에게 한 학기 동안 강의를 하고 학기말에 점수를 매긴다.

이때 학생이 얻을 수 있는 점수는 100점을 만점으로 하는 수의 집합이다. 따라서, 학생의 점수에 대한 표본공간 S는 $S=\{0,1,2, \cdots, 99, 100\}$로 표시할 수 있다. 그리고 표본공간에서 액면점수가 30점 미만인 경우 F학점을 주는데 이런 학생이 생길 경우를 사건(事件, event) 또는 사상(image)이라고 한다.

예제 2.4

하나의 주사위를 던질 때 나온 눈의 수가 k일 사건을 E_k라고 할 때 표본공간은 무엇인가?

풀이

하나의 주사위를 던질 때 나올 수 있는 눈의 수는 1부터 6까지이므로 S는 다음과 같다.

$$S=\{E_i,\ i=1,2,\ldots,6\}$$

문제 2.6

서로 다른 두 개의 주사위를 던질 때 다음의 물음에 답하라.

(1) 두 개의 주사위를 던져서 얻은 결과에 대해서 표본공간을 정의하라.

(2) 두 개의 주사위의 눈의 합에 대한 표본공간을 정의하라.

3.2 확률과 확률모형

일반적으로 사건 A가 일어날 확률을 $P(A)$로 나타낸다. 예를 들어서 A를 비가 올 사건이고 그때의 확률이 60%라고 하면 $P(A)=0.6$이다. 한편, 주사위를 던져서 어떤 값(1에서 6 사이)이 나올 확률은 모든 눈에 대하여 1/6로 확률의 값이 같다. 그러나 주사위를 6번 던졌을 때 각 눈이 꼭 한 번씩 나오지는 않는다. 왜 그럴까? 이 문제를 설명하기 위해서는 확률을 정의하는 방법에 대하여 좀 더 자세하게 이야기할 필요가 있다.

사건 A에 대하여 그 사건이 일어날 확률을 정의하는 것을 확률모형(確率模型, probability model)이라고 한다. 확률모형에는 크게 세 가지가 있는데 대표적인 것이 공리적 확률모형, 상대도수 확률모형, 그리고 주관적 확률모형이다. 아래에서 각 모형에 대해서 알아보자.

(1) 공리적 확률모형

우리는 정육각형의 주사위를 던졌을 때 각 눈이 나올 확률이 1/6임을 일부러 던져보지 않고도 알고 있다. 따라서 각 숫자가 나올 확률이 1/6임을 증명하기 위해 주사위를 1200만 번을 던질 필요는 없다. 뒤에서 자세히 다루겠지만 주사위 던지기, 동전 던지기, 윷놀이, 로또 등은 특정한 사건이 나올 확률이 언제나 같다.

이처럼 사람의 주관적 사고력이 필요 없고 또 굳이 같은 실험을 반복하거나 수학적으로 증명하지 않더라도 어떤 사건이 일어날 확률이 명확히 정의되는 경우(이런 경우를 자명-自明, self evident-하다고 함)가 있는데 이와 같은 확률사건을 모형화한 것을 공리적 확률모형(公理的 確率模型, axiomatic probability model)이라고 한다.

공리적 확률모형의 가장 기본적인 예로서 균등 확률모형(均等確率模型, equally probable probability model)이 있는데, 유한개의, 가령 k개로 구성된, 표본공간에서 모든 사건이 일어날 가능성이 같은 경우에 임의의 사건이 일어날 확률은 전체 표본수의 역수인 $1/k$이다. 균등 확률모형의 예로는 위에서 예로 든 주사위 던지기에서의 각 눈이 나올 사건, 동전 던지기에서 앞 또는 뒷면이 나올 사건 등이 있다.

한편 여러분이 경우의 수에서 공부하였던 복주머니(혹은 항아리)에서 색깔이 다른 공을 끄집어내는 실험이나 제비뽑기 등은 사건을 어떻게 정의하느냐에 따라서 확률 값이 같은 수도 있고 다를 수도 있다. 즉, 복주머니 속에 붉은 공과 흰 공이 같은 개수가 들어있고 비복원 실험이라면 이 확률모형 역시 균등 확률모형이다. 그러나 만약 비복원 실험이라면 각 경우에 확률 값은 달라진다. 그럼에도 불구하고 이 확률실험은 공리적 확률모형에 해당한다.

일본의 수학 에세이스트이자 교수인 고지마 히로유키라는 사람이 쓴「확률의 경제학(김경원 옮김, 출판사: 살림Biz)」에 나온 이야기를 소개한다. 여러분이 제비뽑기를 통하여 경품을 지급하는 행사에 참석하였다고 하자. 이때 여러분은 제비를 먼저 뽑는 것이 유리할까, 나중에 뽑는 것이 유리할까? 아니면 언제 뽑든지 관계없는 것일까? 다음의 문제를 풀어보자.

문제 2.7

갑돌이, 을식이, 병찬이는 망년회를 하였다. 망년회에서 즐거움을 더하기 위하여 경품을 하나 만들었다. 경품의 내용은 '가보라카이 3박 4일 여행권'이다. 총무인 병찬이는 같은 색과 같은 모양의 세 장의 카드를 마련하여 하나의 카드에는 비행기가 그려진 스티커를 붙였고, 다른 두 장의 카드에는 폭탄이 그려진 스티커를 붙였다. 경품 추첨시간이 되었을 때 매사 이기적인 갑돌이는 자기가 먼저 뽑겠다고 우기고 남에게 지기를 싫어하는 을식이도 자기가 먼저 뽑겠다고 소리를 높였다. 곁에 있던 병찬이가 "가위 바위 보로 순번을 정해서 뽑는 것이 어떻겠느냐"라고 하였다. 과연 제비를 뽑는 순서와 경품의 당첨에는 어떤 관계가 있을까?

문제 2.8

우리 주변에서 공리적 확률모형의 예를 들어보자.

(2) 상대도수 확률모형

상대도수 확률모형(相對度數 確率模型, relative frequency probability model)은 각 실험의 결과가 독립적이라는 전제하에 같은 조건에서 실험을 여러 번 반복하였을 때 전체 사건 중에서 특정사건이 일어날 빈도(頻度, frequency)에 근거하여 확률을 계산하는 방법이다.

상대도수 확률모형의 예로서 야구선수의 타율을 생각해 보자. 야구선수 이승엽은 2004년부터 2011년까지 8년간 일본 프로야구에서 활동하였는데 최전성기에 그의 타율이 3할 2푼 3리(2006년 그가 요미우리 자이언츠에서 세운 기록)였다. 타율이 3할 2푼 3리라는 것은 야구선수가 1000번 타석에 들어서면 평균적으로 323번은 안타를 치고 나간다는 것을 말한다. 결국 이승엽 선수가 타석에 서서 안타를 칠 확률은 32.3%에 해당하므로 이것이 상대도수 모형에 의한 확률이다.

상대도수 모형에 의한 확률은 실제로 일어난 일을 토대로 경험적으로 알아낸 확률값이다. 그래서, 이와 같은 확률을 경험적 확률(經驗的 確率, empirical probability)이라고도 한다.

한편, 상대도수 확률모형으로 확률을 계산하기 위해 통계학자들이 즐겨쓰는 방법은 전체 관측 대상물 중에서 임의적으로 일부분의 표본만 뽑아서 관측하는 것이다. 필자가 어렸을 때 할아버지께서는 노년에 하시던 사업을 정리하고 고향으로 돌아가셔서 농사를 지으셨는데 가을에 벼를 수확한 후 매상(賣上)을 대는 장면이 기억난다. 새마을 마크가 그려진 모자를 쓰고 군청색 점퍼를 입은 사람이 끝이 타원형으로 뾰족한 파이프를 들고 와서는 할아버지 댁의 마당에 가득 쌓아놓은 볏가마를 이리저리 다니면서 몇 개의 볏가마를 사정없이 쿡 찔러서 슬쩍 보고는 가져온 공책에 뭔가를 쓰고 난 뒤 모든 볏가마에 등급도장을 팡팡 찍는 장면을 본 적이 있다. 이 사람은 벼의 등급을 판정할 때 표본조사(標本調査, sampling)법을 썼던 것이다.

상대도수에 근거한 확률은 통계적 실험이 가지는 전수조사(全數調査, total investigation)의 문제를 해결하기 위해 모집단의 일부를 관측함으로써 모집단 전체의 성질을 알 수 있는 이론적 토대를 제공한다.

1913년 모나코 몬테카를로의 카지노에서 벌어진 룰렛 게임에서 실제로 있었던 일이다. 구슬이 20번이나 계속해서 검은색 숫자에 떨어지자 이제는 붉은색 차례가 되었다면서 거액을 베팅하는 사람들이 줄을 섰는데 구슬은 야속하게도 또 검은색 숫자에서 멈춰섰다. 그 뒤에도 사람들은 갈수록 더 많은 돈을 붉은색 숫자에 걸었으나 27번째에 겨우 붉은색에 구슬이 떨어지는 일이 일어나서 쫄딱 망한 사람이 많이 나왔다고 한다. 이런 현상은 '몬테카를로의 오류' 또는 '도박사의 오류'라고 부르는데 이 일은 어떻게 설명할 수 있을까?

도박사의 오류는 주식시장에서 투자의 성과를 악화시키는 요인으로 잘 알려져 있다. 어떤 회사의 주식이 일정 기간 동안 계속해서 떨어질 경우 많은 사람들은 곧 그 회사의 주가가 다시 오를 것이라고 생각하고 그 주식을 사는 경향이 있는데 이것 또한 도박사의 오류이다. 그러나 실제로는 그 회사의 경영진이 바뀌어서 회사의 앞날이 불투명할 수도 있고 대외적인 요인(그 회사와 경쟁하는 회사에서 그 회사의 제품보다 더 우수한 가성비를 가진 제품을 개발하였을 수도 있고 그 이외에도 그 회사의 주가가 떨어지는 데 기여한 수많은 이유가 있을 수 있음) 때문에 앞으로도 계속 그 회사의 주가가 오를 가능성이 희박할 경우도 충분히 있다.

그럼 도박사의 오류는 왜 일어나는 것일까? '과잉확신'은 사람들이 자신의 지식이나 가치 평가의 정확성을 실제로 객관적인 평가보다 과대평가하는 것을 말하는 것인데 사람들은 대부분 자기의 생각이나 행동에 대해서 더 후한 평가를 하려고 하기 때문이다. 통계학자의 실험에 의하면 과잉확신이 강한 사람일수록 도박사의 오류가 강하게 나타났다고 한다.

한편 위와 반대의 현상으로서 도박이나 스포츠에서 운이 좋은 사람이 계속 잘 될 것이라고 믿는 것을 '뜨거운 손의 오류'라고 부른다.

문제 2.9

우리 주변에서 상대도수 확률모형으로 어떤 것이 있는지 예를 들어보자.

상대도수 확률모형에서 $N_E(n)$을 n번의 실험을 하였을 때 사건 E가 일어난 횟수라고 하자. 그러면 $N_E(n)$은 0에서 n 사이의 어떤 값을 가질 것이다. 즉, 사건 E가 일어날 수 있는 경우의 수는 한 번도 일어나지 않거나 n번 모두 사건 E가 일어나거나, 또는 그 사이의 어떤 값을 가질 것이다.

이때 실험의 횟수를 무한히 크게 하면 사건 E가 일어날 확률($P(E)$라고 둠)은 다음과 같이 정의된다.

$$P(E) = \lim_{n \to \infty} \frac{N_E(n)}{n},\ (\text{단},\ 0 \le P(E) \le 1)$$

상대도수 확률모형을 마무리하면서 실제로 일어난 일을 하나 소개한다. 2013년 4월 16일 조선경제 사이언스 코너에는 '통계에 대한 의사의 무지(無知)가 잘못된 의학속설 키워' (조호진 기자)라는 기사가 실렸는데 내용은 다음과 같다.

독일에서 조사한 바에 의하면 평소 유방 촬영검사를 받지 않은 여성과 검사를 받은 여성이 나중에 유방암으로 사망한 비율이 1000명당 각각 4명과 3명이다. 이 결과를 바탕으로 유방 촬영검사를 하면 여성의 유방암으로 인한 사망률을 25% 줄일 수 있다고 주장한다. 이 이야기가 과연 맞는 말일까?

먼저 평소 유방 촬영검사를 받지 않은 여성과 검사를 받은 여성이 나중에 유방암으로 사망할 확률은 각각 0.4%와 0.3%이다. 따라서 두 부류의 사망률의 차이는 0.1%에 불과하다.

그럼 왜 그들은 사망률을 25% 줄일 수 있다고 주장하였을까? 당시 기사를 쓴 기자는 그 상황을 제대로 해석하지는 못했는데 필자의 생각으로는 독일의 의사들이 확률의 개념과 비율의 개념을 혼동한 것 같다. 먼저 위의 두 부류의 사망률의 비는 4:3이다. 따라서 평소에 유방 촬영검사를 받는 여성의 사망률은 그러지 않는 여성의 사망률과 비교할 때 25% 적은 값에 해당한다. 즉, 두 그룹의 사망률의 값이 25% 적은 것이지 유방암으로 인한 사망률을 25% 줄인 것은 아니다. 두 그룹의 유방암으로 인한 사망률의 차이는 단지 0.1%밖에 되지 않는다.

반례를 들면 유방 촬영검사를 하지 않는 여성이 유방암으로 인해 사망할 확률이 30%인데 유방 촬영검사를 하면 유방암으로 사망할 확률이 5%가 된다면 진짜로 유방암 사망률을 25%나 줄인 셈이 된다. 그러나 지금 이야기는 이와는 다르다.

결론적으로 유방 촬영검사를 통한 유방암에 의한 사망률의 개선을 이야기하려면 어디까지나 유방 촬영검사를 받은 그룹의 사람 1000명과 그렇지 않은 다른 그룹의 사람 1000명 중에서 각각 몇 명이 유방암에 걸리는지를 계산해서 그 차이만큼 효과가 있다고 하는 것이지 유방암에 걸린 사람들 중에서 유방 촬영검사를 한 사람과 그렇지 않은 사람을 나누어서 두 그룹의 비율의 차이를 비교하는 것이 아니다.

(3) 주관적 확률모형

주관적 확률모형(主觀的 確率模型, subjective probability model)은 어떤 사건에 대한 확률 값을 모형화함에 있어서 사람의 주관이 개입되는 모형이다. 즉, 어떤 사건에 대하여 관측자가 자신의 주관적 판단에 의하여 확률의 값을 정하는 모형이다. 예를 들면 주식투자를 하는 사람이 여러 명 있을 때 시장의 흐름이나 특정 회사의 주가에 대하여 어떤 사람은 장래를 긍정적으로 평가하고 어떤 사람은 부정적으로 평가한다. 그래서 시장경제를 긍정적으로 평가하는 사람에게는 주식투자가 매력적이고 또 주가가 오를 확률이 클 것이라고 생각하고, 부정적으로 보는 사람은 그 반대이며 그 판단에 따라 주식을 살 수도 있고 그러지 않을 수도 있다.

이때 특정 회사에 대한 주가의 평가에 대하여 투자자의 주관을 결정하는 요인은 너무나 많아서 일일이 열거할 수 없겠지만, 간단히 몇 가지만 열거해보면 회사의 지명도, 영업 실적, 기술 수준, 재무 구조, 경영자의 철학, 시장 현황, 성장 가능성, 그 기업의 내재적 가치, 국제경제상황 등이 있다. 따라서 이와 같은 요소들을 종합적으로 판단하는 경우 주관적 확률 값은 투자자가 가지고 있는 정보의 양, 정보의 정확도, 수집한 정보에 대한 투자자의 민감도, 그리고 투자자의 판단력 등에 따라서 결정될 것이다.

이처럼 주관적 확률모형은 어떤 사건이 일어날 정도를 예측할 때 사람의 주관이 개입되는 만큼 아주 복잡한 문제이므로 같은 현상을 두고도 그에 대한 확률의 값은 사람에 따라 천차만별일 수 있다. 주관적인 확률모형을 따르는 사건으로는 경마, 도박, 투표, 물건의 구매 등이 있다.

한편, 주관적 확률모형에서는 확률 값을 어떻게 결정할까? 첫째는 관측자가 가지고 있는 객관적 정보를 기반으로 할 수도 있고 또 관측자의 선입견이나 주변의 소문, 전문가의 조언 등 여러 가지가 있다. 즉, 객관적인 데이터나 정확한 정보를 기반으로 할 수도 있지만 그렇지 않고 순전히 관측자의 주관적 판단에 의할 수도 있다.

문제 2.10

우리 주변에서 주관적 확률모형의 예를 하나 들어보자.

지금까지 우리는 세 가지 확률모형에 대해서 알아보았다. 그런데 많은 사람들이 로또를 할 때 자신이 좋아하는 숫자를 기입하는 경향이 있고 어떤 사람은 계속해서 같은 번호만 기입한 결과 1등에 당첨되었다는 신문기사도 종종 나곤 한다. 그래서 사람들은 로또가 주관적 확률모형 또는 상대도수 확률모형이라고 생각하기도 한다. 그렇다면 로또에는 과연 어떤 진실이 숨어있는 것일까?

로또의 진실

로또 복권은 아래의 그림에 나와있는 1부터 45까지의 숫자 중에서 자신이 선택한 6개의 숫자가 추첨한 숫자와 모두 같으면(단, 순서는 관계가 없다) 1등에 당첨된다.

그림 2.3 로또 숫자판

필자가 살고 있는 아파트 근처의 가게에서는 로또 복권을 팔고 있는데 창문에 커다란 글씨로 『LOTTO 6/45』라고 적어두었다. 사람들이 이 숫자만 보고 로또 당첨 확률이 13.333%(6/45)라고 오해할 수도 있는 건 아닌가 하는 생각은 필자만의 기우인가?

그럼 로또에서 1등에서 5등까지 당첨될 확률은 얼마일까? 뒤에서부터 이야기하면 5등(3개 번호 일치)은 2.222%(1/45), 4등(4개 번호 일치)은 0.136%(1/733), 3등(5개 번호 일치)은 0.00280%(1/3만 5724), 2등(5개 번호 일치하고 나머지 하나는 보너스 번호와 일치)은 0.0000737%(1/135만 7510), 1등은 0.0000123%(1/814만 5060)이다.

이때 계산 방법이 다른 1등과 5등이 나올 확률에 대해서 알아본다. 나머지 4등 및 3등이 나올 확률은 5등과 계산 방법이 같다.

1등은 총 45개의 숫자 중 추첨에서 선택된 6개를 구매자도 선택할 경우이므로 단 한 가지이다. 먼저 45개의 숫자 중 6개의 숫자를 선택하는 경우의 수가 ${}_{45}C_6$이며 이것이 814만 5060가지이다. 1등은 그 많은 가지들 중의 한 가지이므로 간단하게 $1/{}_{45}C_6$이며 이것이 1/814만 5060이다.

한편 5등이 나올 확률은 약간 복잡한데 차근히 계산해보자.

먼저 로또 구매자가 일단 45개의 숫자 중 6개의 숫자를 선택하는 경우의 수는 이미 구한대로 $1/_{45}C_6$이다. 그런데 5등은 그렇게 선택한 6개의 숫자 중 오직 3개만 당첨번호와 일치하므로 로또 구매자가 45개의 숫자 가운데 6개를 뽑았을 때 1등에 당첨된 숫자 6개 중 3개를 뽑고(이때 경우의 수는 $_6C_3$임) 나머지 1등에 당첨되지 않은 숫자 39개 중 3개를 뽑은(이때 경우의 수는 $_{39}C_3$임) 경우이다. 그리고 이들 두 사건은 동시에 일어나므로 이렇게 될 경우의 수는 $_6C_3 \times _{39}C_3$=18만 2780가지이다. 따라서 결국 로또 5등에 당첨될 확률은 18만 2780을 814만 5060으로 나눈 값이 되며 그 값은 $1/44.5621 \approx 1/45$이다. 사실, 이게 2.222%이므로 확률을 계산해 놓고 보니 5등에 당첨되기도 참 어렵다.

참고로 사람이 벼락에 맞아 죽을 확률은 428만분의 1이라고 하는데 필자는 아직까지 주변에서 벼락 맞아 죽은 사람을 본적은 없다.

여기서 분명히 해둘 것은 로또의 당첨 확률 자체는 상대도수 확률모형은 아니다. 왜냐하면 각 숫자가 나타날 확률은 모두 같기 때문이다. 다만 고객이 선호하는 번호가 사람마다 있게 마련이니 선택하는 번호가 나올 확률은 상대적으로 도수가 다를 수 있다. 실제로 6개의 숫자를 선택함에 있어서 사람들의 숫자에 대한 호감도가 다른 이유로 1등에 당첨된 숫자에 자주 등장(frequently appear)하는 번호가 있다(즉 상대도수가 높다)는 것을 분석한 결과가 있어서 소개한다.

우리나라에서 로또가 시작된 것이 2002년인데, 기획재정부 복권위원회에 따르면 로또 1회부터 406회까지 당첨번호 중 역대 최다 1등 당첨번호는 '1'이며 총 82번이었다. 즉 '1'은 로또 추첨 시 평균 5회당 1회가 1등 당첨번호에 포함된 셈이다. '1'에 이어서는 '17'과 '37'이 75번, '19'가 73번, '27'이 70번, '2'와 '20'이 69번 들어있다. 이어서 '36'과 '45'가 68번, '4', '26', '5', '34'가 67번, '39', '40', '42', '7', '14'가 66번, '25', '3', '21', '33'이 65번이다.

그럼 과연 이 이야기가 얼마나 신빙성이 있는지 확인해보자. 2010년 9월 11일에 추첨한 제406회차 로또 복권의 당첨번호는 7, 12, 21, 24, 27, 36이었다. 이 중에서 위에서 열거한 번호는 7, 21, 27, 36의 네 숫자이다! 만약 여러분이 쓴 6개의 숫자 중에서 이 네 숫자가 모두 들어있다면 4등에 당첨되었을 것이다. 따라서 로또의 당첨번호에 나오는 빈도가 상대적으로 높은(relatively frequent) 숫자를 많이 기입할수록 여러분은 로또의 높은 등수에 당첨될 확률이 높아질 것이다.

그런데 로또에서 등수에 드는 일이 그렇게 쉬울까? 이에 대해서는 좀 더 신중한 생각이 필요하다. 먼저 과연 우리가 위의 22개의 숫자 중에서 이 네 개의 숫자를 어떻게 미리 알고 꼭 집어서 골라낼 수가 있을까?

이 문제를 다시 원점으로 돌아가서 생각해 보자. 우리가 위의 22개의 숫자만 잘 조합해서 써넣으면 로또 1등에 당첨될 확률이 얼마나 될까? 예를 들어서 위에서 나열한 상위 당첨번호 22개의 숫자 중에서 임의로 6개를 선택한다고 가정하자. 이때 경우의 수는 ${}_{22}C_6$이다. 즉 22개의 숫자 중에서 임의로 6개를 선택하는 방법인데 그것이 7만 4613가지나 된다. 따라서 아주 특별하게 로또의 당첨번호 6개가 모두 위에서 열거한 빈도수가 높은 당첨번호 22개의 수 중에서 나온다고 하더라도 1등에 당첨될 확률은 0.0000134, 즉 0.00134%에 불과하다. 현실세계에서 승률이 반반이라도 이기기 어려운 것이 승부인데 승률이 0.0000134라면 그 결과는 알만하지 않는가?

이처럼 로또에 참석하는 사람이 선택하는 번호는 선호도에 따라서 자주 등장하는 번호가 있지만 로또의 당첨번호는 위에서 이야기한 것과는 무관하게(비록 위에서 열거한 숫자가 많이 출현하기는 하겠지만 그것은 어디까지나 우연임) 45개의 수 중에서 6개가 임의로 나온다. 따라서 로또는 공리적 확률모형이다.

참고로 2002년 시작부터 2010년 9월까지의 집계에 의하면 총 406회의 추첨 동안 로또 1등 당첨자는 총 2184명 나왔으며 그동안 지급된 1등 당첨금은 총 4조 8761만 원에 달했다. 즉, 매 당첨마다 1등 당첨자가 평균 5명이나 나왔다니 참 대단하지 않은가? 이것이 확률의 묘미이다.

한편 그동안 로또의 총 판매액은 20조 9216억 원이며 총 당첨액은 절반에 해당하는 10조 4608억 원이다. 즉, 총 판매액 중에서 당첨금으로 지불한 돈은 50%밖에 되지 않는다.

최근에 로또와 관련해서 1등 당첨자가 이월되는 사례가 점점 줄어들면서 로또 당첨에 대한 조작론이 의심된다는 기사가 신문에 났는데 실제로 로또 1등 이월이 줄어든 이유는 예전과 달리 로또 구입 패턴이 바뀌었기 때문이라고 한다. 로또 운영회사인 나눔로또에 따르면 로또가 발행된 이후로 1등 당첨자가 발생하지 않아 다음 회차로 당첨금이 이월된 것은 총 14회였다. KB국민은행이 사업자이던 기간에 11회가 발생했고 나눔로또로 바뀐 뒤에 3번 1등이 이월됐다. 그렇다면 1등 당첨 이월 횟수가 줄어든 이유는 무엇일까? 나눔로또 측은 판매량과 게임 방법의 차이 때문이라고 설명했다. 먼저 KB국민은행이 사업자이던 1기 사업 기간에 로또 이월이 잦았던 이유는 1등 당첨 확률이 814만 5060분의 1인데 반해 나눔로또가 사업자가 된 2기 사업기간에 이월된 1, 4, 5, 7 회차의 경우 로또에 응한 사람의 수가 줄어들어서 814만 게임(로또에 응한 수) 이하로 팔렸다. 또 1기 사업 기간 중에 1등이 이월된 회차는 1, 4, 5, 7, 8, 9, 13, 18, 24, 41, 71인데 이 경우에는 판매된 게임수가 184만~3144만으로 게임수 자체가 작아서 이월될 확률이 높았는데 요즘은 게임수가 급증해서(2012년 7월 기준으로 약 5000만 게임으로 우리나라 인구수에 육박함) 1등에 당첨될 확률이 높아졌고 그에 따라서 이월될 확률은 낮아졌다.

그러면 최근에 들어서 로또 게임수가 예전에 비해서 이렇게 급증한 원인은 무엇일까? 그것은 2기 사업 기간부터 한 게임당 비용이 2000원에서 1000원으로 줄어들면서 1기보다 게임수가 늘었기 때문이다. 게임수가 늘어나니까 그만큼 1등에 당첨되는 확률이 높아지는 것은 당연하다.

한편, 로또 번호 선택 방법의 차이도 1등 당첨금 이월 횟수가 적어진 또 다른 원인으로 분석되고 있다. 1등 대박을 노리는 사람들은 대개 자신이 직접 번호를 골라야 1등에 당첨될 확률이 높다고 생각하는 경향이 있는데 이렇게 신청자가 번호를 직접 적는 수동 방식으로 게임에 응하면 오히려 당첨 확률이 떨어진다. 나눔로또 측은 수동으로 게임에 응하는 사람들의 경우 대체적으로 자신이 선호하는 패턴이 있기 때문에 번호가 특정 번호로 쏠릴 가능성이 크다고 한다.

그런데 최근에는 사람들이 자동으로 번호를 선택하는 것이 당첨될 확률이 높다는 사실을 알게 되어서 번호를 자동으로 선택하는 게임이 늘어나면서 당첨금 이월이 줄어들었다고 한다. 실제로 로또 번호 자동 선택 비율은 2002년 25%, 2003년 40%, 2004년 60%, 2005년 70%, 2006년 72%, 2007년 74% 등 해가 갈수록 계속 높아지고 있다. 한편, 1등 당첨자 수가 증가하면서 평균 당첨 금액은 감소세를 보였다. 2012년 상반기의 평균 1등 당첨 금액은 약 22억 6000만 원으로, 2011년(약 24억 5600만 원)에 비해 약 8% 줄어들었다. 이는 2012년 상반기 최고 당첨 금액(46억 4000만 원(481회))을 비교해 봐도 2011년 최고 당첨 금액인 125억 7000만 원(427회)의 약 37% 수준에 불과하다. 로또 총 판매량이 늘었음에도 1등 평균 당첨 금액이 하락한 것은 로또 구매자가 늘어난 만큼 1등에 당첨되는 사람도 늘어났기 때문이다. 참고로 2020년 12월 31일 기준 역대 최대 1등 당첨금은 407억 2000만 원이며 최소는 4억 593만 원이다.

한 가지 재미있는 일화를 소개한다. 중국의 일간지 베이징 천바오는 2011년 3월 11일자에서 한 남성이 3년 동안 매주 같은 번호로 복권 '쐉서추'를 산 결과 추첨에서 1등에 당첨되어 41억 856만 원에 달하는 당첨금을 지급받았다고 보도했다. '쐉서추'는 우리나라에서 나눔로또와 같은 방식으로 추첨하는 복권이다. 그는 현지 복권업체와의 인터뷰에서 "같은 번호로 3년 넘게 찍어왔다"며 "매주 사는 곳은 달랐지만 같은 번호로만 여러 장의 복권을 샀다"고 밝혔다. 그런데 그는 당첨된 주에도 복권 4장을 같은 번호로 샀던 것으로 알려졌다. 그가 한 번 복권을 사는 데 들었던 돈은 약 1370원 정도였다고 한다. 이 사람 참 집념이 대단한 사람이다! 어떻게 156(1년이 52주니까 3년은 156주)번이나 같은 번호를 계속해서 써낼 수 있었을까?

로또 이야기를 마무리하면서 한 가지 짚고 넘어가야 할 사실이 있다. 항간에는 로또 명당이 있다는 말이 있는데 여러분은 과연 로또 1등에 당첨이 잘되는 명당이 있다고 생각하는가? 사실 길을 가다가 보면 유독 어느 한 곳의 로또 판매점에 긴 행렬이 있는 것을 볼 수 있다. 그리고 그 가게에는 '로또 1등 당첨 최다 판매소'라는 플래카드도 걸려 있다. 국내에서는 2008년부터 2014년까지 최근 7년간 1등 당첨 횟수가 가장 많은 판매점으로 1등 부산의 **카서비스 (26회), 2등 서울 **동 스파 (21회) 등 아주 탁월(?)한 실적을 올린 가게가 있다.

그러나 냉정히 생각해 보자. 과연 로또 1등에 당첨이 잘되는 가게가 있을까? 앞의 예에서 부산의 **카서비스는 7년 동안 663억 원어치를 판매했고 서울 **동 스파는 1126억 원을 판매했다. 상식적으로 보면 로또를 많이 판매한 서울의 가게에서 1등이 더 나와야 하는데 당첨 횟수는 부산의 가게가 더 많다. 그래서 사람들은 부산의 그 가게에 영험(?)이 더 있다고 믿을 것이다. 그러나 좀 더 내부를 살펴보면 또 다른 진실이 들어있는데 사실 부산의 그 가게에서 우리가 관측한 기간에 1등에 당첨된 한 사람은 한꺼번에 10장이나 같은 번호를 쓴 사람도 들어있다고 한다. 이것을 고려하면 부산의 그 가게에서는 지난 7년 동안 1등에 당첨된 사람이 17명에 불과하다.

상식적으로는 로또는 판매한 매수가 많을수록 1등에 당첨될 확률이 높아지는 것 이외에는 그 어떠한 수학도 들어있지 않다. 앞의 두 가게에서 1등이 많이 나온 이유는 단순하게 그 가게에서 손님이 로또를 많이 샀기 때문이다. 사실 로또의 번호는 개인이 직접 기입하거나 자동으로 번호를 생성시켜서 기입하는데 앞의 방법은 구매자의 숫자에 대한 기호에 의해서 결정되고 뒤의 방법은 난수에 의해서 임의적으로 발생되는데 이 두 가지 어느 것도 로또를 구매하는 판매점과는 아무런 관계가 없지 않은가?

한편, 고객이 로또 명당에 몰리면 몰릴수록 실제로 이득을 보는 사람은 따로 있다. 우선 가장 큰 이득을 보는 곳은 정부이다. 지난 7년간 판매된 로또는 35조 원이고 그중에서 고객에게 지급되는 당첨금은 50%이며 15조 원은 정부가 복권기금으로 가져갔다. 사실, 정부는 로또와 관련해서 손 하나 까딱하지 않았는데 큰 수입을 올린다. 제반 비용을 제외하고도 정부가 로또로부터 벌어들이는 수익률이 42.86%이다. 일반적으로 우리나라 대기업의 영업이익률이 10%도 되지 않는다고 알려져 있는데 세상에 이것보다 더 남는 장사가 어디에 있는가? 그 다음으로 이득을 보는 사람은 로또 판매점주이다. 앞의 서울 **동 스파는 7년간 로또 판매액 1126억 원에서 5%에 달하는 로또 판매 수수료로 56억 원을 벌었다고 하니 매년 8억 원짜리 로또에 당첨된 것과 같다. 이 또한 대박이다.

한편 개인이 로또 1등에 당첨될 확률은 아주 작다. 그래서 복권은 '어리석은 사람에게 부과되는 세금'이라고 부르기도 한다. 그럼 사람들은 정부나 판매점주에 비해서 턱없이 불리한 게임에 왜 그리 열광하는 것일까? 그 답은 심리학에서 말하는 생존편향(survival bias)에서 찾을 수 있다. 즉, 복권 1등에 당첨된 한 명 또는 동시에 당첨된 몇 명(생존자)에 대한 뉴스는 다양한 매체를 통해서 알려진다. 그러나 아무것도 얻지 못한 수많은 사람들(패자)의 이야기는 어디에서도 찾아볼 수 없다.

2020년을 전후로 로또에 새로운 경향이 등장하였는데 그것은 다름 아닌 정보통신기술(information and communication technology, ICT)과 로또의 융합이다. 우리가 국내 검색 엔진에서 '로또'를 검색하면 등장하는 앱이 약 250여 개나 된다. 그중에는 요즘 장안의 화제인 빅데이터(big data)와 AI(artificial intelligence) 기술을 이용하여 역대 1등 당첨번호와 관련된 데이터를 분석해서 최적의 번호를 제시(역대 당첨번호 중 적게 나왔던 번호가 이번에 나올 확률이 높다는 가정하에 그런 번호들을 제시)하기도 하고 꿈에서 나온 단어(돼지, 불, 할머니 등 길몽을 대표하는 표현)를 입력하면 그것과 연관이 있는 번호를 추출해주는 '로또 해몽' 앱도 있고 또 요즘 핫한 이슈인 너튜브(Youtube)에서 마치 수능 기출문제를 풀어주듯이 역대 로또 1등 당첨번호를 분석하는 '로또 강좌'도 인기가 높다고 한다.

너튜브는 원래 독자가 진위를 스스로 가려서 이해해야 하는 영역이기에 그렇다 치고, 또 꿈을 해몽하는 것은 개인의 자유이므로 해몽 앱은 논외로 하자. 다만 'AI 기반의 빅데이터 분석기법'에 대해서는 필자도 약간은 알고 있으므로 이에 대해서는 할 말이 있다.

AI 기반의 빅데이터 분석기법은 '역대 1등 당첨번호 중 적게 나왔던 번호가 이번에 나올 확률이 높다'는 가정하에 그런 번호들을 제시하는데 이것은 마치 '각 번호가 같은 빈도로 나와야 한다'는 이야기인데 이론적으로는 맞다고 하더라도 현실은 그렇지 않다. 그냥 랜덤(random)일 뿐이다. 즉, AI를 이용한 빅데이터 분석으로 로또 1등 당첨 확률을 높인다는 것은 전혀 사실(fact)이 아니다. 그것은 오로지 신화(myth)일 뿐이다.

필자가 너무 복권에 대해서 비관적으로 이야기한 건 아닐까 조금은 미안하기도 한데 이제 하나만 더 이야기하고 로또 이야기를 마무리하고자 한다. 행동재무학(behavioral finance)에서는 복권효과(lottery effect)라는 용어가 있는데 이것은 복권의 특성으로 손실확률이 매우 높지만 손실폭이 작고 당첨될 확률은 매우 낮지만(교통사고로 사망할 확률보다 더 낮음) 당첨금액은 아주 큰 것을 뜻한다. 이것을 기대당첨금이라고 부르는데 1등 19억 5216만 원, 2등 5423만 원, 3등 139만 원, 4등 5만 원, 5등 5000원으로 기하급수적으로 감소한다.

사실 45개의 번호 중 3개가 일치하는 5등마저도 당첨 확률이 2.222%(1/45)로서 아주 낮고 그보다 더 높은 등수에 드는 것은 0.1%보다 훨씬 낮음에도 불구하고 왜 사람들은 그렇게 복권에 희망을 거는 것일까? 확률론적 측면에서 볼 때 복권은 그냥 재미로 하는 편이 훨씬 행복할 것 같다.

4. 확률의 연산

지금까지는 하나의 사건에 대하여 확률을 정의하였다. 그러나, 실제로 주변에는 여러 가지 사건이 동시에 일어나거나 연속해서 일어나는 등 상황이 복잡한 경우가 존재한다. 이처럼 둘 이상의 사건이 일어날 확률 값을 계산하는 것을 확률의 연산(演算, operation)이라고 한다.

(1) 두 확률사건의 연산

먼저 표본공간 S 내에서 두 사건 A와 B가 있다고 가정하자. 두 사건 A와 B에 대해서 다음의 두 가지 경우를 생각할 수 있다.

- $A \cap B$: 사건 A와 사건 B의 곱의 사건, 즉 두 사건 A와 B 양쪽에 포함됨
- $A \cup B$: 사건 A와 사건 B의 합의 사건, 즉 두 사건 A와 B 중 적어도 어느 한쪽에 포함됨(동시포함도 가능)

한편, 사건 A와 B는 동시에 일어날 수 없는 상호배반사건(相互排反事件, mutually exclusive events)일 수도 있고 또 그렇지 않을 수도 있다. 여기서 우리는 확률에 대한 가장 기본적인 몇 가지 성질을 알 필요가 있다. 앞에서 정의한 사건에 대하여 그림 2.4는 사건 A와 B 각 요소들의 집합을 나타낸 것이다.

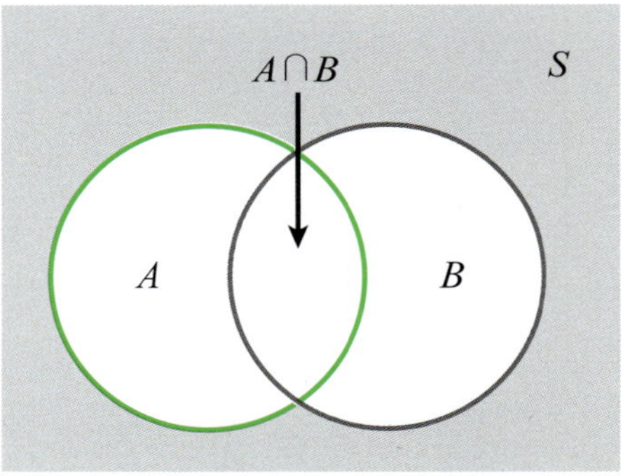

그림 2.4 표본공간과 두 사건의 구성

확률은 다음의 성질을 가진다.

① 사건 A의 여집합을 A^c라고 하면 $P(A^c)=1-P(A)$이다.

② $A \subset B$이면 $P(A) \leq P(B)$이다.

③ $P(S)=1$이다. 즉, 모든 사건이 일어날 확률은 1이다.

④ $P(\varphi)=0$이다. 단, φ는 공집합. 즉, 아무런 사건이 일어나지 않을 확률은 0이다.

한편, 두 사건에 대해서 확률의 덧셈법칙(additive law of probability)이 성립하는데 다음과 같다.

만약 $A \cap B = \varphi$ 이면, $P(A \cup B) = P(A) + P(B)$이고(두 사건이 겹치는 부분이 없으므로 두 사건이 동시에 일어날 확률은 0이 됨), 그렇지 않으면, $P(A \cup B) = P(A) + P(B) - P(A \cap B)$이다. 이때는 겹치는 부분이 두 번 더해졌으므로 그 값은 빼야 한다.

예를 하나 들어보자. 하나의 주사위를 던지는 실험에서 얻을 수 있는 확률공간은 $S = \{1, 2, \cdots, 6\}$이다. 그리고 확률공간 내에서 일어나는 두 사건을 각각 $A = \{2, 4, 6\}$, $B = \{1, 2, 3\}$이라고 하자. 이때 두 사건에 대하여 각 사건이 일어날 확률과 두 사건의 합의 사건 및 곱의 사건의 확률은 다음과 같다.

$$P(A) = \frac{1}{2},\ P(B) = \frac{1}{2},\ P(A \cup B) = \frac{5}{6},\ P(A \cap B) = \frac{1}{6}$$

문제 2.11

두 개의 주사위를 던지는 실험에서 두 사건을 다음과 같이 정의할 때 물음에 답하라.

사건 A: 두 눈의 합이 6 이상일 사건

사건 B: 두 눈이 같을 사건

(1) $P(A \cap B)$를 계산하라.

(2) $P(A \cup B)$를 계산하라.

문제 2.12

동전 1개를 두 번 던지는 실험에서 앞면이 나오면 H(head), 뒷면이 나오면 T(tail)라고 표시할 때 다음 물음에 답하라.

(1) 실험으로부터 얻을 수 있는 표본공간을 구하라.

(2) 첫 번째 던진 결과가 앞면일 사건을 A라 하고 두 번째 던진 결과가 앞면일 사건을 B라 할 때 확률의 덧셈법칙을 이용하여 $P(A \cup B)$를 계산하라.

(2) 세 확률사건에 대한 연산

이번에는 사건이 세 가지 이상일 경우에 대하여 확률의 덧셈법칙을 소개한다. 먼저 세 가지 사건 A, B, C에 대하여 사건의 구성요소를 그림 2.5와 같이 나타내었다.

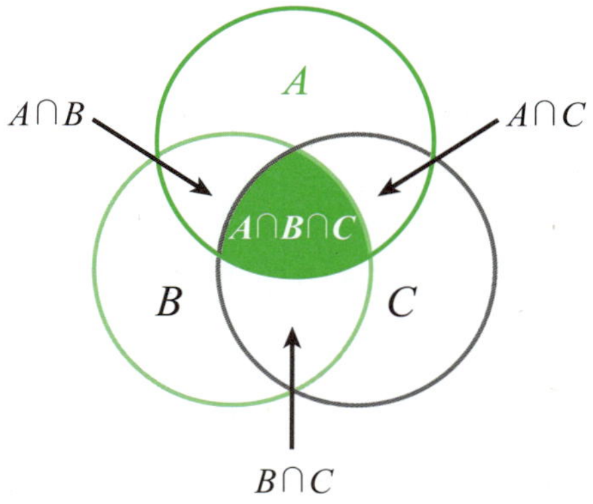

그림 2.5 세 가지 사건의 구성요소

사건 A, B, C는 서로 중첩이 되는 요소를 가지고 있으므로 이들 사건의 합의 사건이 일어날 확률은 다음과 같이 세 부분으로 구성된다.

① 먼저 각 사건이 일어날 확률을 더한다($P(A)+P(B)+P(C)$).

② 두 사건이 서로 겹치는 사건의 확률($P(A\cap B)+P(B\cap C)+P(C\cap A)$)을 뺀다.

③ 세 사건이 동시에 일어날 확률($P(\mathrm{A}\cap B\cap C)$)은 두 사건이 겹치는 확률을 계산할 때 모두 빼버렸으므로 다시 더해준다.

결국 $P(A\cup B\cup C)$는 다음과 같다.

$$P(A\cup B\cup C)=P(A)+P(B)+P(C)-P(A\cap B)-P(B\cap C)-P(C\cap A)+P(A\cap B\cap C)$$

아래의 예제를 통하여 세 사건의 확률의 덧셈법칙에 대한 의미를 되새겨보자.

예제 2.5

어느 아파트 단지에는 120가구가 살고 있는데 국내 주요 일간신문의 구독 현황에 대하여 다음과 같은 통계가 나왔다고 한다.

60가구는 조선일보를 구독
40가구는 중앙일보를 구독
30가구는 동아일보를 구독
20가구는 조선과 중앙일보를 구독
15가구는 조선과 동아일보를 구독
10가구는 중앙과 동아일보를 구독
5가구는 세 가지 모두 구독

주민 한 사람을 세워놓고 물어보았을 때 그 사람이 적어도 한 가지 신문을 구독할 확률은 얼마일까?

풀이

주민이 조선, 중앙, 동아일보를 구독하는 사건을 각각 A, B, C라고 하면 어떤 주민이 적어도 한 가지 신문을 구독할 확률은 다음과 같다.

$$P(A\cup B\cup C)=P(A)+P(B)+P(C)-P(A\cap B)-P(B\cap C)-P(C\cap A)+P(A\cap B\cap C)$$

$$=\frac{60}{120}+\frac{40}{120}+\frac{30}{120}-\frac{20}{120}-\frac{15}{120}-\frac{10}{120}+\frac{5}{120}=\frac{90}{120}=0.75$$

즉, 이 아파트에서 어떤 주민이 적어도 한 가지 신문을 구독할 확률은 75%이다.

지금까지 우리는 두 가지 사건 및 세 가지 사건의 합의 사건에 대한 확률의 덧셈법칙을 알아보았다. 그렇다면 사건이 그보다 더 많은 경우에도 위에서 이야기한 법칙이 성립할까? 답은 '예'이다.

(3) 수많은 확률사건의 연산

이번에는 n개의 사건 A_1, A_2, $\cdots$, A_n이 있다고 할 때 n개의 사건에 대한 확률의 덧셈법칙을 정의하기로 한다. 앞에서 얻은 결과의 확장성으로부터 사건의 개수가 n개로 늘어난 경우에 대해서도 직관적으로 결과를 예측할 수 있다. 즉, n개의 사건 A_1, A_2, $\cdots$, A_n의 합의 사건에 대해서 다음의 식이 성립한다.

$$P(A_1\cup A_2\cup\cdots A_n)=\sum_{i=1}^{n}P(A_i)-\sum_{j>i}P(A_i\cap A_j)+\sum_{k>j>i}P(A_i\cap A_j\cap A_k)$$
$$-\sum_{l>k>j>i}P(A_i\cap A_j\cap A_k\cap A_l)+\cdots$$

위의 식을 보면 아주 복잡해 보이지만 해부해 보면 사실 간단하다. 앞에서 공부한 경험을 바탕으로 사건의 개수가 n으로 확장된 경우에 대해서도 같은 법칙을 적용해 보자.

- 먼저, 단일 사건의 확률은 더하고
- 이어서, 두 사건의 곱의 사건의 확률은 빼고
- 또, 세 사건의 곱의 사건의 확률은 더하고
- 계속해서, 네 사건의 곱의 사건의 확률은 빼고

⋮

그런데 이렇게 끝도 없이 계속 갈 수는 없으므로 여기서 규칙을 정해야겠는데, 결론은 홀수 개의 곱의 사건의 확률은 더하고 짝수 개의 곱의 사건에 대한 확률은 뺀다.

예제 2.6

장하다양은 가, 나, 다의 세 개 단지에 주택청약서를 접수하였다. 그런데, 접수 결과를 보니 가, 나, 다의 경쟁률이 각각 5:1, 10:1, 20:1이다.

(1) (미안하지만) 장하다양이 모든 단지에서 떨어질 확률은?

(2) (다행히도) 장하다양이 적어도 하나의 단지에서 당첨될 확률은?

(3) (운이 좋게도) 장하다양이 모든 단지에서 당첨될 확률은?

풀이

(1) 모든 단지에서 떨어질 확률 $= 0.8 \times 0.9 \times 0.95 = 0.684$

(2) 적어도 하나의 단지에 당첨될 확률 $= 1 - 0.684 = 0.316$

(3) 모든 단지에 당첨될 확률 $= 0.2 \times 0.1 \times 0.05 = 0.001$

연습문제

1. 010으로 시작하고 고객의 번호가 여덟 자리인 휴대전화 번호를 만들려고 한다. 단 010 뒤의 첫 번째 자리에는 0 이외의 모든 수가 올 수 있으나 모든 자리에 같은 번호는 할당하지 않는다. 이때 총 몇 개의 번호를 만들 수 있는가?

2. 10명의 직원 중에서 5명을 선발하여 각 행사에 한 명씩 총 다섯 번의 회사 홍보행사에 내보내려고 한다. 단, 직원은 단 한 번의 행사에만 참석한다. 이때 가능한 방법은 몇 가지인가?

3. 10개의 빈 무선통신 채널이 있는데 다섯 명의 가입자가 동시에 접속을 시도하였다고 하면 이들에게 채널을 할당하는 방법은 몇 가지인가?

4. 앞면과 뒷면이 나올 확률이 같은 윷으로 윷놀이를 할 때 도, 개, 걸, 윷, 모가 나올 확률을 경우의 수를 이용하여 구하라.

5. 세 개의 동전을 던지는 실험을 할 때 앞면에는 0의 값을, 뒷면에는 1의 값을 매겨서 세 자리의 이진수를 만들고자 한다. 이때 다음 물음에 답하라.
   (1) 실험에서 얻을 수 있는 결과(10진수로 표시되는 값)의 표본공간을 정의하라.
   (2) 실험에서 얻은 1의 갯수를 확률변수로 정의할 때 표본공간을 정의하라.

6. 두 개의 붉은 공과 세 개의 흰 공이 들어있는 항아리에서 동시에 두 개의 공을 추출할 때 두 공이 같은 색일 확률은?

7. 경우는 친구와 함께 당구를 치러 갔다. 마침 점심시간이 다가와서 점심을 내기로 하였다. 두 경기를 연속으로 이기거나 합쳐서 세 경기를 먼저 이기는 사람에게 진 사람이 점심을 사주기로 하였다. 단, 각 경기에서 경우가 이길 확률과 질 확률은 같다. 이때 다음 물음에 답하라.
   (1) 경기의 승패관계를 나무모양의 그래프(tree graph)로 그려라.
   (2) 경우가 점심을 살 확률은 얼마인가?

8. 주사위 던지기에서 사건 A={짝수의 눈}, 사건 B={홀수의 눈}, 사건 $C=\{1, 2, 3, 4\}$, 사건 $D=\{3, 4, 5, 6\}$이라고 할 때 다음 물음에 답하라.
   (1) $P(A \cap C)$와 $P(B \cap D)$를 구하라.
   (2) $P(A \cup C)$와 $P(B \cup D)$를 구하라.
   (3) $P(B \cap C \cap D)$를 구하라.
   (4) $P(B \cup C \cup D)$를 구하라.

9. 경우가 아침에 등교를 하는데 집에서 마을버스를 타고 지하철역에 가서 그 다음은 학교까지 지하철을 탈 수도 있고 지하철역 앞에 있는 버스정류장에서 다른 버스로 갈아탈 수도 있다. 이때 버스를 타면 수업시간 전에 도착할 확률이 70%이고, 지하철을 타면 수업시간 전에 도착할 확률이 90%이다. 경우는 평소 집에서 학교까지 걸리는 시간을 고려해서 집을 출발하였다. 두 번의 승차 중 어느 한 쪽에서라도 차(또는 열차)가 연착하면 지각한다고 할 때 경우가 결국 지각할 확률은 얼마인가? 단, 경우가 두 번째 승차 시 지하철이나 버스를 탈 확률은 반반이다.

10. 어떤 5층 건물에 1층에서 5층까지 운행하는 엘리베이터가 있다. 1층에서 사람 세 명이 타고 5층까지 올라가는 동안 세 명 모두 서로 다른 층에서 내릴 확률은 얼마인가?

11. S를 주사위 세 개를 던져서 나온 눈의 합의 수의 집합이라고 할 때 각 원소에 대하여 확률을 구하라.

12. 나현빈, 노원빈, 장동원, 강동건, 우비, 주용필의 남자 6명과 노효리, 명태희, 나써니(일명 나순규), 손연아의 여자 4명, 총 10명은 창원에서 촬영 예정인 무박 2일 프로그램에 출연하기 위하여 서울에서 창원까지 여행을 떠나기로 했다. 그런데 이들은 사전에 복불복 게임을 하여 5명은 방송국에서 제공하는 고급 미니버스를 타고 가고 나머지 5명은 각자 알아서 가야 한다. 이때 여자 출연자 중에서 1명만 고급 미니버스를 타고 갈 확률은 얼마인가?

CHAPTER

3

조건부 확률

CONTENTS

ABSTRACT

우리 주변에서 일어나는 일을 보면 어떤 사건이 주변의 다른 사건과 완전히 단절되어 독립적으로 발생하는 경우는 거의 없다. 즉, 원인 없는 결과는 없다. 대부분의 사건에는 그 사건이 일어나는 데 기여한 전후 사정(원인사건)이 있고 그에 따라 결과적으로 일어날 사건(사후사건)의 확률이 결정되는 경우가 많다. 이런 문제를 기술하기 위해 어떤 사건이 일어나기 전에 먼저 일어난 사건이 있고 그 사건으로 인하여 다른 사건이 일어날 때 조건부 확률이라는 개념을 도입한다. 제3장에서는 조건부 확률에 대해서 알아본다.

먼저 조건부 확률을 정의한다. 그리고 조건부 확률의 연산에 대해서 알아보는데 특히 조건부 확률의 곱의 법칙을 소개한다.

마지막으로 조건부 확률의 응용 분야로 의외로 널리 사용되며 유용한 법칙인 전확률의 법칙과 베이즈의 공식에 대하여 알아본다.

1. 조건부 확률

조건부 확률(條件付確率, conditional probability)은 어떤 사건에 대해서 조건이 붙은 확률이다. 즉 어떤 사건이 일어날 확률을 계산할 때 그 사건(이것을 최종사건이라고 하자)보다 먼저 일어난 사건(이것을 조건사건이라고 하자)을 조건으로 하는 사건에 대한 확률이다. 제1장 살인의 추억에서 예를 들었던 것처럼 아내가 평소 남편에게 폭행을 당하다가 남편에 의해서 살해당한 사건에서는 폭행을 당한 사건이 조건사건이 되고 살해당한 사건이 최종사건이다. 이처럼 복잡한 세상에서 어떤 사건의 확률을 계산할 때 조건부 확률이 많이 사용된다.

조건부 확률의 계산

두 사건 E와 F가 있을 때 조건부사건은 $E \mid F$로 표시하는데 수직선을 중심으로 조건으로 주어지는 사건(여기서는 사건 F를 말하며 이를 조건사건이라고 함)이 뒤에 오고 나중에 일어날 사건(여기서는 사건 E를 말하며 이를 종속사건이라고 함)이 앞에 오도록 표기하는 것이 보통이다.

두 사건 E와 F가 있을 때 사건 F가 일어난다는 조건에서 사건 E가 일어나는 조건부 확률은 다음과 같이 정의한다.

$$P(E \mid F) = \frac{P(E,F)}{P(F)}$$

위의 식에서 조건부 확률 $P(E \mid F)$을 계산하는 것을 보여주는데 사건 F가 일어날 확률($P(F)$)을 분모로 두고 두 사건 E와 F가 동시에 일어날 확률($P(E,F)$)을 분자로 하여 계산한다. 이들 두 사건의 확률을 계산하는 방법은 이미 소개했으니 이제 여러분은 조건부 확률을 계산할 수 있게 되었다.

조건부 확률의 예로서 자동차 운전을 생각해 보자. 조사 대상으로 하는 여러 명의 운전자 중에서 한 사람을 선택하였을 때 그 사람이 차를 난폭하게 운전할 경우를 사건 A라 하고 교통사고가 나는 경우를 사건 B라고 하자. 이때 차를 난폭하게 운전하는 운전자가 교통사고를 낼 확률과 교통사고가 난 경우 그 운전자가 차를 난폭하게 운전할 확률 중 어느 쪽이 확률이 더 높을까? 한 사람이 난폭하게 운전하는 경우 그 사람에 의해서 교통사고가 일어날 확률은 $P(B|A)$이고 교통사고가 난 경우에 그 운전자가 난폭하게 운전할 확률은 $P(A|B)$이다. 상식적으로 생각하면 $P(B|A)$가 $P(A|B)$보다 클 것이다. 왜냐하면 교통사고를 낸 사람이 초보자일 수도 있고 운전 중 스마트폰을 보다가 사고를 낼 수도 있기 때문이다. 그리고 일반적으로 차를 난폭하게 운전하면 사고를 낼 소지가 많지 않을까? 다만, 절대적으로 어느 쪽이 크다고 단정할 수는 없고 확률적으로 그렇다는 것이다.

이번에는 주사위 던지기를 예로 들어보자. 두 개의 주사위 A, B를 던졌을 때 표본공간을 $\Omega=\{(a,b);a,b=1,2,\cdots,6\}$로 나타내자. E를 두 주사위의 눈의 합이 6인 사건의 집합이라고 하면 E는 다음과 같다.

$$E=\{(1,5),(2,4),(3,3),(4,2),(5,1)\}$$

따라서 사건 E가 일어날 확률 $P(E)$는 5/36(=13.89%)이다. 이처럼 조건이 없는 독립사건에 대한 확률을 한계확률(限界確率, marginal probability)이라고 한다.

한편 F가 A주사위의 눈이 2인 사건이고 이 사건이 일어난 조건에서 사건 E가 일어날 확률은 얼마일까? 먼저 A주사위의 눈이 2인 사건은 $\{(2,x);x=1,2,\cdots,6\}$으로 6가지이다. 따라서, A주사위의 눈이 2인 사건의 확률은 $P(F)=1/6$(=16.67%)이다.

이번에는 두 사건의 결합확률을 정의하자. 두 사건의 결합확률(結合確率, joint probability)이란 두 사건이 동시에 일어날 사건으로 정의한다. 예를 들면 사건 F(A주사위의 눈이 2인 사건)와 사건 E(두 주사위의 눈의 합이 6인 사건)가 동시에 일어날 수 있는 경우는 (2,4) 하나밖에 없으므로 두 사건이 동시에 일어나는 확률 $P(F,E)$[3]는 1/36(=2.78%)이다.

여기서, 우리는 결합확률과 곱 사건의 확률의 차이를 알아둘 필요가 있다. 즉, 서로 다른 두 사건이 동시에 발생하는 결합사건을 정의할 때 이 사건에 확률의 곱의 공식을 적용하면 어떻게 될까?

두 개의 주사위 A, B를 던져서 첫 번째 눈은 2이고 두 눈의 합은 6일 경우 이들의 결합사건의 확률을 구할 때 첫 번째 눈이 2가 나올 사건의 확률인 1/6과 두 눈의 합이 6일 사건의 확률 5/36을 단순히 곱하여 5/216이라고 계산하면 안 된다. 즉 두 사건의 결합확률은 각 사건의 확률의 곱과 같지 않다.

다시 조건부 확률의 문제로 돌아가자. A주사위의 눈이 2인 사건 F가 일어난다는 조건에서 두 주사위의 눈의 합이 6인 사건 E가 일어날 확률 $P(E \mid F)$는 먼저 A주사위의 눈이 2인 사건이 일어날 확률 가운데서 두 사건이 동시에 일어나는 사건의 확률이므로 결국 $P(E|F)$는 다음과 같다.

$$P(E \mid F) = \frac{P(E,F)}{P(F)} = \frac{\frac{1}{36}}{\frac{6}{36}} = \frac{1}{6}$$

결국 두 주사위의 눈의 합이 6인 사건 E가 일어날 확률(5/36)과 A주사위의 눈이 2인 조건에서 두 주사위의 눈의 합이 6인 사건 E가 일어날 확률(1/36)은 서로 다르다. 이로부터 우리는 조건부 확률에서 나중에 일어나는 사건은 앞에 일어난 사건에 의존함

3 이 확률을 사건 E와 F의 joint probability라 하고 결합확률이라고 부른다. 그리고 $P(F,E)=P(E,F)$의 관계식이 성립한다.

을 알 수 있다.

그러면 모든 조건부 확률은 이전의 사건에 의존할까? 반드시 그렇지만은 않다. 어떤 경우에는 조건부 확률에서 나중에 일어나는 사건이 앞에 일어난 사건과 무관한 경우도 있다.

예제 3.1

어느 가정에 두 명의 아이가 있다. 아들 혹은 딸이 태어날 확률은 같다고 할 때 아래의 물음에 답하라. 단, 아들과 딸이 태어나는 경우의 수에서 순서도 고려한다.

(가) 둘 다 딸일 확률은 얼마인가?

(나) 두 아이 중 적어도 한 명이 딸이라는 조건에서 둘 다 딸일 확률은 얼마인가?

풀이

(가) 둘 다 딸일 확률은 첫 번째와 두 번째 모두 딸일 확률인데 각 경우의 확률은 1/2이므로 둘 다 딸일 확률은 1/4이다. 한편 D를 딸, S를 아들을 나타낸다고 하면 표본공간 $\Omega=\{(D,D),(D,S),(S,D),(S,S)\}$에서부터 그 값은 역시 1/4이다.

(나) 사건 A를 적어도 한 명의 딸이 태어날 사건이라고 하고, 사건 B를 둘 다 딸이 태어날 사건이라고 하자. 표본공간 $\Omega=\{(D,D),(D,S),(S,D),(S,S)\}$에서 적어도 한 명이 딸일 경우는 세 가지이고 둘 다 딸일 경우는 한 가지이다. 따라서 위의 문제는 결국 $P(B\mid A)$를 구하는 것이며 그 결과는 아래와 같다.

$$P(B\mid A)=\frac{P(A,B)}{P(A)}=\frac{\frac{1}{4}}{\frac{3}{4}}=\frac{1}{3}$$

한편, 결합확률과 조건부 확률의 관계에 대하여 다음 식이 성립한다.

$$P(E,F)=P(E\mid F)\,P(F)=P(F\mid E)P(E)$$

첫 번째 등식은 조건부 확률의 정의에 의해서 성립하며 두 번째 등식은 결합확률에서 $P(E,F)$와 $P(F,E)$가 같다는 사실로부터 자명하다.

이 식은 두 사건 E와 F에 대하여 각 사건이 일어날 확률과 결합확률을 안다면 어느 하나의 사건을 조건으로 하고 다른 하나의 사건을 결과로 할 경우에 대해서 조건부 확률을 구할 수 있음을 나타낸다. 이번에는 여러분이 직접 다음 문제를 풀어보자.

문제 3.1

항아리에 검은 공 3개와 흰 공 4개가 들어있다. 이때 다음의 물음에 답하라.

(1) 비복원추출을 가정하고 두 개의 공을 차례로 끄집어내었을 때 그 공이 모두 검은 색일 확률은?

(2) 복원추출을 가정하고 두 개의 공을 차례로 끄집어내었을 때 그 공이 모두 흰 색일 확률은?

그럼 두 사건이 있고 하나의 조건사건에 대한 종속사건의 확률을 구할 때 모든 조건사건이 종속사건에게 영향을 미치는 것일까? 가령 KBL(Korea Basketball League, 한국 프로농구리그)에서 창원 LG가 안양 KGC를 이기는 사건과 NFL(National Football League, 미국 프로풋볼리그)에서 그린베이 패커스(Greenbay Packers)가 피츠버그 스틸러스(Pittsburgh Steelers)를 이기는 사건을 생각할 때 두 사건은 서로 어떤 관계가 있을까? 그냥 단순히 생각해 봐도 아무런 관계가 없다. 따라서, 두 사건은 확률적으로 독립이다. 이처럼 두 사건이 확률적으로 독립(確率的獨立, statistical independence)이라는 것은 한 사건의 결과가 다른 사건의 결과에 영향을 미치지 않는 것을 말한다.

2008년에는 한국의 아마추어 축구리그(일명 K3 리그)에서 일부 팀의 선수들이 돈을 받고 승부조작을 한 사건으로 떠들썩했던 적이 있다. 그들이 왜 그런 짓을 했는지 알 길은 없지만, 무엇인가 미끼가 있었을 것이다. 특히 두 경기의 결과가 그 다음에 있을 경기에 영향을 미칠 경우에는 승부조작의 확률이 더욱 높아지는데 어떤 경기에서 한 팀이 이길 경우와 질 경우에 따라 다른 경기에서 또 다른 한 팀이 이기도록 조작할 수도 있고

지게 할 수도 있다. 이럴 경우에는 승부 자체가 처음부터 조작되는 것이기 때문에 경기 간에 강한 연관성이 작용되며 이럴 경우에 조건부 확률은 독립성을 잃을 수도 있다.

두 사건의 확률적 독립성을 설명하기 위해 주사위 던지기와 동전 던지기를 생각해 보자. 이때 두 실험은 동시에 해도 되고 순서대로 해도 된다. 주사위 던지기에서 1의 눈이 나올 확률은 1/6이고 동전 던지기에서 앞면이 나올 확률은 1/2이다.

이때 동전 던지기에서 앞면이 나오는 조건에서 주사위의 눈이 1이 나올 확률은 얼마일까? 의심할 여지도 없이 1/6이다. 왜냐하면 주사위 던지기에서 1의 눈이 나올 확률은 동전 던지기의 결과에 관계없이 어떠한 경우에도 1/6이기 때문이다. 즉, 동전 던지기에서 앞면이 나오는 사건을 F라고 하고 주사위 던지기에서 1의 눈이 나오는 사건을 E라고 하면 동전 던지기에서 앞면이 나오는 조건에서 주사위의 눈이 1이 나올 확률은 $P(E|F)$인데 사건 E와 사건 F가 일어날 확률이 상호 무관하므로 결국은 $P(E|F)=P(E)=1/6$이다.

이번에는 두 사건의 결합확률, 즉 동전 던지기에서 앞면이 나오고 주사위의 눈이 1이 나올 확률은 얼마일까? 이때도 두 사건이 서로 아무런 관계가 없으므로 곱의 사건에 대한 확률이 된다. 따라서, $P(E,F)=P(E)\times P(F)=1/2\times 1/6=1/12$이다. 마지막으로 동전 던지기에서 앞면이 나오는 조건에서 주사위의 눈이 1이 나올 확률은 다음과 같다.

$$P(E\mid F)=\frac{P(E,F)}{P(F)}=\frac{\frac{1}{12}}{\frac{1}{2}}=\frac{1}{6}=P(E)$$

즉, $P(E|F)=P(E)$이다. 위의 두 가지 사실로부터 다음의 결과를 얻게 된다.

$$P(E\mid F)=\frac{P(E,F)}{P(F)}=\frac{P(E)P(F)}{P(F)}=P(E)$$

결론적으로 두 사건 E와 F가 상호독립이면 $P(E,F)=P(E)\times P(F)$이다. 마찬가지로 $P(E,F)=P(E)\times P(F)$의 관계가 성립하면 두 사건 E와 F는 상호독립이다.

이 사실은 일반적으로 n개의 사건에 대해서도 성립한다. 즉, n개의 사건 E_i, $i=1,2,\cdots,n$이 상호독립일 경우 다음 식이 만족된다.

$$P(E_1, E_2, \cdots, E_n) = P(E_1)\times P(E_2)\times \cdots \times P(E_n)$$

만약 두 사건이 독립이 아니면 무엇이라고 부를까? 독립사건이 아닌 사건은 종속사건(從屬事件, dependent event)이라고 한다.

예제 3.2

한 쌍의 주사위를 던지는 실험에서 몇 가지 사건을 다음과 같이 정의할 때 각 경우가 확률적으로 독립인지 아닌지를 논하라.

(1) E가 두 눈의 합이 3일 사건이고, F가 두 눈의 합이 12일 사건
(2) E가 두 눈의 합이 홀수가 나올 사건이고, F가 두 눈의 합이 9일 사건
(3) 한 개의 주사위를 던져서 {1,2,3}의 눈이 나올 사건을 E, {3,5}가 나올 사건을 F

풀이

(1) 한 쌍의 주사위를 던지는 실험에서 두 눈의 합이 3일 사건은 $E=\{(1,2),(2,1)\}$인 경우이므로 $P(E)=1/18$이고, 두 눈의 합이 12일 사건은 $F=(6,6)$이므로 $P(F)=1/36$이다. 그런데 E와 F를 동시에 만족하는 경우는 없으므로 $P(E,F)=0$이다.
한편, $P(E)\times P(F)=1/648$이다. 결국, 두 사건은 확률적으로 독립이 아니다.
이 두 사건은 왜 독립이 아닐까? 그 이유는 두 사건이 상호배타적 사건(相互排他的 事件, mutually exclusive events)이기 때문이다. 즉, 사건 E와 사건 F는 서로 동시에 일어날 수 없다.

(2) 한 쌍의 주사위를 던지는 실험에서 두 눈의 합이 홀수일 사건은 두 눈이 홀 혹은 짝의 어느 한 값을 각각 가지는 경우이므로 $P(E)=1/2$이다. 한편, 사건 F의 확률은 $P(F)=1/9$이다. 두 눈의 합이 홀수이고 두 눈의 합이 9일 결합사건의 확률은

1/9이다. 즉, $P(E,F)=1/9$이다. 그런데 $P(E)\times P(F)=1/2\times 1/9=1/18$이다. 따라서, $P(E,F)\neq P(E)\times P(F)$이다.

이 두 사건은 왜 독립이 아닐까? 그 이유는 두 사건이 포괄적(包括的, inclusive)이기 때문이다. 즉, 한 사건이 다른 사건을 포함하고 있다.

(3) 한 개의 주사위를 던져서 {1,2,3}이 나올 사건을 E, {3,5}가 나올 사건을 F라고 하였으므로 각각의 확률은 $P(E)=1/2$, $P(F)=1/3$이다.

한편, $P(E,F)=P$\{3의 눈이 나올 확률\}$=1/6$이다. 그런데 $P(E)\times P(F)=1/6$이다. 결국, $P(E,F)=P(E)\times P(F)$이다. 따라서 이들 두 사건은 확률적으로 독립이다.

문제 3.2

E는 주사위 던지기에서 홀수의 눈이 나올 사건이고 F는 동전 던지기에서 앞면이 나올 사건이라고 할 때 다음의 물음에 답하라.

(1) 두 사건의 결합사건의 확률을 구하라.

(2) 이들 두 사건의 확률적 독립성을 판정하라.

2. 조건부 확률의 연산

조건부 확률의 연산에 있어서 중요한 성질 중에 곱의 법칙(multiplication law)이 있다. 임의의 세 사건 E, F, G 사이에는 다음과 같은 관계가 성립하며, 이를 조건부 확률의 곱의 법칙이라고 한다.

$$P(EF\mid G)=P(F\mid G)\times P(E\mid FG)$$

앞의 식에서 좌변, 즉 사건 G가 일어난 조건에서 사건 E와 사건 F의 결합사건의 확률은 두 조건부사건의 확률로 분해되는데 다음과 같이 구한다.

① 사건 G가 일어나는 조건에서 사건 F가 일어날 조건부 확률을 구한다. 이것이 식에서 우변 첫 항이다.
② 사건 F와 사건 G가 동시에 일어날 조건에서 사건 E가 일어날 조건부 확률을 구한다. 이것이 식에서 우변 둘째 항이다.
③ 앞에서 구한 두 확률을 곱한다.

이 사실을 증명하면 다음과 같다. 먼저, 앞 식의 좌변을 조건부 확률의 정의에 의해서 다음과 같이 바꾼다.

$$P(EF \mid G) = \frac{P(E,F,G)}{P(G)}$$

한편, 식 $P(EF|G)=P(F|G)P(E|FG)$의 우변에 대해서 역시 조건부 확률의 정의에 의해서 다음과 같이 바꾸어 쓴다.

$$P(F \mid G)P(E \mid FG) = \frac{P(F,G)}{P(G)} \times \frac{P(E,F,G)}{P(F,G)} = \frac{P(E,F,G)}{P(G)}$$

두 식에 대하여 맨 우측을 보면 결국 두 식이 같으므로 다음과 같은 결과를 얻는다.

$$P(EF|G)=P(F|G)\times P(E|FG)$$

위 식의 물리적인 의미는 사건 G가 일어난 조건에서 사건 E와 F가 일어날 확률을 구하기 위해서는 먼저 사건 G가 일어난 조건에서 사건 F가 일어날 확률을 구하고 이어서 사건 F와 G가 일어난 조건에서 사건 E가 일어날 확률을 구한다는 것이다.

이 사실을 이용하면 어떤 복잡한 현상에 대하여 상호 연관성이 있을 것 같은 서로 다른 사건의 확률을 바탕으로 그 사건들의 인과관계를 정의함으로써 구하고자 하는 사건의 확률을 구할 수 있다.

예제 3.3

하나의 주사위를 두 번 던지는 실험에서 세 사건 E, F, G를 다음과 같이 정의하자.

E: 먼저 던진 주사위의 눈이 3인 사건

F: 두 주사위의 눈의 합이 6인 사건

G: 두 주사위의 눈이 모두 홀수인 사건

이때 조건부 확률의 곱의 법칙 $P(EF|G) = P(E|G) \times P(E|FG)$이 성립함을 증명하라.

풀이

먼저 $P(F|G)$와 $P(E|FG)$를 구한 후 두 값의 곱이 $P(EF|G)$와 같음을 증명한다.

$$P(F \mid G) = \frac{P(F,G)}{P(G)} = \frac{\frac{1}{12}}{\frac{1}{4}} = \frac{1}{3}$$

$$P(E \mid FG) = \frac{P(E,F,G)}{P(F,G)} = \frac{\frac{1}{36}}{\frac{1}{12}} = \frac{1}{3}$$

$$P(EF \mid G) = \frac{P(E,F,G)}{P(G)} = \frac{\frac{1}{36}}{\frac{1}{4}} = \frac{1}{9}$$

따라서, $P(EF|G)=P(F|G)\times P(E|FG)$가 성립한다.

조건부 확률의 독립성

이번에는 조건부 확률의 독립성에 대해서 알아본다. 즉, 세 사건 E, F, G에 대하여 사건 E와 사건 F가 상호독립이면 다음 식이 성립한다.

$$P(EF|G)=P(E|G)\times P(F|G)$$

위의 식은 한계사건에 대한 독립성을 나타내는 $P(E_1,E_2)=P(E_1)\times P(E_2)$의 개념을 조건부 확률로 넓힌 것인데 증명은 다음과 같다.

먼저 식 $P(EF|G)$에서 조건부 확률의 정의로부터 $P(EF \mid G)=P(F \mid G)\times P(E \mid FG)$이다. 그런데 사건 E와 사건 F가 상호독립이면 $P(E \mid FG)=P(E|G)$이다. 결국 $P(EF \mid \mathrm{G})=P(E \mid G)\times P(F \mid G)$이다.

예제 3.4

주사위를 두 번 던지는 실험에서 사건 E, F, G를 다음과 같이 정의하자.

E: 먼저 던진 주사위의 눈이 3인 사건

F: 주사위의 두 눈의 합이 6인 사건

G: 주사위의 두 눈이 모두 홀수인 사건

이때 조건부 확률 $P(EF|G)=P(E|G)\times P(E|G)$의 독립성이 성립하는지 판별하라.

풀이

식 $P(EF \mid G)=P(E \mid \mathrm{G})\times P(F \mid G)$의 좌변과 우변의 각 확률을 다음과 같이 계산한다.

$$P(EF \mid G)=\frac{P(E,F,G)}{P(G)}=\frac{\frac{1}{36}}{\frac{1}{4}}=\frac{1}{9}$$

$$P(E \mid G) = \frac{P(E,G)}{P(G)} = \frac{\frac{1}{12}}{\frac{1}{4}} = \frac{1}{3}$$

$$P(F \mid G) = \frac{P(F,G)}{P(G)} = \frac{\frac{1}{12}}{\frac{1}{4}} = \frac{1}{3}$$

따라서 $P(EF \mid G)=P(E \mid G)\times P(F \mid G)$는 성립하고 사건 E와 사건 F는 조건 G에 대하여 상호독립이다.

지금까지 우리는 세 개의 사건에 대한 조건부 확률을 공부하였는데 실제로는 그 이상의 사건들이 조건으로 작용하는 경우에도 이 성질은 성립한다.

예제 3.5

주머니 안에 흰 공 4개와 검은 공 6개가 들어있다. 매번 공을 하나씩 끄집어낼 수 있고 비복원추출을 가정한다. 이때 다음의 물음에 답하라.

(1) 연속해서 2개의 공을 끄집어낼 때 하나는 흰 공이고 다른 하나는 검은 공일 확률은 얼마인가? 단, 순서도 고려한다.

(2) 연속해서 세 개의 공을 끄집어낼 때 세 번째에 처음으로 검은 공이 나올 확률은 얼마인가?

풀이

(1) 연속해서 2개의 공을 끄집어낼 때 하나는 흰 공이고 다른 하나는 검은 공일 경우는 처음에 흰 공이고 나중에 검은 공일 경우와 그 반대일 경우가 있다. 흰 공이 나올 사건을 W, 검은 공이 나올 사건을 B라고 하고 앞의 경우는 $P(1W,2B)$로 나타내고 뒤의 경우는 $P(1B,2W)$로 나타내기로 한다. 이때 각 경우의 확률은 다음과 같다.

$$P(1W,2B) = P(W)\times P(B \mid W) = \frac{2}{5}\times\frac{2}{3} = \frac{4}{15}$$
$$P(1B,2W) = P(B)\times P(W \mid B) = \frac{3}{5}\times\frac{4}{9} = \frac{4}{15}$$

따라서 연속해서 2개의 공을 끄집어낼 때 하나는 흰 공이고 다른 하나는 검은 공일 확률은 위의 두 경우의 확률을 더한 8/15이다.

(2) 연속해서 세 개의 공을 끄집어낼 때 세 번째 시도에 처음으로 검은 공이 나올 확률은 앞의 두 번에 걸쳐 시행된 추출에서는 흰 공이 나오고 마지막 세 번째 추출에서 검은 공이 나와야 한다. 따라서, 위에서와 같은 방법으로 사건의 순서를 숫자로 표시하면 세 번째 처음으로 검은 공이 나올 확률은 다음과 같다.

$$P(1W,2W,3B)=P(1W)\times P(2W\mid 1W)\times P(3B\mid 1W2W)=\frac{2}{5}\times\frac{1}{3}\times\frac{3}{4}=\frac{1}{10}$$

문제 3.3

하나의 주사위를 던져서 5 이상의 수를 얻을 사건을 A라고 하고 홀수가 나올 사건을 B라고 할 때 $P(A\mid B)$와 $P(B\mid A)$를 구하여 그 의미를 논하라.

3. 조건부 확률의 응용

지금까지 우리는 조건부 확률의 정의 및 연산에 대해 알아보았다. 그런데 조건부 확률이 아주 요긴하게 사용되는 응용예(應用例)가 있어서 소개하고자 한다. 조건부 확률을 응용한 예로서 전확률의 법칙과 베이즈의 공식이 있는데 먼저 전확률의 법칙을 소개하고 이어서 베이즈의 공식을 소개한다.

3.1 전확률의 법칙

전확률의 법칙(全確率의 法則, total probability law)이란 말 그대로 어떤 사건에 대해서 가능한 모든 확률을 다 고려한 확률이라는 뜻인데 이에 대하여 알아보자.

표본공간 Ω에 n개의 상호배타적(相互排他的, mutually exclusive)인 사건의 분할(事件分割, partition of events)이 있다고 하자. 여기서 상호배타적이라는 것은 서로 다른 사건 간에는 서로 겹치는 부분이 없음을 말한다. 상호배타적인 각 사건을 E_i, $i=1,2,\cdots,n$이라고 할 때 다음의 식이 성립한다.

$$\Omega = E_1 \cup E_2 \cup \cdots \cup E_n$$

상호배타적 사건 분할의 예로는 어떤 것이 있을까? 먼저 퍼즐[4]을 생각할 수 있다. 아래의 그림과 같이 하나의 퍼즐 그림이 7개의 조각으로 이루어져 있다고 하자.

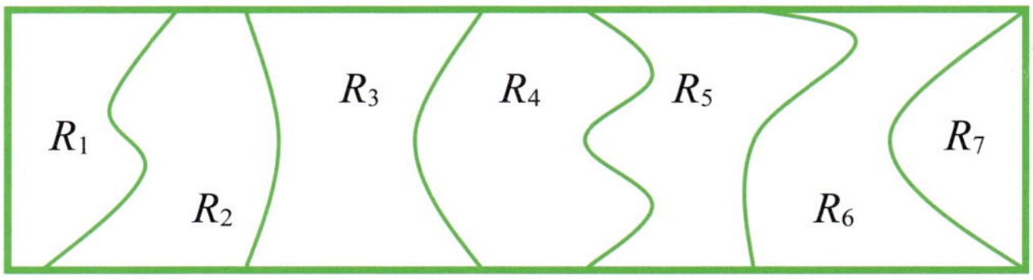

그림 3.1 일곱 조각의 퍼즐

이때 이 그림 위에 커피가 쏟아져서 만들어진 얼룩이 하나 있다고 하자. 그러면 우리는 각각의 퍼즐 조각에 묻은 커피가 전체 얼룩에 얼마나 기여하는지를 알 수 있다.

전확률의 법칙을 나타내는 다른 예로서 살인사건의 자료수집(profiling)이 있다. 사람이 살해된 사건을 M(murdered)이라고 하자. 그런데 사람이 살해된 이유는 원한, 금전, 치정, 우발적 사고 등 여러 가지가 있다. 이때 하나의 큰 사건을 두고 전혀 다른 몇 가지 원인들이 존재하는 경우에 죽은 사람이 무엇이 주된 이유가 되어 살해되었는지를

4 필자의 아들은 퍼즐을 좋아해서 우리 집에 기념할 일이 있으면 선물로 퍼즐을 사주는데 직접 완성한 후에 액자에 넣어서 선물로 주기에 그 정성이 갸륵하여 집에 걸어두곤 하는데 집에 퍼즐의 개수가 자꾸 늘어서 조금 걱정되기는 한다. "아들아, 우리는 현금을 좋아한단다."

알 수 있다면 경찰은 범인을 좀 더 쉽고 빨리 검거할 수 있을 것이다. 특히 피해자가 죽은 이유를 제공하는 증거를 더 많이 확보할수록 범인을 지목할 확률이 커지게 될 것이다. 반면에 서로 다른 몇 개의 사망원인이 될만한 증거에 대하여 중요도와 상호 인과관계를 제대로 파악하지 못한 채 단편적인 수사로 우왕좌왕하다가 보면 범인은 증거마저 인멸하고 그 사건은 미제사건으로 남을 수도 있다.

하나의 살인사건과 관련이 있을 것으로 생각되는 서로 배타적인 원인사건(原因事件, 혹은 요소사건)이 n가지가 있고, 그것을 R_i, $i=1,2,\cdots,n$이라고 하자. 이때 다양한 요인들을 고려하였을 때 이 사람이 각각의 원인사건에 의하여 살해되었을 확률은 얼마인가? 이것을 계산할 수 있는 것이 전확률 이론이다.

다시 퍼즐로 돌아가서 그림 3.1에서 나타낸 상호 배타적인 7개의 사건 R_i, $i = 1,2,\cdots,7$에 대하여 임의의 사건 M이 일어날 사건을 그림 3.2에서 표시한 것처럼 점선으로 둘러싸인 부분으로 나타내자.

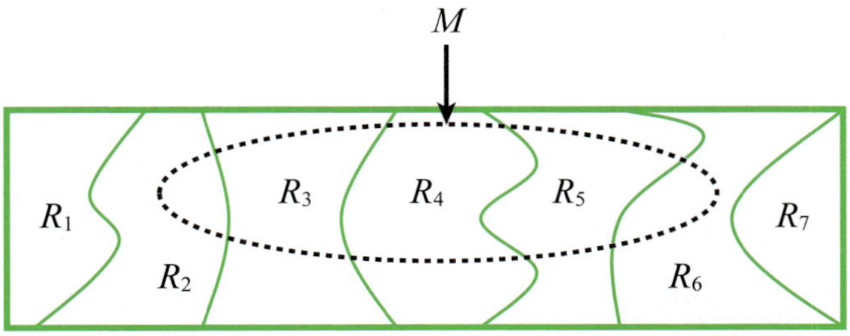

그림 3.2 상호 배타적인 7개의 사건과 사건 M의 관계

이때 사건 M과 상호 배타적인 n개의 원인사건 R_i, $i=1,2,\cdots,n$에 대하여 사건 M을 집합으로 나타내면 다음과 같다.

$$M = M \cap (R_1 \cup R_2 \cup \cdots \cup R_n)$$

이 식에 대하여 분배법칙을 적용하면 다음의 결과를 얻는다.

$$M = (M \cap R_1) \cup (M \cap R_2) \cdots (M \cap R_n)$$

이 식은 R_i, $i = 1,2,\cdots,n$가 상호 배타적인 사건이므로 식의 양변에 확률을 취하면 다음과 같다.

$$P(M) = P(M \cap R_1) + P(M \cap R_2) + \cdots + P(M \cap R_n)$$

그런데, 임의의 i에 대하여 $P(M \cap R_i)$는 두 사건 M과 R_i가 동시에 일어날 결합사건의 확률이므로 $P(M \cap R_i) = P(M,R_i)$로 쓸 수 있고 또 조건부 확률과 결합확률 간의 관계식 $P(M,R_i) = P(M \mid R_i)P(R_i)$로부터 마지막 식을 다음과 같이 나타낼 수 있다.

$$P(M) = \sum_{i=1}^{n} P(M \mid R_i) \times P(R_i)$$

이러한 결과를 전확률의 법칙이라고 한다.

위 식을 보면 사건 M이 일어나게 된 원인사건과 그 원인사건을 조건으로 사건 M이 일어난 조건부 확률의 합이 결국은 사건 M이 일어나게 된 확률이라는 것이다. 따라서 식이 가지는 물리적인 의미는 원인사건을 많이 확보하여야 결과적으로 일어난 사건의 확률을 정확하게 예측할 수 있다는 것이다.

예제 3.6

주머니 안에 흰 공 4개와 검은 공 6개가 들어있다. 매번 공을 하나씩 끄집어낼 수 있고 한 번 끄집어낸 공은 다시 주머니에 넣지 않는다. 이때 두 번째 끄집어낸 공이 검은 공일 확률은 얼마일까?

풀이

공을 끄집어낸 횟수를 i라 하고 흰 공이 나올 사건은 W, 검은 공이 나올 사건은 B라고 하면, i번째에 흰(검은) 공을 끄집어낸 사건은 $W_i(B_i)$이다. 두 번째 끄집어낸 공이 검은 공일 확률은 $P(B_2)$인데, 이 사건이 나올 경우는 두 가지가 있다. 하나는 첫 번째 끄집어낸 공이 흰색일 경우이고 다른 하나는 첫 번째 끄집어낸 공이 검은색일 경우이다. 따라서 $P(B_2)$는 다음과 같다.

$$P(B_2) = P(B_2 \mid W_1) \times P(W_1) + P(B_2 \mid B_1) \times P(B_1)$$
$$= \frac{2}{3} \times \frac{2}{5} + \frac{5}{9} \times \frac{3}{5} = \frac{3}{5}$$

문제 3.4

아래의 표는 어느 학교 학생의 토익점수이다. 이때 한 학생을 선택하여 그의 점수를 물어보았을 때 800점 이상일 확률을 전확률의 법칙을 이용하여 구하라.

토익점수	학년				
	1	2	3	4	합계
600점 미만	50	30	15	5	100
600점 이상~800점 미만	30	48	62	60	200
800점 이상	20	22	23	35	100
합계	100	100	100	100	400

3.2 베이즈의 공식(Bayes' formula)

앞에서 소개한 전확률의 법칙은 상호 배타적인 여러 사건이 일어난 경우에 그들과 인과관계가 있는 어떤 사건이 일어날 확률을 구하는 문제였다.

그러나, 우리 주변에서는 이와 반대로 어떤 사건 B가 일어난 상황에서 그 사건과 연관성이 있는 여러 개의 사건 A_i, $i=1,2,3,\cdots$ 중의 한 사건 A_i (단, i는 1,2,3,.. 중의 어느 한 값)이 일어날 확률 $P(A_i|B)$를 구하고자 하는 경우가 있다. 지금부터 이 문제를 생각해 보자.

표본공간 내에 상호 배타적인 분할사건 $E_1, E_2, \cdots$ (단, $\{E_1, E_2, \cdots\} \subset \Omega$)가 있다고 하자. 이때 이미 일어난 사건 F에 대하여 그 사건을 조건으로 하는 하나의 원인사건 E_i (단, $\{E_1, E_2, \cdots\} \subset \Omega$)가 일어날 확률 $P(E_i \mid F)$를 구해보자.

결론부터 말하면 $P(E_i \mid F), i=1,2,3,\cdots$ 에 대해서 다음의 식이 성립한다.

$$P(E_i \mid F) = \frac{P(E_i) \times P(F \mid E_i)}{\sum_{j=1}^{n} P(E_j) \times P(F \mid E_j)}$$

이 식을 영국의 수학자이자 통계학자인 토머스 베이즈(Thomas Bayes, 1702~1761)의 이름을 따서 베이즈의 공식(Bayes' formula) 또는 베이즈의 정리(Bayes' theory)라고 한다.

Thomas Bayes

식이 얼른 보면 복잡해 보이지만 분모가 앞에서 공부한 전확률의 공식에서 나온 모습과 비슷하다는 것을 알 수 있다. 그런데 한 가지 다른 점은 조건으로 제시된 사건과 그 후 일어난 사건의 순서가 반대인 것이다.

증명과정은 간단한데, 먼저 사건 F가 일어났다는 가정하에서 그 사건의 원인사건이 되는 것으로 추정되는 요소사건

E_i가 일어날 확률을 $P(E_i \mid F)$라고 정의한다. 그러면 조건부 확률의 정의에 의해서 다음과 같은 관계가 성립한다.

$$P(E_i \mid F) = \frac{P(E_i, F)}{P(F)}$$

앞에서 공부한 전확률의 법칙을 이용하여 식의 분모인 $P(F)$ 대신에 다음의 식을 대입하자.

$$P(F) = \sum_{j=1}^{n} P(F \mid E_j) \times P(E_j)$$

한편 식 $P(E_i \mid F)$에서 분자에 해당하는 $P(E_i, F)$는 사건 E_i와 사건 F의 결합사건의 확률인데 이것을 조건부 확률로 나타내면 $P(E_i \mid F)$에 대해서 다음의 식을 얻는다.

$$P(E_i \mid F) = \frac{P(E_i) \times P(F \mid E_i)}{\sum_{j=1}^{n} P(E_j) \times P(F \mid E_j)}$$

이로써 베이즈의 공식에 대한 증명이 끝났다.

베이즈의 공식에서 좌측의 확률 $P(E_i \mid F)$는 사건 F가 일어났을 때 그 결과사건(이것을 사건이 확실히 일어났다는 의미에서 증거(evidence)라고 부름)인 F에 대한 원인이 되는 여러 개의 다양한 원인사건(이것은 여러 가지 원인들 중의 하나이므로 가정(hypothesis)이라고 부름)들 중 i번째 사건 E_i의 확률을 말한다.

여기에서 E_i는 사건 F가 일어나기 이전의 사건인데 그래서 $P(E_i)$를 주관적 신뢰도(主觀的 信賴度, subjective confidence level)를 나타내는 척도라고 한다. 그리고 $P(E_i \mid F)$는 사건 F가 발생한 후 그 사건에 의해서 변화된 신뢰도를 나타내는 척도이다. 그래서 $P(E_i)$를 사전확률(事前確率, prior probability)이라 하고, $P(E_i \mid F)$를 사후확률(事後確率, posterior probability)이라고 한다.

이상의 논의를 화재 사건에 비유하면 사건 F는 화재가 일어난 사건을 나타내고 사건 E_i는 화재가 일어날 수 있는 여러 가지 원인 중에서 어느 한 사건, 가령 전기누전이 일어날 사건 혹은 방화를 저지를 사건이라고 할 수 있다. 따라서 베이즈의 공식의 기본 개념은 전확률의 법칙과는 반대이다.

베이즈의 공식이 가지는 물리적인 의미를 알아보기 위하여 하나의 예를 들어보자. 어떤 네트워크가 외부로부터 공격을 받았는지 아닌지를 판단하려고 한다. 이때 네트워크가 공격을 받았다는 사실이 사후사건이라면 공격을 일으킨 행위가 사전사건인데 그 공격의 원인에는 여러 가지가 있다.

만약 우리가 네트워크에 대하여 아무런 정보를 가지고 있지 않으면 우리는 그 네트워크가 공격을 당했는지의 여부를 정확히 판단할 수 없으므로 그저 50%의 확률로 네트워크가 공격을 받았거나 그렇지 않다고 예측할 수밖에 없다. 이때 네트워크가 공격을 받는 사건을 'O', 받지 않는 사건을 'X'라고 하면 각 확률은 $P(O)=P(X)=0.5$이다.

그런데 과거의 경험에 의하면 네트워크가 정상적인 상황에서는 측정한 트래픽이 장기평균치(長期平均値, long-term average value)보다 양이 많을 확률과 적을 확률은 대체로 같다고 한다. 즉, 네트워크가 정상적으로 동작한다면 네트워크를 흐르는 트래픽은 시간의 흐름에 따라서 평균값을 중심으로 약간 증가하거나 감소하는 임의적인 패턴(random fluctuation)을 보인다. 네트워크가 정상적인 상황(공격을 받지 않는 상황)에서 트래픽의 양이 많은 사건을 H, 적은 사건을 L이라고 하면 조건부 확률의 정의에 의하여 $P(H \mid X)=P(L \mid X)=0.5$이다.

한편 실험에 의하면 네트워크가 공격을 받는 상황에서 관측 순간의 트래픽이 장기평균치보다 양이 많을 확률은 0.9이며, 적을 확률은 0.1이라고 한다. 즉, 이 상황에 대해서도 조건부 확률로 표시가 가능한데 $P(H \mid O)=0.9$, $P(L \mid O)=0.1$이다. 따라서 네트워크 트래픽의 양은 공격의 유무에 따라서 많거나 적을 확률이 확연히 다르다.

앞에서 정의한 사건을 바탕으로 우리는 네트워크에 대한 공격 여부와 트래픽의 양의 과다 여부를 종합하여 두 가지 상황에 대하여 다음과 같은 표본공간을 만들 수 있다.

$$\Omega=\{(O,H),(O,L),(X,H),(X,L)\}$$

네트워크 트래픽의 상태를 파악할 때 표본공간 **Ω**는 공격의 유무와 트래픽 양의 평균치의 상하회라는 두 가지 사건의 곱으로 구성되는 총 네 가지 경우를 원소로 가진다. 그리고 각 경우에 대하여 다음과 같은 결합사건의 확률을 구할 수 있다.

$$P(O,H)=P(O)\times P(H\mid O)=0.5\times 0.9=0.45$$
$$P(O,L)=P(O)\times P(L\mid O)=0.5\times 0.1=0.05$$
$$P(X,H)=P(X)\times P(H\mid X)=0.5\times 0.5=0.25$$
$$P(X,L)=P(X)\times P(L\mid X)=0.5\times 0.5=0.25$$

어느 날 네트워크 운용자가 네트워크를 흐르는 트래픽의 양을 조사해보니 그 순간에 트래픽의 양이 평상시의 장기평균치보다도 더 많았다고 하자. 이때 그 네트워크는 외부로부터 공격을 받고 있는 중인가 아닌가? 그리고 각 경우의 확률은 얼마일까?

다음의 표를 보자. 표에서 세로는 트래픽의 양(많으면 H, 적으면 L)을 나타내고 가로는 공격의 여부(공격을 받으면 O, 그렇지 않으면 X)를 나타낸다.

표 3.1 트래픽의 양과 공격에 대한 결합확률

	O	X
H	0.45	0.25
L	0.05	0.25

지금부터는 조건이 H인 확률에 관심을 가진다. 그리고 다음과 같이 먼저 사건 H가 일어난 상황에서 사건 O 혹은 사건 X가 일어날 사건을 구해보면 각 확률은 다음과 같다.

$$P(O \mid H) = \frac{P(O) \times P(H \mid O)}{P(O) \times P(H \mid O) + P(X) \times P(H \mid X)} = \frac{0.45}{0.45 + 0.25} = 0.643$$

$$P(X \mid H) = \frac{P(X) \times P(H \mid X)}{P(O) \times P(H \mid O) + P(X) \times P(H \mid X)} = \frac{0.25}{0.45 + 0.25} = 0.357$$

여기서 우리는 다음과 같은 사실을 알 수 있다. 네트워크 운용자가 트래픽의 양을 조사해보니 평균치보다 많았다고 할 때, 그 네트워크가 공격을 받았을 확률은 64.3%이며, 공격을 받지 않았을 확률은 35.7%이다.

위의 사실로부터 알 수 있는 것은 우리가 처음에 아무런 정보를 갖지 않은 상황에서 네트워크가 공격을 받았을 것이라고 막연히 예측한 확률은 50%이고, 실제로 트래픽의 양을 조사해서 트래픽의 양이 평균치보다도 많았다는 것을 알았을 때, 그 네트워크가 공격을 받았을 확률이 64.3%라는 것이므로 우리가 어떤 현상에 대하여 구체적인 정보를 가지느냐, 가지지 않느냐에 따라 그 사건이 일어날 확률의 값의 정확도가 달라짐을 알 수 있다. 특히 두 사건 사이에 상호 연관성이 있을 때 한 가지 사건의 발생 여부에 대한 정보를 가짐에 따라 우리가 예측할 수 있는 확률의 값이 바뀐다(구체적으로 말하면, 훨씬 커짐)는 사실을 알 수 있다. 이것이 베이즈의 공식이 가지는 중요한 의미이다.

예제 3.7

이 문제는 1990년대 말 필자가 살았던 대전 둔산동의 아파트에서 일어난 실화를 바탕으로 만든 것이다. 그 아파트는 다음의 그림과 같이 학교와 바로 담 하나를 사이에 두고 있었는데 학생들이 아파트의 담을 둘러가는 길(그림에서 쪽문이 없을 때의 등교길)을 두고 굳이 아파트와 학교 사이에 자연적으로 만들어진 일명 '개구멍'을 통하여 등교를 하는 일이 빈번하게 되었다.

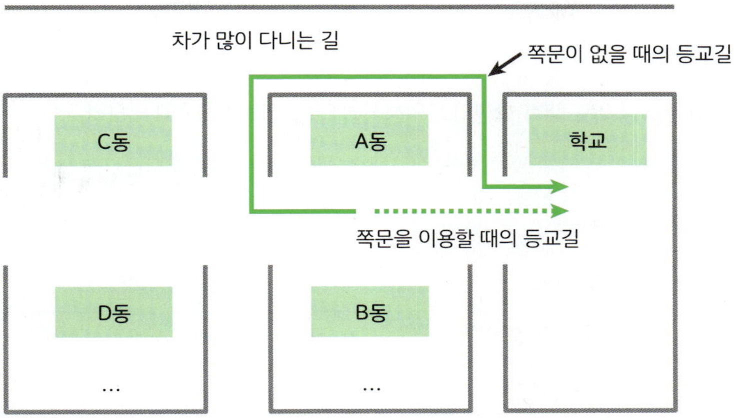

그래서 아파트 관리사무소는 학생의 안전과 등교의 효율성을 위해 아파트와 학교 사이에 쪽문을 내는 것이 낫다는 생각을 하고 쪽문을 내었다. 그런데 막상 쪽문을 만들고 나니 학교에서 조금 떨어진 다른 동에 사는 학부모들이 차로 아이를 태워다가 그 쪽문이 있는 A, B동의 건물 출입구 앞의 도로에 아이를 내려주게 되고 그로 인하여 그 동에 사는 사람들이 출근하는 데 교통이 혼잡해지는 일이 생겼다. 그래서 쪽문이 있는 해당 동 주민 사이에 쪽문을 다시 폐쇄해야 한다는 의견이 나왔고 이 문제를 주민투표를 통해 결정하기로 하였다. A, B동에 사는 전체 가구 중 학부모의 비율은 70%인데 주민의 의견을 조사한 결과 학부모의 90%와 학부모가 아닌 사람의 10%는 쪽문을 그대로 두는 것에 찬성하였다. 이때 이 동에 살고 있는 주민을 선택하여 의견을 물어보았을 때 그 주민이 쪽문을 그대로 두는 것에 찬성하였다고 한다면 그 주민이 학부모가 아닐 확률은 얼마일까?

풀이

선택된 주민이 학부모일 사건을 P라 하고 쪽문 개방을 찬성할 사건을 O라고 하자. 그러면 위의 문제는 $P(P^C \mid O)$를 구하는 것이다. 따라서 베이즈의 정리를 이용하면 다음과 같다.

$$P(P^C \mid O) = \frac{P(P^C) \times P(O \mid P^C)}{P(P) \times P(O \mid P) + P(P^C) \times P(O \mid P^C)}$$

$$= \frac{0.3 \times 0.1}{0.7 \times 0.9 + 0.3 \times 0.1} = \frac{0.03}{0.66} = \frac{1}{22} = 0.045$$

이 사실로부터 알 수 있는 것은 그 아파트에 살고 있는 대다수의 비학부모는 쪽문을 내는 것을 원하지 않는다는 이야기이다.

문제 3.5

아래와 같이 주어진 어느 대학 학생의 토익성적에 대해서 다음 물음에 답하라.

토익점수	학년				
	1	2	3	4	합계
600점 미만	50	30	15	5	100
600점 이상~800점 미만	30	48	62	60	200
800점 이상	20	22	23	35	100
합계	100	100	100	100	400

(1) 800점 이상의 학생 중 한 명을 선택하였을 때 그 학생이 4학년 학생일 확률을 베이즈의 식을 이용해서 계산하라.

(2) 학생 한 명을 임의로 선택하였을 때 그 학생이 4학년 학생일 확률을 구하라.

(3) 위의 두 결과를 비교하여 그 값이 같은지 아니면 다른지를 판별하고 그 이유를 논하라.

문제 3.6

학과 대표를 뽑기로 했다. 세 명의 후보가 나왔는데 사전 여론조사를 해보니까 '나대로'가 당선될 확률은 50%, '이버내'가 당선될 확률은 30%, '고비용'이 당선될 확률은 20%라고 한다. 그런데 나대로, 이버내, 고비용이 학과 대표가 되었을때 학과비가 오를 확률이 각각 70%, 50%, 40%로 알려졌다. 선거가 끝난 뒤 학과 사무실에 붙은 공고를 보니 학과비가 인상되었다(학생들의 반응: 으흐흑 우째 이런 일이…). 고비용이 학과 대표로 선출될 확률은 얼마인가?

연습문제

1. 대학생의 30%가 지나친 음주로 인하여 간에 이상이 있다고 하자. 초음파 검진을 하면 간에 이상이 있는 경우 90%는 이상 반응을 나타내고 그렇지 않은 경우에도 10%의 확률로 이상 반응을 보인다. 한 학생을 택하여 간 검사를 해보니 이상 반응이 나왔다고 할 경우 실제로는 간에 이상이 없을 확률은 얼마인가?

2. 어떤 가게에서 개점 기념 행사를 벌였는데 경품으로 한 명에게 자전거 한 대와 사은품으로 10명에게 USB 메모리 1개씩을 준다고 한다. 단, 경품과 사은품은 별도로 추첨하므로 한 사람이 둘 다 받을 수도 있다. 그래서 나러키군도 행사에 참가하였다. 그날 경품과 사은품에 응모한 사람이 각각 100명이었다고 하면 나러키가 경품과 사은품을 모두 받을 확률은 얼마인가?

3. 어느 게임 아이템을 업그레이드하는데 업그레이드를 반복할수록 성공 확률이 떨어진다고 한다. 처음 업그레이드할 때는 성공 확률이 90%이고, 두 번째 업그레이드할 때는 성공 확률이 70%이고, 세 번째 업그레이드할 때는 성공 확률이 30%라고 한다. 이때 여러분이 처음 두 번째까지는 업그레이드에 성공하였지만, 세 번째 업그레이드에서 실패할 확률은 얼마인가?

4. 어느 자격시험에서 30%는 최초 응시자이고 나머지는 응시 경험이 한 번 이상 있는 사람이다. 첫 응시자의 합격률은 60%이고 응시 경험이 있는 사람의 합격률은 80%이다. 이때 자격증 취득에 성공한 사람을 하나 선택하였을 때 이 사람이 첫 응시자일 확률을 구하라.

5. 중국 음식점에서 우동에 랩을 씌우는 A회사 및 B회사의 기계를 각각 한 대씩 도입하였다. 종업원은 두 기계를 임의로 사용하는데 A회사 및 B회사의 기계를 사용할 확률이 각각 60%와 40%이다. 기계를 사용하여 랩을 씌우면 가끔 국물이 새는데 A 및 B 회사의 기계에 대하여 국물이 샐 확률이 각각 1%와 2.5%라고 하자. 배달된 우동이 국물이 샜다고 할 때 그 우동이 B회사가 만든 기계로 포장되었을 확률은 얼마인가?

6. 100원을 넣고 손잡이를 돌리면 구슬동자가 나오는 기계가 있다. 그 기계 안에는 파란 옷을 입은 구슬동자가 3명, 빨간 옷을 입은 구슬동자가 6명 들어있다. 한 어린이가 이 기계를 보고 빨간 옷을 입은 구슬동자가 갖고 싶어졌다. 그래서 그는 돈 300원으로 세 번에 걸쳐서 구슬동자를 뽑았는데 모두 파란 옷을 입은 구술동자만 나올 확률은 얼마인가?

연습문제

7. 필자의 확률론 강의에 40명의 학생이 수업을 들었다. 20%의 학생이 A학점을 받았는데 그중에서 60%가 남학생이며 A학점을 받은 남학생의 80%가 예비역이다. 이때 임의로 뽑은 한 학생이 A학점을 받은 예비역 남학생일 확률은 얼마인가?

8. 볼트를 만드는 공장에서 두 대의 기계 A와 B가 전체 생산량의 40%와 60%를 만든다. 그리고 각 기계가 만든 제품의 불량률은 기계 A와 B에 대하여 각각 5%와 3%이다. 이때 두 기계로부터 만들어진 볼트를 하나의 상자에 넣는다면 상자에서 임의의 하나의 볼트를 끄집어내었을 때 그 제품이 불량일 확률은 얼마인가?

9. 어느 산골 마을에 양치기 소년이 양을 치면서 평화롭게 살고 있었다. 그 산에는 늑대 한 마리가 살고 있는데 그 늑대가 약간 우울증이 있어서 맑은 날에는 이 산 저 산을 뛰어다니면서 노느라고 양을 잡아먹으러 목장으로 내려올 확률이 10%인 반면 비가 오거나 흐린 날에는 30%나 된다. 그런데 그 산골 동네는 비가 오거나 흐릴 확률이 70%, 맑을 확률은 30%라고 한다. 어느 날 양치기 소년이 스마트폰에 정신을 판 사이에 어린 양 한 마리가 늑대에게 잡혀갔다. 그날 날씨가 흐렸을 확률은 얼마인가?

10. 두 개의 주사위를 던지는 실험에서 E를 앞의 눈이 1이 나올 사건, F를 두 눈의 합이 6일 사건, 그리고 G를 두 눈이 다 홀수일 사건이라고 할 때, 다음의 관계식이 성립하는지 아닌지를 판정하고 그 결과가 의미하는 바를 기술하라.

$$P(EG \mid F) = P(E \mid GF) \times P(G \mid F)$$

11. 어느 도로에서 심야에 승용차에 의한 뺑소니 사고가 발생했다. 목격자의 말에 의하면 뺑소니 차는 흰색이라고 했다. 그런데 심야에 흰색과 회색에 대해서 사람이 색을 정확하게 식별할 확률은 70% 정도이다. 사고가 난 시각 전후에 그 도로를 지나간 흰색과 회색 승용차가 각각 60대와 40대 있다고 할 때 실제로 뺑소니 차가 회색일 확률은 얼마일까?

CHAPTER

4

확률변수

CONTENTS

ABSTRACT

제4장은 이 책에서 가장 핵심적인 내용을 다룬다. 따라서 내용이 약간 많고 수식이 많이 나오는데 이야기의 진행에 필요한 경우에만 수식을 동원할 예정이니 인내심을 가지고 읽어보기 바란다.

이 장에서는 확률변수와 확률분포함수, 그리고 확률밀도함수에 대해서 알아본다. 이어서 연속확률변수와 이산확률변수에 대해서 알아보고 우리 주변에서 중요한 물리적 의미를 가지는 몇 가지 확률변수에 대하여 특징을 관찰하며, 이들에 대하여 밀도함수 및 분포함수를 구하는 방법을 소개한다. 이어서 최근 많은 관심을 가지는 긴 꼬리분포 확률변수에 대해서 소개한다.

1. 확률변수와 확률함수

1.1 확률변수

확률변수(確率變數, random variable)란 확률실험에서 임의의 확률을 가지고 일어나는 사건을 구체적으로 정의하는 변수이다. 여기서 '구체적'이라고 굳이 명기한 이유는 사건을 오해의 소지가 없도록 명확하게 정의한다는 의미이다. 예를 들어 보통 사람들은 정육각형 주사위를 던졌을 때 나올 수 있는 값은 1에서 6 사이의 정수라고 생각할 것이다. 그러나, 시중에는 주사위의 눈이 0에서 5까지 적혀있는 정육각형 주사위도 있다(그림 1.1 참조). 이 경우 주사위를 던져서 나올 수 있는 확률변수의 값은 0에서 5 사이의 값이다. 단, 이 책에서 주사위라고 하면 1에서 6 사이의 값을 가진다고 가정한다.

그래서 정육각형의 주사위를 던질 때마다 어느 숫자가 나올 확률은 1/6이고 매 실험마다 얻을 수 있는 변수의 값이 다르다. 즉, 주사위를 던지면 반드시 특정 숫자만 계속해서 나오지 않고 1부터 6 사이의 숫자가 임의로(random) 나오는데 던지는 실험을 아주 많이 반복하면 각 숫자는 대략 1/6의 확률을 가지고 나타난다.

아래의 표는 주사위 던지기를 여러 번 반복하였을 때 나온 결과와 그 결과를 확률변수로 지정하는 두 가지 방법을 나타낸 것이다.

표 4.1 주사위 던지기 실험과 확률변수

시행횟수	1	2	3	4	…
눈의 값	6	3	2	5	…
확률변수 X = 눈의 값	$X_1 = 6$	$X_2 = 3$	$X_3 = 2$	$X_4 = 5$	…
확률변수 $Y = X^2$	$Y_1 = 36$	$Y_2 = 9$	$Y_3 = 4$	$Y_4 = 25$	…
확률	1/6	1/6	1/6	1/6	…

표 4.1에서 보듯이 확률변수 X에 대하여 X_i는 i번째 던진 주사위의 눈의 값을 나타낸다. 첫 번째 던지기에서는 6의 눈이 나왔으므로 $X_1=6$이다. 주사위를 n번 던지면 각 시행마다 1부터 6까지의 눈이 나올 수 있으므로 X_n은 1부터 6까지 중 어느 한 수가 될 것이다.

한편 확률변수 Y에 대하여 $Y=X^2$이라고 정의하자. 그러면 Y_i는 i번째 던진 주사위의 눈의 제곱값을 나타내는 것인데 세 번째 던지기에서는 2가 나왔으므로 $Y_3=4$이다. 이 실험을 n번 반복하면 Y_n은 각 n에 대해서 1에서 6까지 수의 제곱값을 가지는 1, 4, 9, 16, 25, 36 중의 어느 한 수가 지정될 것이다. 따라서 같은 실험을 하더라도 확률변수를 정의하는 방법에 따라서 서로 다른 값의 확률변수를 얻는다. 그리고 각 실험의 결과가 나타날 확률은 모두 1/6이다.

일반적으로 확률변수는 아래의 두 가지 특징을 가지고 있다.

① 변수가 가지는 값이 확률을 내포하고 있고 같은 조건에서 실험을 반복해도 그 사건이 일어날 확률은 같다.

② 어떤 사건이든지 확실하게 일어나지 않고 임의적(任意的, random)으로 일어난다. 동전 던지기를 반복할 경우 그동안 앞면이 아무리 많이 나왔다고 하더라도 그 다음에 앞면이 나올 확률은 0.5이다. 그래서 확률변수를 랜덤변수(random variable)라고 부른다.

예제 4.1

동전을 두 번 던지는 실험에서 앞면이 나오는 횟수를 X라고 정의할 때 다음 물음에 답하라. 단, 던지는 순서도 고려한다.

(1) X가 가질 수 있는 값을 정의하라.

(2) X에 대하여 확률을 구하라.

풀이

(1) 두 번의 동전 던지기에서 나올 수 있는 경우는 (앞,앞), (앞,뒤), (뒤,앞), (뒤,뒤)이며 앞면 혹은 뒷면이 나올 횟수 X는 0,1,2이다.

(2) X의 각 값에 대한 확률은 다음과 같다.

$$P(X=0)=\frac{1}{4}, P(X=1)=\frac{1}{2}, P(X=2)=\frac{1}{4}$$

문제 4.1

세 번의 동전 던지기 실험에서 앞면이 나올 횟수를 X라고 할 때 다음 물음에 답하라. 단, 던지는 순서도 고려한다.

(1) X가 가질 수 있는 값을 정의하라.

(2) X에 대하여 확률을 구하라.

우리 주변에서 볼 수 있는 확률적 사건은 강수량, 온도, 혈압, 주가, 환율, 수출 및 수입량 등 무수히 많다. 확률변수의 값은 유리수, 정수, 기호, 문자 등 다양하게 표시할 수 있는데 예를 들면 온도는 34.6℃, 사람의 키는 174.6cm, 주가는 1892.36 등 보통 실수로 표시한다. 이처럼 실험의 결과를 실수로 나타낼 수 있는 확률변수를 연속확률변수(連續確率變數, continuous random variable)라고 한다.

한편, 강수량은 122mm, 혈압은 133/82, 수출/수입량은 212억/289억 달러 등 자연수로 표시한다. 윷놀이에서 얻어지는 확률변수는 도, 개, 걸, 윷, 모인데 도, 개, 걸, 윷, 모를 정수 1, 2, 3, 4, 5로 표시할 수도 있다. 이처럼 실험의 결과를 정수로 나타낼 수 있는 확률변수를 이산확률변수(離散確率變數, discrete random variable)라고 한다.

종합하면 확률변수의 값을 셀 수 있으면 이산확률변수이고 그렇지 않으면 연속확률변수이다. 이들 두 변수에 대해서는 뒤에서 자세히 다루기로 한다.

1.2 확률함수

이번에는 확률변수의 함수, 즉 확률함수에 대하여 알아보자. 확률을 이야기할 때 우리가 궁금해하는 것은 어떤 사건이 일어날 확률의 값을 아는 것인데 이때 반드시 등장하는 함수는 확률분포함수와 확률밀도(혹은 확률질량)함수이다. 여기서 뒤의 함수를 '확률밀도(혹은 확률질량)함수'로 표시한 이유는 확률변수가 연속치 혹은 이산치를 가지느냐에 따라서 전자를 확률밀도함수라고 부르고 후자를 확률질량함수라고 부른다.

먼저 확률분포함수에 대해서 알아보고 이어서 확률밀도함수에 대해서 알아본다.

(1) 확률분포함수

확률분포함수(確率分布函數, probability distribution function, 이하 PDF, 확률분포함수의 약어는 반드시 대문자로 표기함)는 확률실험을 하였을 때 확률변수가 표본공간 내에서 가지는 여러 경우의 값에 대한 확률 값을 '누적해서' 나타내는 함수이다. 여기서 '누적한다'는 사실에 특히 주의해야 한다.

확률분포함수는 줄여서 '분포함수(distribution function)'라고 부르는데 지금부터는 두 용어를 혼용하기로 한다.

확률분포함수를 나타내는 그래프에서는 x축을 숫자 또는 문자로 나타내고 y축을 0에서 1 사이의 유리수 값으로 나타낸다. 확률분포함수는 바로 위에서도 이야기하였듯이 확률변수 X가 임의의 값 x보다 작거나 같은(즉, 크지 않은) 누적값을 가질 확률이다. 즉, 확률분포함수는 다음과 같이 정의한다.

$$\text{확률변수 } X\text{의 확률분포함수} = P(X \le x)$$

분포함수는 함수(function)의 첫 글자를 따서 $F(x)$(F를 대문자로 표시함에 주의!)로 나타낸다. 즉, 확률변수 X의 분포함수를 다음과 같이 표기한다.

$$F(x)=P(X\leq x)$$

위의 식에서도 볼 수 있듯이 확률변수 X가 $[-\infty, \infty]$에서 정의된다고 가정할 때 분포함수는 확률변수 X가 $-\infty$에서부터 x의 값 사이에 있을 누적확률이므로 엄격히 말하면 이를 누적분포함수(累積分布函數, cumulative distribution function)라고 불러야 하지만 편의상 '분포함수'라고 부른다. 예제를 통하여 분포함수의 물리적 의미를 알아보자.

예제 4.2

주사위 던지기에서 얻는 눈의 수를 확률변수 X라고 정의할 때 X에 대하여 확률분포함수를 구하고 그래프로 나타내라.

풀이

X는 [1,6] 사이의 값을 가지고 각 눈이 나올 확률은 1/6이므로 분포함수는 다음과 같다.

$$F(x)=P(X\leq x)=\frac{x}{6},\ (\text{단}, x=1,\ 2,\ \cdots\ 6)$$

오른쪽 그림에서 보듯이 분포함수의 그래프는 계단함수이며 x가 1 늘어날 때마다 1/6씩 증가하여 x가 6이 되면 분포함수의 값은 1이 된다. 즉, 주사위 던지기에서 모든 사건이 일어날 확률은 1이다.

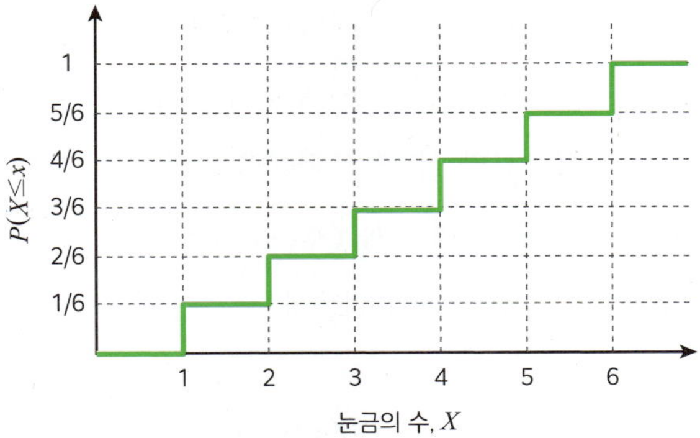

문제 4.2

구별 불가능한 동전을 두 개 던지는 실험에서 앞면이 나올 횟수를 X라고 정의할 때 X에 대하여 분포함수를 구하고 그래프로 그려라.

확률분포함수의 성질

확률분포함수는 몇 가지 특징을 가지고 있는데 다음과 같다.

① $F(x)$는 x에 대해 단순증가함수이다. 즉, $x \le y \rightarrow F(x) \le F(y)$이다. 이는 $F(x) = P(X \le x)$로 정의된 것으로부터 자명하다.

② 모든 x에 대하여 $0 \le F(x) \le 1$이고 $\lim_{x \to \infty} F(x) = 1$이다. 한편, $\lim_{x \to -\infty} F(x) = 0$이다.

③ 확률변수 X가 가지는 값 $[x,y]$에 대하여 다음의 관계가 성립한다. 단, 아래의 식에서 등호가 어디에 붙어있는지 주의할 필요가 있다.

$$P(x < X \le y) = P(X \le y) - P(X \le x) = F(y) - F(x)$$

한편, 분포함수의 정의가 확률변수가 가지는 값의 누적함수라고 한다면 그 반대편을 정의하는 함수도 존재하는데 그것에 대하여 알아보자. 확률변수 X의 분포함수는 확률변수가 가지는 값이 x보다 크지 않을 누적확률이므로 그 반대편은 확률변수가 가지는 값이 x보다 클 모든 확률을 더한 값이 되는데, 이것을 꼬리분포함수(tail distribution function)라고 하며 보통 $Q(x)$로 표기한다. 즉, 확률변수 X가 어떤 임계치 x보다 더 클 확률을 다음과 같이 정의한다.

$$Q(x) = P(X > x) = 1 - P(X \le x) = 1 - F(x)$$

아래의 그림은 $F(x)$와 $Q(x)$ 사이의 관계를 나타낸 그림이다. 단, 그림에서 $f(x)$는 확률밀도함수인데 뒤에서 정의하기로 한다.

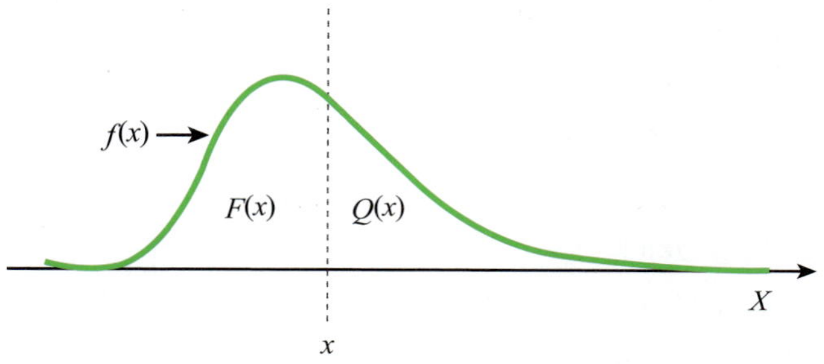

그림 4.1 분포함수와 꼬리함수의 관계

한편, 확률변수의 분포함수는 임계치의 상한을 포함하여 정의하는데 어떤 경우에는 그 상한을 포함하지 않고 나타내고 싶을 때도 있을 것이다. 이처럼 누적확률분포에서 상한치를 포함하지 않은 함수는 다음과 같이 표현한다.

$$F(a^-)=P(X<a)$$

마지막으로 확률변수 X가 어떤 하나의 값(예를 들어 $X=a$)을 가질 점확률(点確率, point probability)을 알고 싶을 경우도 있을 것이다. 점확률은 다음과 같이 나타낸다. 여기서도 등호가 어디에 붙어있는지 주의할 필요가 있다.

$$P(X=a)=P(X\leq a)-P(X<a)=F(a)-F(a^-)$$

예제 4.3

확률변수 X의 분포함수 $F(x)$가 다음과 같이 정의될 때 아래의 물음에 답하라.

$$F(x)=\begin{cases}0, x<0\\ x, 0\le x<0.5\\ \frac{2}{3}, 0.5\le x<2\\ 1-2^{-x}, x\ge 2\end{cases}$$

(1) $F(x)$의 그래프를 그려라.

(2) $P(0<X\le 0.5)$를 계산하라.

(3) $P(X>0.5)$를 계산하라.

(4) $P(X=1)$를 계산하라.

(5) $P(X=2)$를 계산하라.

풀이

(1) $F(x)$의 그래프는 x가 가지는 값의 각 구간에 대하여 다음과 같다. 단, 다음 그래프에서 직선 및 곡선의 좌측에 표시된 검은 점은 그 점이 가리키는 x값에 대하여 $F(x)$의 값을 포함하는 것을 나타내고 우측은 포함하지 않는 것을 나타낸다.

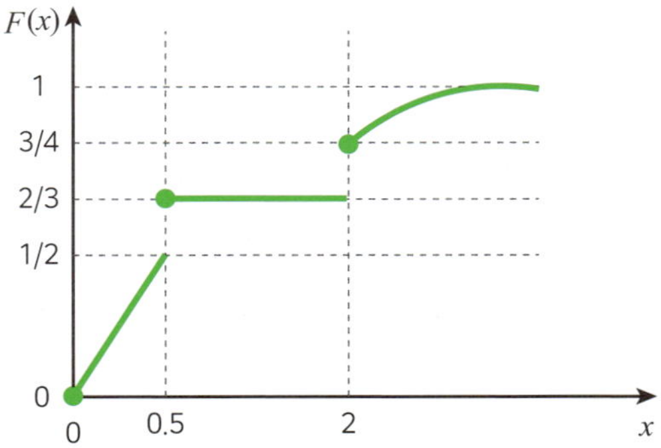

(2) $P(0<X\le 0.5)=F(0.5)-F(0)=2/3-0=2/3$

(3) $P(X>0.5)=1-P(0<X\le 0.5)=1-2/3=1/3$

(4) $P(X=1)=F(1)-F(1^-)=0$

(5) $P(X=2)=F(2)-F(2^-)=3/4-2/3=1/12$

(2) 확률밀도함수

확률밀도함수(確率密度函數, probability density function, 이하 pdf, 확률밀도함수는 반드시 소문자 pdf로 표시함)란 확률변수가 특정한 값을 가질 확률을 나타내는 함수이다. 그런데 확률변수가 실수(real number)로 표시되는 경우 그 값은 무한히 세분될 수 있으므로 딱히 어느 지점을 찍어서 하나의 값이라고 말하기가 곤란하다. 따라서 확률밀도함수의 보다 더 정확한 정의는 '확률변수가 특정한 값의 주변에 위치할 확률'이다.

그런데 여기서 한 가지 짚고 넘어가야 할 것이 있는데 우리가 지금 이야기하는 확률변수는 실수의 값을 가지므로 확률밀도함수는 연속확률변수에 대하여 정의하는 개념이다. 즉, 예제 4.3에서와 같이 확률변수가 실수의 값을 가지는 경우에 대해서 확률밀도함수를 정의한다.

반면에 확률변수가 위의 예제 4.2에서와 같이 정수의 값을 가지는 경우(바로 뒤에서 다루겠지만 이 경우를 이산확률변수라고 함)에는 확률질량함수라는 개념으로 정의한다.

확률밀도함수의 값이 0인 이유

다시 확률밀도함수의 이야기로 돌아와서 확률밀도함수는 확률변수에 대해서 정의된 분포함수에서 그 변수가 어느 한 점의 주변에 있을 확률 값이므로 한 점의 주변을 잘게 계속 쪼개어도 역시 그 사이에 틈이 존재하므로 정확히 어느 한 값을 가진다고 할 수 없다. 그래서 확률밀도함수의 값은 확률분포함수에 대하여 아주 작은 미소구간에 대한 변화율을 구함으로써 계산할 수 있다. 이때 미소구간을 0으로 접근시키면 확률변수가 특정한 값을 가지는 것과 같게 되는데 이와 같은 이유에서 확률밀도함수라고 한다.

확률밀도함수는 일반적으로 소문자 $f(x)$라고 표시하는데 위에서 정의한 것처럼 확률변수의 미소변화에 대한 분포함수의 변화율로 다음과 같이 정의한다.

$$f(x) = \lim_{\delta \to 0} \frac{F(x+\delta) - F(x)}{\delta}$$

위의 식에서 δ가 0으로 수렴한다는 것이 미소구간을 나타낸다는 것을 이해하기 바란다. 그런데 위의 식에서 우측의 항은 $F(x)$의 x에 대한 미분이므로 위의 식을 다음과 같이 나타낸다.

$$f(x) = \frac{dF(x)}{dx}$$

위의 식에서 좌우변을 정리하면 다음과 같다.

$$f(x)\,dx = dF(x) = P(x < X \le x + dx)$$

한편, $f(x) = \dfrac{dF(x)}{dx}$에 대하여 $x = a$의 주변에서 다음의 관계가 성립한다.

$$f(a) = \frac{dF(x)}{dx} \mid x = a$$

따라서 확률밀도함수는 확률분포함수를 미분한 것이다.

확률밀도함수는 다음의 성질을 가진다. 단, 증명은 확률의 공리로부터 자명하므로 생략한다.

① $f(x) \ge 0, -\infty < x < \infty$: 확률밀도함수는 양의 함수이다.
② $\int_{-\infty}^{\infty} f(x)\,dx = 1$: 확률밀도함수를 모든 구간에 대해서 더하면 1이 된다.
③ $F(x) = \int_{-\infty}^{x} f(u)\,du$: 확률밀도함수를 누적하면 분포함수가 된다.
④ $P(x_1 < X \le x_2) = \int_{x_1}^{x_2} f(u)\,du$: 확률변수가 어느 구간 사이의 값을 가질 확률은 그 구간에 대한 밀도함수의 적분으로 구할 수 있다.

확률밀도함수를 보는 관점에는 두 가지가 있다.

① 물리적 측면에서 확률밀도함수는 확률변수가 가지는 확률의 값이다. 즉, $f(x)$는 X가 임의의 값 x의 근처에 머물 확률과 같으므로 $f(x)$는 확률변수 $X=x$인 확률이다.

② 수학적으로는 확률밀도함수 $f(x)$가 확률변수 $X=x$인 확률이 아니다. 즉, $f(x) \neq P(X=x)$이다. 왜냐하면, 연속확률변수의 확률밀도함수는 연속함수인데 이 경우 $P(X=x)=F(x)-F(x^-)=0$이기 때문이다.

문제 4.3

확률변수 X에 대하여 $pdf\ f(x)$를 다음과 같이 정의할 때 다음의 물음에 답하라.

$$f(x) = \begin{cases} \beta x^2, 0 < x < 2 \\ 0, else \end{cases}$$

(1) 위의 확률밀도함수에서 β의 값을 구하라.

(2) $F(x)$를 구하라.

(3) $P(1 < X < 2)$를 계산하라.

(4) $X = 1$일 확률은 얼마인가?

2. 연속확률변수

연속확률변수(連續確率變數, continuous random variable)는 확률변수가 가지는 값이 연속량인 실수로 정의된다. 연속확률변수로는 눈금이 연속적으로 표시되는 기가로 측정한 물건의 길이, 무게, 사람의 키, 시간, 개수로 셀 수 없는 모든 물건의 양 등 헤아릴 수 없이 많다.

여러분의 집 앞을 지나가는 100번 버스가 있다고 했을 때 이 버스는 차고지(車庫地)에서 매 3분에 한 대씩 일정한 간격으로 출발한다고 가정하자. 그런데 이 버스가 여러분의 집 앞까지 오는 도중에 신호등, 손님의 과다, 교통사정 등 다양한 원인으로 인하여 차고지에서 여러분의 집 앞까지 오는데 걸리는 시간이 차마다 각기 다를 수 있으므로 여러분이 차를 자주 이용해 보면 같은 번호의 버스가 여러분의 집 앞을 지나가는 간격이 일정하지 않을 것이다. 어느 날 아침 8시부터 9시까지 지나간 100번 버스의 시간 간격을 측정해 본 결과 1분 30초, 2분 43초, 5분 8초, 3분 15초, 10분 22초, 4분 20초 등 다양한 값을 가진다고 하자. 이 경우 관측의 시간 단위를 분으로 바꾸면 버스가 지나간 간격은 1.5, 2.72, 5.13, 3.25, 10.37, 4.55분과 같이 실수의 값을 가진다. 그리고 이렇게 며칠간 그 차의 도착 간격을 조사해보면 지나간 간격이 임의의 상한과 하한 사이의 거의 모든 값을 가짐을 알 수 있다. 이와 같은 확률변수를 연속확률변수라고 한다.

확률밀도함수의 성질

연속확률변수의 확률밀도함수는 다음과 같이 몇 가지 성질을 가진다.

① $P(X=x)=\int_x^x f(u)\,du=0$. 즉, 확률변수가 특정한 값을 가질 확률은 0이다. 우리의 몸무게를 예로 들자. 여러분의 몸무게는 얼마인가? 60kg? 과연 정확하다고

자신할 수 있는가? 만약 눈금을 10g 단위로 표시한 저울에 여러분이 올라가면? 여러분의 몸무게는 6만 40g일 수도 있다. 그런데 더 정밀한 눈금의 저울을 가지고 측정하면 또 어떻게 될까? 6만 37g? 좀 더 정확한 눈금으로 측정하면? 6만 36.8g··· 이렇게 계속 눈금을 줄여가면? 따라서 측정한 값은 표시 가능한 척도의 단위에 따라 무수히 많은 더 정밀한 값으로 표시할 수 있으므로 정확하게 정수로 표시할 수 없다. 이와 같은 주장을 뒷받침하는 이론이 있는데 그것은 '제논의 역설'이라는 것이다. 우리가 화살을 쏘면 화살은 시위를 벗어난 후 목표물을 향하여 날아간다. 그런데 성능이 아주 좋은 카메라로 아주 조밀한 시간 단위로 계속 사진을 찍어서 화살이 시위로부터 목표물까지 날아가는 궤적을 추적해 보자. 그러면 논리적으로는 분절 구간(화살이 날아간 거리를 촬영한 횟수로 나눈 값)이 0에 근접하여서 화살은 전혀 진행하지 않은 것처럼 보인다. 그러나 화살은 앞을 향하여 나아가서 목표물에 도착한다. 이것을 제논의 역설이라고 한다. 연속확률변수에 대해서 확률밀도함수를 그래프로 그리면 확률변수의 하나의 값은 그래프상에서 단지 하나의 점에 불과하기 때문에 점의 폭이 0이라면 그 점이 가지는 값이 존재하지 않는다. 따라서 연속확률변수에 대해서는 확률변수 X가 가지는 확률 값을 다르게 정의할 필요가 있다. 다음 식이 이것을 나타낸 것이다. 먼저 구간확률의 정의로부터 다음의 식이 성립한다.

$$P(x < X \leq x + \varDelta x) = \int_{x}^{x+\varDelta x} f(u)\,du \approx f(x)\,\varDelta x$$

위 식의 좌우항을 정리하면 다음의 식을 얻는다.

$$f(x) = \frac{1}{\varDelta x} P(x < X \leq x + \varDelta x)$$

위의 마지막 관계식을 통하여 우리는 확률밀도함수 $f(x)$가 확률변수 X가 가지는 확률의 값이 아니라 $f(x)\Delta x$가 충분히 작은 Δx에 대하여 확률변수 X가 가지는 값이 x의 근처에 있을 가능성을 나타내는 값임을 알 수 있다.

② $P(x_1 < X \le x_2) = \int_{x_1}^{x_2} f(u)du = F(x_2) - F(x_1)$. 즉, 확률변수 X가 임의의 두 값 (x_1, x_2) 사이에 있을 확률을 확률분포함수로 나타낼 수 있다.

③ $P(a < X \le b) = P(a \le X < b) = P(a < X < b) = P(a \le X \le b)$: 이 식은 식①로부터 자명하다.

우리 주변에서 가장 널리 사용되는 연속확률변수로는 균등분포 확률변수, 지수분포 확률변수와 정규분포 확률변수이며 지금부터는 이 세 가지 확률변수에 대해서 알아보자.

2.1 균등분포 확률변수

균등분포 확률변수(均等分布確率變數, uniformly distributed random variable)는 표본공간 내에서 정의된 구간에 대해 확률변수의 밀도함수가 모두 같은 값을 가지는 것을 말한다. 그래서 일본에서는 이찌요우분뿌(一様分布) 확률변수라고도 부른다. 균등분포 확률변수는 $X \sim U(a, b)$라고 나타내며, 여기서 U는 uniform을 의미한다.

$[a, b]$ 사이의 값을 가지는 균등분포 확률변수 X는 다음과 같은 pdf를 가진다.

$$f(x) = \begin{cases} \frac{1}{b-a}, a \le x \le b \\ 0, else \end{cases}$$

한편, 균등분포 확률변수의 분포함수는 다음과 같다.

$$F(x) = \int_{-\infty}^{x} f(u)du = \int_{a}^{x} \frac{1}{b-a} du = \begin{cases} 0, x \le a \\ \frac{x-a}{b-a}, a < x < b \\ 1, x \ge b \end{cases}$$

이 식에서 보듯이 균등분포 확률변수의 분포함수는 정의 구간 내에서 선형적으로 증가한다.

예제 4.4

균등분포 확률변수 X에 대하여 다음 물음에 답하라.

(1) $(a,b) = (0,10)$일 때 이 확률변수의 확률밀도함수와 확률분포함수를 구하고 그래프로 그려라.

(2) $P(X < 5)$를 계산하라.

(3) $P(3 < X < 7)$을 계산하라.

풀이

(1) 확률변수 X가 $U(0,10)$인 균등분포를 따르므로 확률밀도함수는 다음과 같다.

$$f(x) = \begin{cases} \frac{1}{10}, 0 \le x \le 10 \\ 0, else \end{cases}$$

확률밀도함수는 다음과 같이 나타낸다.

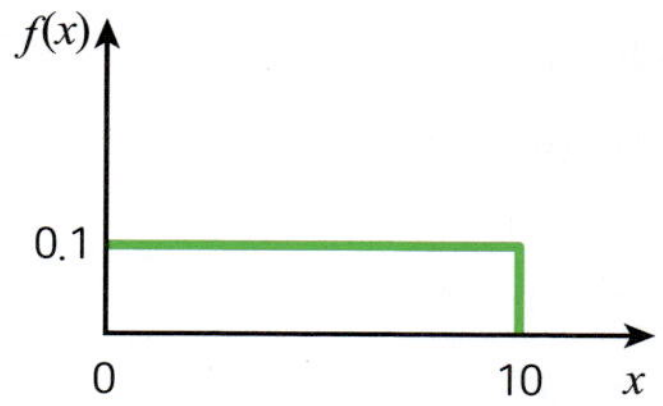

확률분포함수는 정의에 의하여 다음과 같다.

$$F(x) = \int_{-\infty}^{x} f(u)du = \int_{0}^{x} \frac{1}{10} du = \begin{cases} 0, x < 0 \\ \frac{x}{10}, 0 \le x < 10 \\ 1, x \ge 10 \end{cases}$$

확률분포함수의 그래프는 다음과 같다.

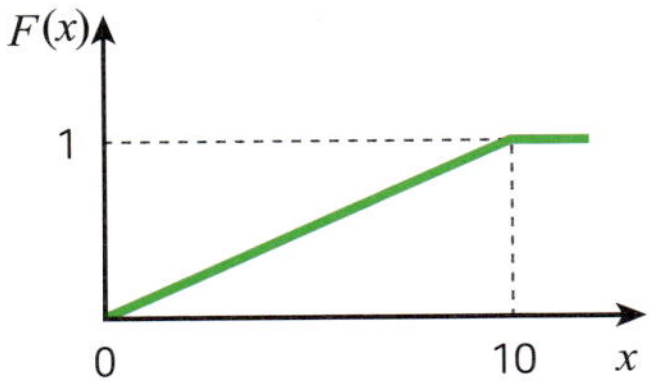

(2) $P(X<5)=F(5)=\frac{5}{10}$

(3) $P(3<X<7)=F(7)-F(3)=\frac{4}{10}$

문제 4.4

우리 주변에 균등분포를 따르는 확률변수로서 어떤 것이 있는지 예를 들어보자.

문제 4.5

아날로그-디지털 변환장치(analog-to-digital converter)는 입력으로 들어오는 아날로그 신호를 양자화(量子化, quantization)한 다음 그 값을 디지털 신호로 바꾸어 출력하기 위하여 주어진 연속적인 신호의 값을 Δ의 크기를 단위로 하는 값으로 양자화한다. 양자화 신호의 오차(실제 신호의 값-양자화된 신호의 값)가 나타내는 값이 균등확률변수라고 할 경우 아래 물음에 답하라.

(1) 아래의 그림과 같이 반올림하여 양자화할 경우 오차의 pdf를 구하라.

(2) 좌측의 그림에 대하여 올림하여 양자화할 경우 오차의 pdf를 구하라.

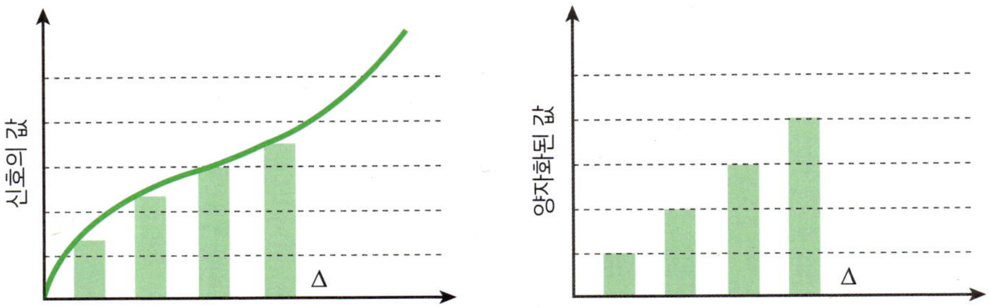

2.2 지수분포 확률변수

지수분포 확률변수(指數分布確率變數, exponentially distributed random variable)는 확률변수가 매개변수(媒介變數, parameter) λ를 가지는 다음과 같은 지수함수(指數函數, exponential function)로 표시되는 확률밀도함수(pdf) $f(x)$와 확률분포함수(PDF) $F(x)$를 가진다.

$$f(x) = \begin{cases} \lambda e^{-\lambda x}, x \geq 0 \\ 0, x < 0 \end{cases}$$

$$F(t) = 1 - e^{-\lambda t}, t \geq 0$$

여기서 매개변수 λ는 지수분포 확률변수의 특성을 나타내는데, 이 파라미터가 의미하는 것을 버스의 도착을 예로 들어보자. 먼저 위의 식에서 x가 시간을 나타낸다고 가정하고 $x=t$일 $f(t)$는 관측자가 버스 정류장에 도착한 뒤 버스가 올 때까지 기다려야 할 시간이 t일 확률밀도함수이다. 위에서 정의한 확률밀도함수에서 λ는 버스의 도착률이다. 버스의 도착률과 도착 간격은 역수의 관계이므로(왜냐하면, 시간을 t, 속도를 v, 거리를 s라고 하면 $t=s/v$인데 $s=1$이므로) 버스가 도착하는 간격은 평균 $1/\lambda$ 시간이다. 만약 버스가 평균 3분 간격으로 지수분포를 따라서 여러분의 집 앞에 도착한다면 버스의 분당 평균도착률(도착대수/분)은 위의 식에서 λ에 해당하며 $\lambda=1/3$이 된다. 그런데 버스가 1/3대라는 것이 있을 수 없으므로 분당 1/3대가 온다고 하지 않고 3분에 1대씩 도착한다고 말한다.

한편, 평균을 구하는 시간의 단위에 따라 λ의 값이 달라지는데 버스의 평균 도착시간 간격이 3분이라면 1시간 동안 버스는 평균 20대 정도 도착한다. 따라서 지수분포 확률변수의 밀도함수를 정의할 때 시간의 단위를 분명히 밝혀야 한다. 시간의 단위는 초, 분, 시간, 일, 월, 년 등 어느 것이어도 좋다. 시간의 크기가 다르면 파라미터의 값이 바뀔 뿐이다. 즉, 하루에 버스가 평균 100대가 지나간다면 한 달(한 달은 30일로 가정)에는 평균 3000대가 지나가는 셈이다.

지수분포 확률변수의 확률밀도함수가 왜 이 같은 함수를 가지게 되는지 이야기하려면 아주 복잡한 수식을 필요로 하며 그 수식을 풀기 위해서는 심지어 미분방정식까지 동원하여야 한다. 그래서 이 책에서는 확률밀도함수를 유도하는 복잡한 수식은 생략하고 그 결과만 앞에서 설명한 대로 이해하고 그것이 나타내는 물리적 의미를 이해하는 데 초점을 맞추기로 한다.

이 식이 나타내는 물리적 의미를 알아보기 위해서 앞에서 예로 든 버스의 도착 문제로 돌아가자. 앞에서도 이야기한 것처럼 $f(t)$는 관측자가 버스정류장에 도착한 뒤 자신이 타고자 하는 버스가 올 때까지 기다려야 하는 시간이 t임을 나타내는 확률밀도함수이다. 그리고 $F(t)$는 고객이 버스정류장에 도착한 뒤 그 버스가 올 때까지 기다려야 할 시간이 t 이하일 확률이다. 반대로 $1-F(t)$는 고객이 그 버스가 올 때까지 기다려야 할 시간이 t 이상일 확률이다. $F(\infty)=1$이므로 그가 기다리는 버스는 무한정 기다리면 언젠가는 온다.

예제 4.5

어떤 버스의 도착간격이 평균 1분, 2분 혹은 3분의 지수분포를 따른다고 할 때, 고객이 버스정류장에 가서 그 차가 올 때까지 기다려야 할 시간이 1분에서 10분일 확률밀도함수를 1분 단위로 구하여 그래프로 그려라.

풀이

$f(t)$에서 매개변수 λ는 1, 1/2, 혹은 1/3이며, t는 1부터 10까지의 값을 가지므로, 각 경우에 대하여 계산을 하여 그래프로 그리면 다음과 같다.

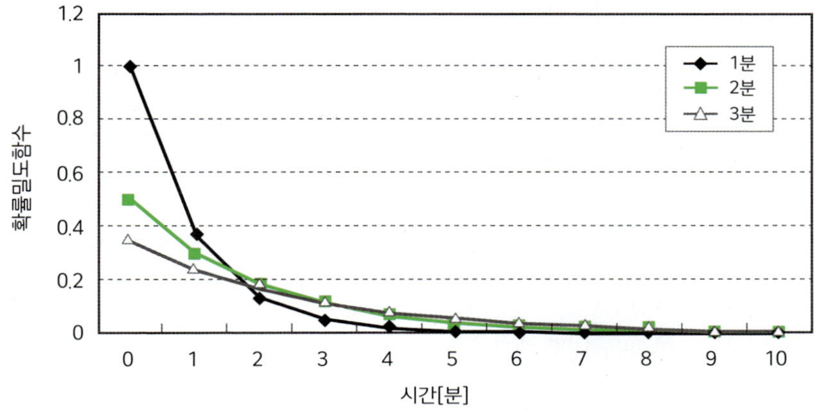

문제 4.6

어떤 버스가 도착 간격이 평균 1분, 2분 혹은 3분 간격인 지수분포를 따라서 도착한다고 가정할 때 고객이 버스정류장에 가서 차가 올 때까지 기다려야 할 시간이 1분 이하에서 10분 이하까지 매 1분 단위로 나타나는 확률분포함수를 구하여 그래프로 그려라.

2.3 정규분포 확률변수

정규분포 확률변수(正規分布確率變數, normally distributed random variable)는 확률변수가 취하는 확률밀도함수의 분포가 종의 모양을 따르는 것을 말한다.

(1) 정규분포의 정의

정규(normal)라는 말은 라틴어 'norma'에서 유래했다. 원래 norma라는 말은 아주 옛날에 석공 및 목수가 돌을 반듯하게 자르거나 기둥을 지면과 수직으로 세울 때 쓰는 T

자 모양의 자(T–square)를 나타내는 말이었다. 그래서 수직인 각을 normal angle이라고 한다.

한편 normal이라는 단어를 사전에서 찾아보면 '표준적(標準的), 전형적(典型的), 보통(普通)의, 통상(通常)의' 등과 같은 뜻을 가진다. 이안 해킹(Ian Hacking)은 normal이라는 단어가 '어떤 현상이 가져야 할 당연한 모습(How things are or how they ought to be)'을 의미한다고 말한다. 따라서 정규분포는 우리 주변에서 통상적으로 자주 나타나는 전형적인 물리 현상을 내포하고 있다.

그렇다면 우리 주변에서 통상적으로 자주 나타나는 전형적인 물리현상이란 무엇인가? 우리 주변에서 나타나는 물리적인 현상(가령, 사람의 키나 지능지수 등)을 보면 대체로 평균값의 근처에서 많이 분포하는 경향이 있고 또 그 주변에서 양쪽으로 비슷하게 분산되며 반드시 대칭이지는 않지만 대략 좌우로 대칭인 모양을 띠는 특징을 가진다.

약방의 감초 정규분포

우리가 물리적 현상을 모형화할 때 정규분포를 많이 사용하는데 이런 점 때문에 필자는 정규분포를 약방의 감초라고 부른다. 사람들이 정규분포를 많이 사용하는 이유는 다음과 같다.

① 정규분포는 주변의 물리적 현상을 나타내는 데 가장 보편적인 이론이다. 즉, 아주 많은 양의 샘플을 관측하는 경우 대부분의 물리현상이 평균값을 중심으로 좌우대칭의 값이 나올 확률이 크다.

② 정규분포는 광범위한$(-\infty, \infty)$ 확률변수의 확률밀도함수를 나타낼 수 있다.

③ 정규분포를 따르는 확률변수의 확률밀도함수를 여러 개 더하면 그 확률밀도함수 역시 정규분포가 된다(이 이야기는 나중에 자세히 다룰 예정임).

④ 확률변수가 가지는 1차 및 2차 모멘트[5]만 알면 그 확률변수의 분포함수를 정규분포로 표시할 수 있다(이 이야기도 나중에 자세히 다룰 예정임).

이처럼 다른 확률변수와는 다르게 서론을 길게 시작한 정규분포를 따르는 확률변수에 대해서 확률밀도함수의 모양이 어떻게 생겼는지 알아보자. 정규분포 확률변수는 앞에서 다룬 확률변수와는 다르게 사건의 물리적인 동작을 바탕으로 수학적 방법으로 식을 유도하는 것이 아니라 무수히 많은 실험이나 관측을 통하여 얻는 평균값 및 분산의 값으로 표시하는 선험적(先驗的, empirical) 확률변수이기 때문에 측정치로부터 얻어진 데이터로 정의한다.

아래의 그림을 보자.

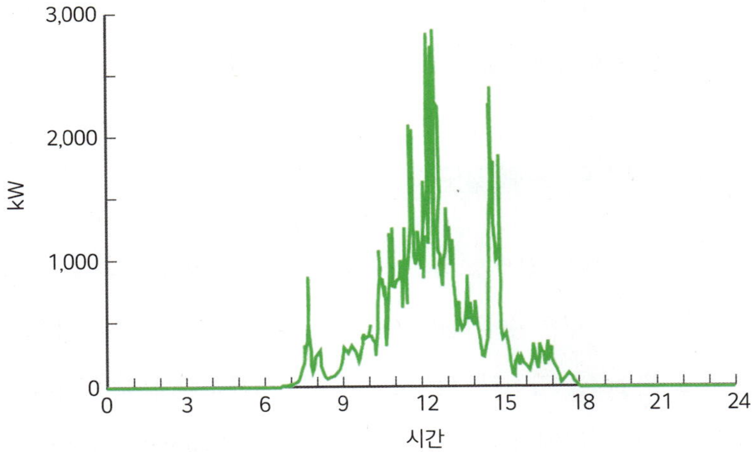

그림 4.2 오~무타 발전소의 하루 발전량

5 모멘트에 대해서는 제5장에서 다룬다.

그림 4.2는 일본 규슈에 위치한 大牟田(오~무타, 일본어에서 大는 '오~'와 같이 길게 발음함. 예를 들어서 大阪은 '오사카'가 아니라 '오오사카'에 가깝게 발음함) 발전소의 태양광 발전 시설에서 하루 24시간 생산되는 전력량을 나타낸 것이다. 그림에서 우리는 다음의 사실을 알 수 있다.

① 태양광에 의한 전력은 해가 떠있는 시간에 생산되므로 해가 지상에 존재하는 아침 7시부터 오후 6시 사이에 거의 모든 값이 분포하고 있다.

② 태양광 발전량은 해가 거의 수직으로 비치는 정오에 가장 많이 생산되며 그 시간대를 중심으로 하여 중심으로부터 멀어질수록 해와 지상 사이의 각도가 기울어지므로 전력 생산량은 감소하며 12시를 전후로 하여 거의 좌우 대칭적으로 분포한다.

단, 그림 4.2에서 오전 8시경과 오후 3시경에 전력 생산량이 갑자기 증가하는 부분에 대해서는 전력 전문가가 아닌 필자로서는 알 길이 없지만(그때 잠시 날씨가 아주 좋았는지도 모름) 이와 같은 현상은 통계에서 예외로 보고 무시하기도 한다.

정규분포 확률변수의 확률밀도함수

정규분포 확률변수의 밀도함수를 수학적으로 표현하기 위해서는 수집한 통계 데이터로부터 평균과 분산을 구하여야 하며 평균 μ 및 분산 σ^2를 가지는 정규분포 확률변수 X는 다음과 같은 pdf를 가진다. 단, 확률변수의 평균값과 분산에 대해서는 뒤에서 자세히 다룬다. 이 식은 앞에서도 이야기하였지만 해석적(analytically)으로 구한 것이 아니고 실험에 기반하여(empirically) 고안한 식이다.

$$f(x) = \frac{1}{\sqrt{2\pi}\,\sigma} e^{\frac{(x-\mu)^2}{2\sigma^2}}, -\infty < x < \infty$$

단, 이 식에서 σ는 측정치의 표준편차이다.

이때 정규분포 확률변수 X는 normal의 첫 글자를 따서 $X \sim N(\mu, \sigma^2)$로 표기한다. 정규분포 확률변수는 앞의 pdf에서도 볼 수 있듯이 함수의 값이 평균값 μ를 중심으로 좌우 대칭의 모양을 가지며 X가 평균값 μ일 때 pdf는 $f(\mu) = \dfrac{1}{\sqrt{2\pi}\,\sigma}$ 이다.

정규분포 확률변수는 다음과 같은 특징을 가지고 있다.

① 정규분포 확률변수는 $(-\infty, \infty)$ 사이의 실수 값을 가지며 pdf가 평균 μ를 중심으로 좌우 대칭이고 종 모양(bell shape)의 연속확률변수이다.

② 평균값인 μ가 클수록 그래프는 x축의 오른쪽으로 위치하고 분산 σ^2이 클수록 그래프의 꼭짓점이 낮아지고 좌우로 넓게 퍼진다. 즉, 평균과 분산이 그래프의 모양을 결정한다.

정규분포 확률변수에 대한 비하인드 스토리

정규분포 확률변수는 다른 말로 가우스 확률변수(Gaussian random variable)라고도 불리는데, 그것은 독일의 수학자이자 과학자인 가우스(Johann Carl Friedrich Gauss, 1777~1855)가 이 확률변수를 발견하였다고 알려져 있기 때문이다.

Johann Carl Friedrich Gauss

1809년 가우스는 천체운동을 하는 물체의 궤도를 측정하는 실험을 하다가 측정치에 오차가 존재하고 그 오차의 분포가 종의 모양을 가진다는 것을 알아냈다.

그러나, 실제로 이 확률분포를 처음 발견한 사람은 가우스가 아니라고 한다. 현재 문헌상에 나와 있는 바로는 정규분포의 개념이 1733년에 프랑스의 수학자 아브라함 드 므와브르(Abraham de Moivre, 1667~1754)에 의해서 최초로 고안되었는데 이 이론이 세상에 알려진 것은 그가 죽은

지 2년 뒤인 1756년에 발간된 '기회의 원칙(The doctrine of chances)'을 통해서라고 한다.

그런데 드 므와브르가 발견한 확률분포함수는 가우스가 주창한 연속함수는 아니었다. 그 이유는 드 므와브르가 이 확률분포를 발견하는 데 사용한 실험 방법에 있다. 드 므와브르는 동전을 던지는 횟수가 증가함에 따라 특정 면(앞면 혹은 뒷면)이 나올 횟수의 확률분포가 종의 모양을 가진다는 것을 알아냈다. 이때 동전의 특정 면이 나올 횟수는 정수의 값을 가지므로 확률변수 자체가 이산치를 가지며, 따라서 이 경우의 확률분포함수는 당연히 연속함수가 아니다.

Abraham de Moivre

드 므와브르의 주장을 확인하기 위해서 다음 문제를 풀어보자.

문제 4.7

동전던지기를 한 번부터 다섯 번까지 시행한 경우 동전 던지기의 시행 횟수와 그에 따라 앞면이 나올 횟수의 확률밀도함수를 그려라. 단, 앞면이 나올 횟수를 계산할 때 동전이 나온 순서도 고려하여야 한다.

한편, 1778년 프랑스의 수학자이자 천문학자인 피에르 시몽 드 라플라스(Pierre-Simon, marquis de Laplace, 1749~1827)는 측정오차의 확률분포 곡선을 찾다가 그 곡선의 그래프가 종의 모양을 하고 있다는 것을 발견했다.

미국에서는 1808년 로버트 애드리언(Robert Adrian, 이 사람은 수학과는 전혀 관계가 없는 무명인이었다고 함)이라는 사람이 항해술, 천문

Pierre-Simon, marquis de Laplace

학, 측지학 등의 활동에서 얻어진 측정오차로 무작위 실험에 대한 오차의 분포를 얻은 결과 그것이 종의 모양을 가진다는 것을 알아냈다.

라플라스는 1812년 중심극한정리라는 이론을 정립함으로써 실험으로부터 얻어낸 측정오차의 분포곡선과 가우스의 정규분포곡선 간의 상호 관련성을 규명하여 동일한 측정을 여러 번 반복하여 얻어진 오차가 정규분포 곡선과 거의 비슷한 분포를 보임을 증명하였다.

한편, 정규분포를 이론적으로 정립한 앞의 예와는 달리 프랜시스 골턴(이 사람은 종의 기원을 쓴 찰스 다윈의 사촌임)은 1874년에 퀸컹크스(quincunx)라는 장치를 고안하였다. 퀸컹크스는 일정한 간격으로 칸이 매겨진 상자를 밑에 설치해 두고 충분히 높은 위치에서 아랫부분에 구멍이 뚫린 항아리를 통하여 작은 크기의 공을 흘려보내면 그 공은 좌우로 퍼져서 떨어지는데 이때 떨어진 공의 개수가 나타내는 모양이 정규분포를 따름을 보였다.

필자가 일본에서 유학하고 있을 때 같은 학교에서 함께 공부했던 전자공학과의 한 선배가 네모난 모양의 금속표면에 점도가 약간 있는 액체를 스프레이로 뿌려서 코팅을 하는데 이때에도 위와 아주 유사한 환경으로 실험하고 있었다. 즉, 액체가 들어있는 용기가 받침대로 고정되어 있고 그 용기에 작은 구멍을 뚫고 그곳으로부터 금속표면에 액체를 뿌리는 실험을 하는데 아무래도 금속표면의 중앙 근처에 액체가 많이 묻었다. 그러나 선배는 그 액체가 중앙에 얼마나 많이 뿌려지는지 잘 모르겠다고 고민하기에 필자가 정규분포를 예로 들어서 설명을 해준 기억이 난다. 그때 마침 필자는 초고속정보통신망의 트래픽 공학에 관한 연구를 하고 있었고, 복수의 가입자로부터 네트워크로 들어오는 트래픽의 양을 중심극한정리와 정규분포 등을 이용하여 입력 파라미터를 예측하는 것을 생각하고 있었다. 그러고 보면 사람들은 각자 다른 환경에서 다른 문제를 고민하고 있지만 사실은 서로 비슷한 수학적 문제를 고민하고 있다는 생각이 든다.

우리 주변에서 볼 수 있는 정규분포 확률변수의 예

정규분포 확률변수는 우리 주변의 물리계에서 아주 흔하게 사용되는 확률변수인데, 몇 가지 사례를 들어보자.

■ 내신 및 수능 성적

그림 4.3은 우리나라 고등학교에서 사용하는 내신성적의 등급별 분포도이다. 사실 내신성적을 등급으로 나타낼 때 1등급에서 9등급까지 정수로 표시하기 때문에 확률변수가 이산값을 가지므로 정규분포함수의 조건인 연속확률변수는 아니지만 그래프의 모양이 정규분포를 닮았기에 예로 든다.

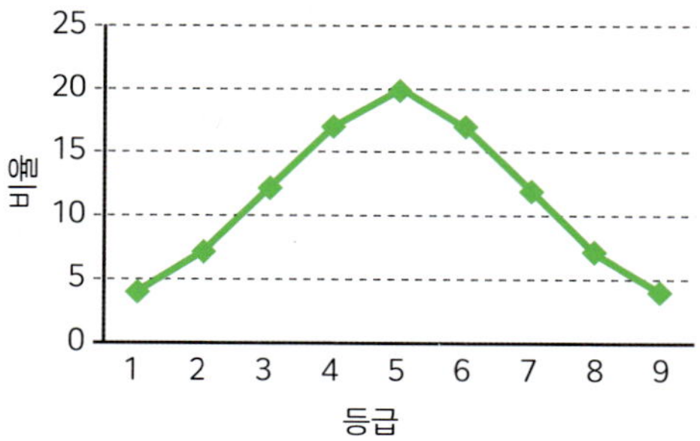

그림 4.3 고교 내신 등급분포

위의 그림에서 보듯이 고교 내신성적은 중앙값(median)인 5등급을 중심으로 좌우가 대칭인 모양을 하고 있다. 1등급에서 4등급까지 차지하는 비율은 각각 4, 7, 12, 17%이고 6등급에서 9등급은 그 역순이다. 5등급은 100%에서 나머지를 모두 더한 비율을 뺀 것이므로 20%이다. 결국 1등급에서 9등급까지의 비율은 4, 7, 12, 17, 20, 17, 12, 7, 4이다. 단, 이 수치는 가장 이상적인 수치일 뿐 동일 등급 내 동점자가 속출하면 이 비율은 깨진다.

그림 4.3에서 그래프의 전반적인 모양은 종 모양이라기보다는 삿갓 모양을 하고 있다. 즉, 그래프가 좌우로 넓게 퍼져 있다. 그러나, 이것도 어엿한 종 모양이다. 물론 실제로 학생들에게 매겨지는 내신 분포가 반드시 등급별로 목표로 하는 비율을 맞춘다는 것은 어렵겠지만(성적이 동점자인 학생이 많으면 어느 등급의 비율이 목표치를 벗어날 것이므로) 이 비율을 따르려고 노력할 것이다.

그럼 내신성적은 왜 이런 모양을 가지도록 고안하였을까? 그 이유는 전체 학생들의 성적이 비교적 고르게 분포하도록 하여 대학에서 내신성적을 바탕으로 학생들을 선발하기 좋도록 하기 위해서이다. 만약 그래프의 분포를 좁고 중앙이 뾰족하도록 하거나 아니면 3, 4, 5등급이 차지하는 비율이 대부분이 되도록 종 모양으로 도톰하게 하였다면 어떤 일이 일어날까? 이 문제는 각자 한 번 생각해 보기 바란다.

한편, 실제 수능의 성적분포는 어떻게 될까? 그림 4.4는 20xx(단 자세한 년도는 숨김)학년도 수능 수리 나형의 등급분포도이다.

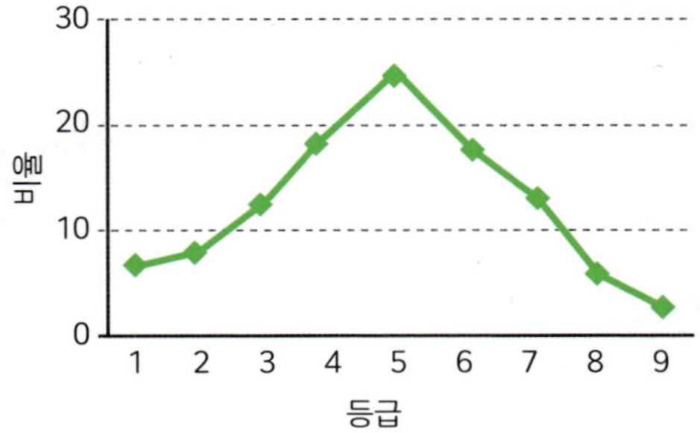

그림 4.4 20xx학년도 수능 수리 나형 등급분포

그림 4.4와 같이 현실 세계에서 실제로 수능의 성적은 좌우 대칭이 아니다. 그 이유는 무엇일까? 수능시험은 수십만 명의 학생이 응시하기 때문에 동점자가 여러 명 나올 확률이 높다. 따라서 문제를 출제하는 측에서 아무리 난이도를 조절하려고 노력해도 각 등급의 목표 비율(목표 비율은 내신에서와 같음)을 정확하게 맞출 수 없기 때문에 이처럼 약

간 찌그러진 종 모양을 한다. 따라서 수능성적의 분포는 과목마다 시행 연도마다 모양이 모두 다르다.

이를 방지하기 위해 한국교육과정평가원에서는 고3 학생을 대상으로 3, 6, 9월 모의고사를 시행하면서 학생들의 수준을 예측하며 대체로 이전 연도의 수능시험 수준과 당해년도 6/9월 모의고사 성적을 바탕으로 당해 연도의 수능시험 문제를 출제하여 가능하면 목표로 하는 등급별 비율을 확보하기 위해 노력한다.

그러나 모의고사는 어디까지 모의고사일 뿐 재학생과 재수생이 모두 응시하는 수능에서는 등급별 분포를 정확히 맞추는 일은 쉬운 일이 아니다. 그래도 그림 4.4를 보면 20xx학년도 수학 나형에서는 당초 목표로 하는 분포를 비슷하게는 얻은 것 같지만 매년 수능시험이 끝나면 어느 과목은 문제가 쉽게 출제되고 또 어떤 과목은 어렵게 출제되었다는 기사가 대중매체에 나오는데 그 경우에는 분포가 더욱 찌그러질 확률이 높다.

한편 수능이 도입된 이후 최대의 물수능으로 논란을 일으킨 2015학년도 수능 결과를 소개한다. 아래의 그림은 2015학년도 수능에서 쉽게 출제되어서 논란이 된 수학B와 비교하여 국어A의 등급분포를 나타낸 것이다.

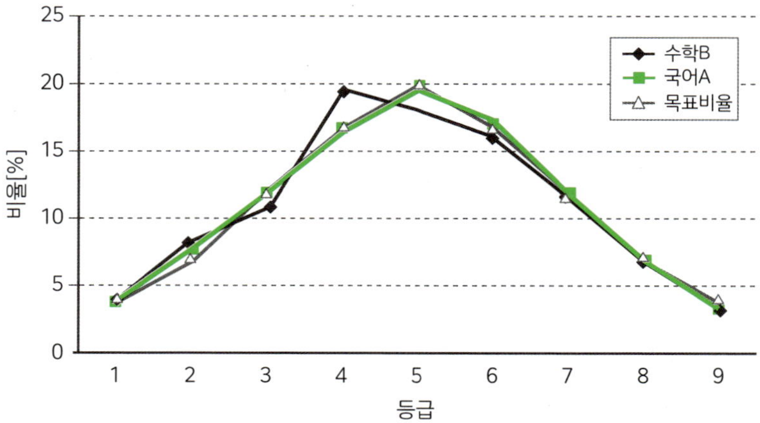

그림 4.5 2015학년도 수학B와 국어A의 수능등급분포

그림 4.5에서는 두 과목이 목표로 하는 등급비율에 얼마나 근접한지를 보이기 위하여 이상적인 목표등급도 함께 나타냈다. 이 그림에서 보듯이 국어A는 2등급을 제외하면 거의 모든 등급이 목표등급에 거의 맞추었으므로 난이도는 성공적으로 조절했다고 볼 수 있다. 반면 수학B는 상하 양 극단을 제외한 3, 4, 5, 6등급에서 목표등급을 맞추지 못하였고 1등급이 4.3%인데 이들은 모두 만점자였다. 주로 이과생들을 대상으로 하는 수학B는 단 한 문제만 틀려도 2등급으로 떨어진 것이다. 그리고 등급분포의 대칭성도 일그러졌다. 결국 수학B는 등급 조절에 실패했다.

■ 주파수 확산 신호

이번에는 공학실험의 결과를 하나 소개한다. 그림 4.6은 주파수 확산 신호의 시간에 대한 파형을 나타내고 있다. 관측 시간은 60여 마이크로초(10^{-6}초)이며 신호의 세기는 −4에서 4 사이의 값을 가진다.

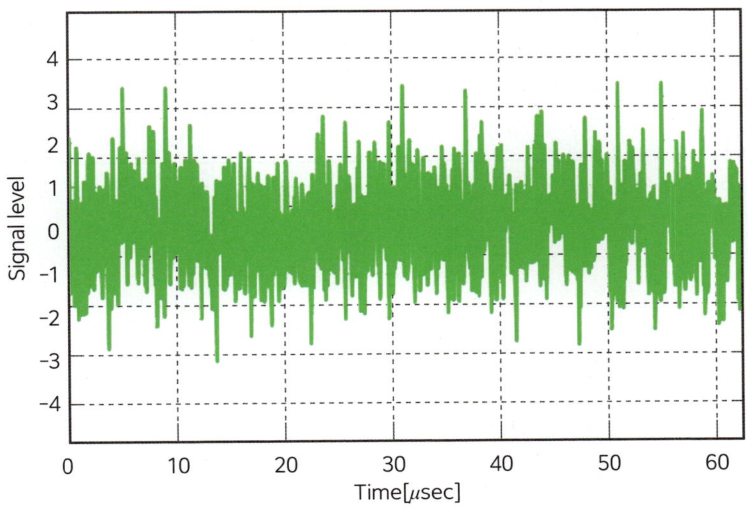

그림 4.6 주파수 확산 신호의 시간에 대한 파형

그림 4.6에서 보듯이 신호의 크기가 −4에서 4 사이의 값에서 아주 랜덤하게 변화하고 있고 평균은 대충 보아서 0인 것을 알 수 있다. 그러나, 이 신호의 확률밀도함수를 그림 4.6에서 알아내기란 쉽지 않다. 그림 4.7은 그림 4.6에서 각 신호레벨이 차지하는 값에 대한 pdf이다. x축은 신호의 크기를 나타내고 y축은 각 신호가 나타나는 빈도로부터 계산한 상대빈도(relative frequency, 즉 확률밀도함수)이다. 그림에서 실선은 측정값의 pdf이고 점선은 정규분포의 pdf이다.

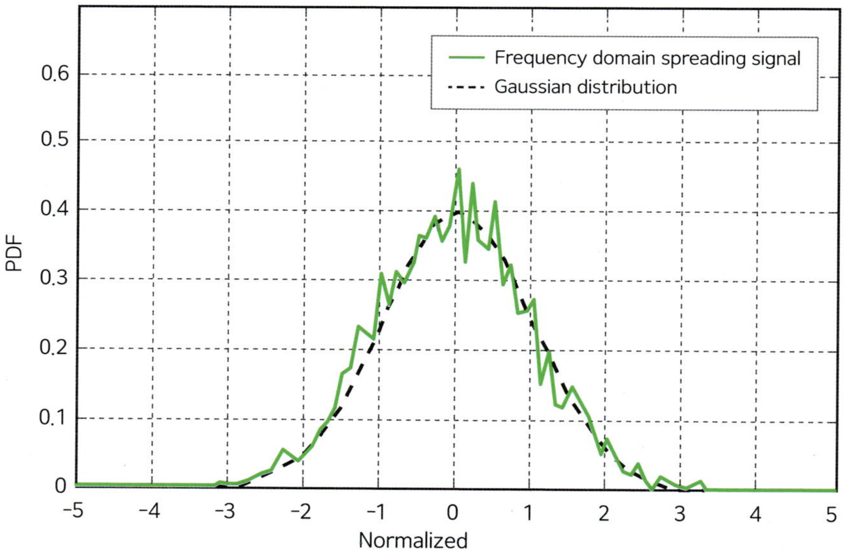

그림 4.7 주파수 확산 신호의 확률밀도함수

그림 4.7에서 볼 수 있듯이 그림 4.6의 주파수 확산 신호에 대한 확률밀도함수는 평균을 0으로 하는 정규분포에 아주 근사한다.

지금까지 예로 든 다양한 현상에서도 볼 수 있듯이 실생활에서 우리가 얻는 현상이 아무리 많은 데이터를 수집한다고 하더라도 정규분포를 완벽히 따를 수는 없다. 이 사실은 반대로 정규분포가 실제로는 존재하지 않는 이상적인(ideal) 분포라는 것을 의미한다. 그럼에도 불구하고 확률에서 정규분포가 널리 쓰이는 이유는 이미 이야기하였듯이 우리 주변의 다양한 물리적 현상을 근사적이나마 확률분포로 표현하는 데 유용하기 때문이다.

예제 4.6

어떤 집단에서 남자의 키를 측정한 결과 평균이 170cm이고 표준편차가 10인 정규분포를 따른다고 한다. 이때 이 확률변수의 pdf를 x=[115,225]의 범위에 대하여 구하고 그래프로 그려라.

풀이

위의 파라미터 값으로부터 정규분포 확률변수의 pdf에 대하여 다음 함수를 얻을 수 있다.

$$f(x) = \frac{1}{\sqrt{2\pi}\,10} e^{-\frac{(x-170)^2}{200}}, \text{ 단, } 115<x<225$$

다음 그림은 위의 밀도함수에 대하여 계산한 결과를 나타낸 것이다.

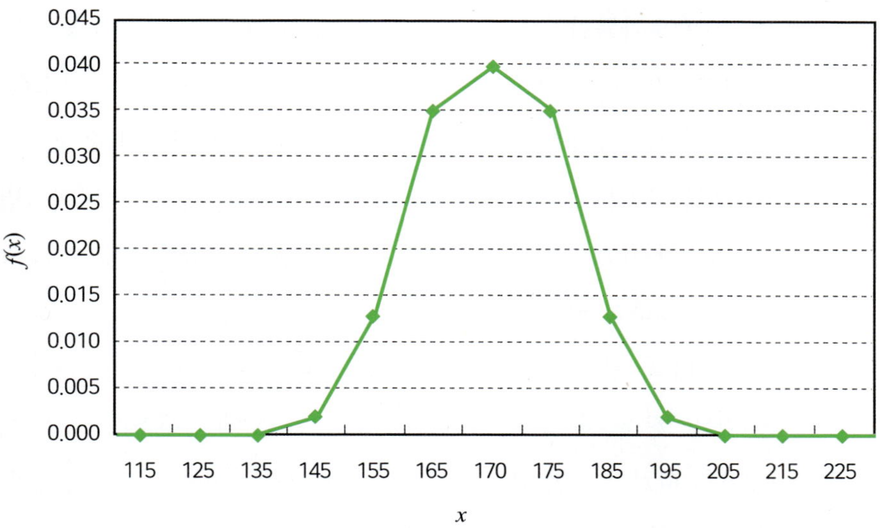

(2) 표준정규분포

지금까지 우리는 정규분포 확률변수에 대하여 알아보았다. 그런데 우리가 접하게 되는 물리현상이 가지는 평균과 분산이 모두 다른 경우도 존재하는데 이 경우 일일이 확률밀도함수를 구하는 일은 번거로운 일이다. 그래서 학자들은 이 문제를 해결하기 위해 고민하였는데 그 결과가 표준정규분포 확률변수이다.

표준정규분포의 탄생 배경

평균 μ 및 분산 σ^2를 가지는 정규분포를 따르는 확률사건이 있다고 할 때 관측 대상으로 하는 실험이 어떠한 것이든 상관없이 그 정규분포 확률변수 X를 잘 가공하여 평균 0 및 분산 1을 가지는 새로운 확률분포를 만들 수 있는데 그것이 표준정규분포(標準正規分布, standard normal distribution)이다. 이처럼 서로 다른 측정값을 가지는 확률변수의 평균 및 분산의 값을 0과 1로 표준화하였다고 해서 이 확률변수를 표준정규분포 확률변수라고 부른다.

한편, 표준정규분포의 확률밀도함수의 값은 미리 계산하여 표로 만들어 놓았기 때문에 필요할 경우 언제든지 바로 활용할 수 있어서 다양한 특성을 가지는 확률모형을 통일된 하나의 보편적 모형(普遍的模型, universal model)으로 쉽게 나타낼 수 있다. 가령 남자의 키와 여자의 몸무게는 그 값이 서로 다른 확률변수이지만, 만약 두 확률변수가 정규분포를 따른다고 가정하면 두 확률변수에 대하여 약간의 가공을 하면 어느 확률변수도 확률밀도함수를 표준정규분포로 나타낼 수 있다.

지금부터는 확률변수가 어떠한 값을 가지든지(가령, 남자 고등학생의 키, 초등학교 6학년 학생의 수학 점수, 혹은 대학생의 신발의 크기 등 전혀 다른 특성을 가지는 확률변수를 가정함)에 상관하지 않고 모든 확률변수가 정규분포를 따르기만 한다면 그 확률변수가 가지는 평균과 분산에 대한 정보로부터 그 확률변수의 확률분포를 구하는 방법을 알아본다.

정규분포 확률변수를 표준정규분포 확률변수로 변환하는 방법

앞에서 정의한 정규분포 확률변수 $X \sim N(\mu, \sigma^2)$를 가정하자. 그리고 새로운 확률변수 Z에 대해서 정규화 작업을 하여 $Z = \frac{X - \mu}{\sigma}$로 나타낸다. 단, 어떤 변수에 대한 정규화 작업은 그 변수에 대해 평균을 뺀 뒤 표준편차로 나누어서 그 변수가 가지는 변화의 정도를 아주 작게 하는 작업을 말한다.

그러면 Z의 pdf는 다음과 같이 간단하게 바뀐다.

$$f(z) = \frac{1}{\sqrt{2\pi}} e^{-\frac{z^2}{2}}, -\infty < z < \infty$$

식을 보면 $f(z)$는 평균이 0이고 분산이 1인 정규분포 확률밀도함수이다. 여기서 위의 결과가 중요한 이유가 숨어있다. 다음을 가정해 보자.

- 평균이 170cm이고 분산이 5cm인 남자 고등학생의 키
- 평균이 50점이고 분산이 4점인 초등학교 6학년 학생의 수학 점수
- 평균이 100이고 분산이 10인 대학생의 IQ

이 변수들은 모두 특성이 다른 확률변수이다. 그러나, 매개변수의 값이 전혀 다른 특성을 가지는 확률변수들도 정규화 작업을 거치면 모두 평균이 0이고 분산이 1인 표준정규분포 확률변수로 바꿀 수 있다.

이와 같은 pdf를 가지는 확률변수를 표준정규분포 확률변수(標準正規分布 確率變數, standard normal distribution random variable)라고 하며 $Z \sim N(0,1)$로 표기한다. 그림 4.8은 정규분포와 표준정규분포 간의 차이를 비교한 것이다.

그림 4.8의 (a)에서 수학 점수, IQ, 그리고 키의 분포는 서로 다른 평균과 분산을 가

지고 있다. 그래서 수학 점수에 대한 분포확률을 구할 때는 수학 점수의 분포 그래프를 보아야 하고 IQ나 키도 각각 구해야 한다. 따라서 이들 데이터를 저장하고 가공하는 일이 각 경우에 대해 별도로 이루어져야 한다. 만약 우리가 관심을 가지고 있는 대상이 10만 가지라면 10만 개의 정규분포표를 미리 준비해놓아야 하는데 이래서는 곤란하다.

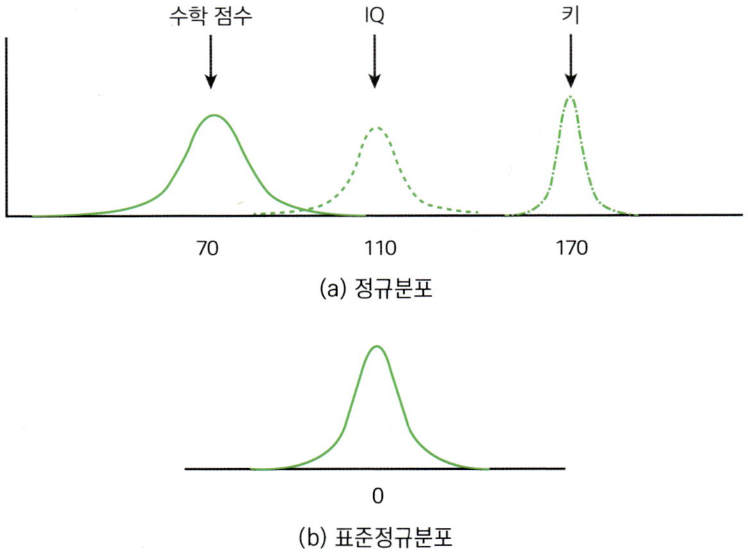

그림 4.8 정규분포와 표준정규분포

한편, 그림 4.8의 (b)와 같이 표준정규분포의 경우에는 대상물에 무관하게 모든 경우에 대하여 분포함수가 평균이 0이고 분산이 1인 하나의 그래프로 나타나므로 하나의 표(표준정규분포표)를 이용하여 확률변수의 분포함수를 구할 수 있다.

지금부터는 표준정규분포를 따르는 확률변수의 분포함수를 일반적인 분포함수와 구별하기 위해 다음과 같이 정의한다.

$$\boldsymbol{\Phi}(z) = Pr\{Z < z\} = \int_{-\infty}^{z} f(u)du$$

표준정규분포 확률변수의 활용법

$\Phi(z)$가 $Pr\{Z < z\}$를 나타내는 함수라면 경우에 따라서는 $Pr\{Z > z\}$를 나타내는 함수(꼬리분포함수)도 관심의 대상이 될 수 있는데 $Q(z)=Pr\{Z > z\}$로 정의하자. 아래의 그림은 $\Phi(z)$와 $Q(z)$의 위치를 나타낸 것이다.

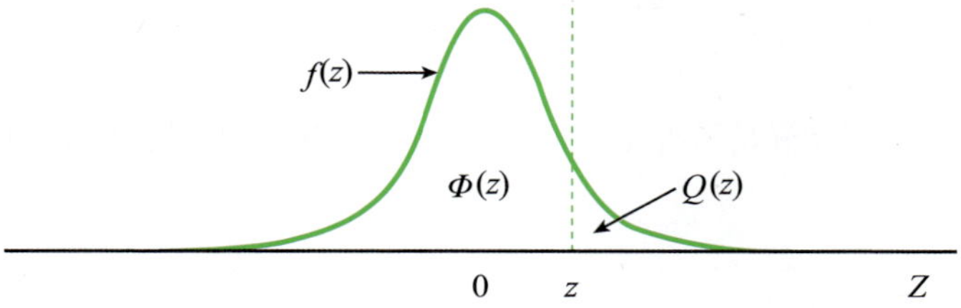

그림 4.9 $\Phi(z)$와 $Q(z)$의 위치

한편 $\Phi(z)$와 $Q(z)$ 사이에는 $Q(z)=1-\Phi(z)$의 관계가 성립한다.
정규분포의 대칭성으로부터 다음의 관계도 성립한다.

$$Q(z)=1-\Phi(z)=\Phi(-z)$$

그림 4.10은 이 사실을 보여준다.

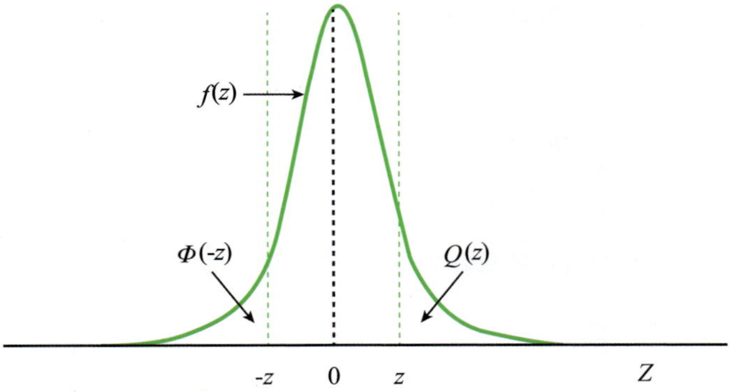

그림 4.10 $Q(z)$와 $\Phi(-z)$

한편, $\Phi(0)=0.5$의 성질을 이용하면 양의 값을 가지는 표준정규분포 확률변수의 분포함수를 보다 더 간편하게 구할 수 있는데 편의를 위해 표준정규분포 확률밀도함수의 어느 한쪽만을 고려하기 위해 편측분포함수(片側分布函數, one-side distribution function) $\Phi^H(z)$를 다음과 같이 정의한다.

$$\Phi^H(z)=Pr\{0 < Z < z\}$$

아래의 그림은 표준정규분포의 편측분포함수 $\Phi^H(z)$가 위치하는 영역을 나타낸 것이다.

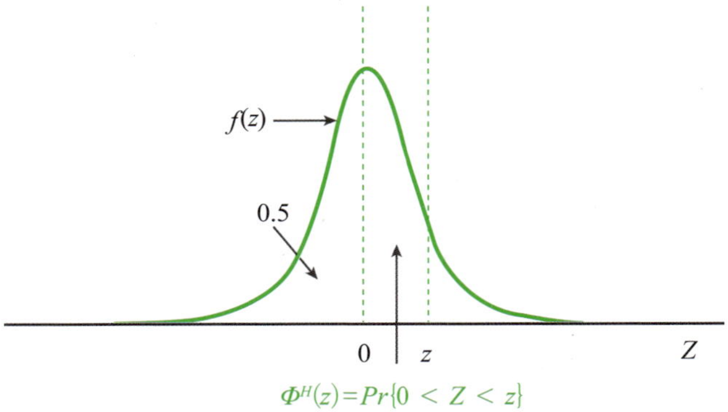

그림 4.11 편측분포함수 $\Phi^H(z)$가 위치하는 영역

임의의 양수 a에 대하여 $\Phi(a)$를 구하고자 할 때 다음과 같이 구할 수 있다.

$$\Phi(a)=\Phi(0)+\Phi^H(a)=0.5+\Phi^H(a)$$

$\Phi^H(z)$로 표시되는 표준정규분포함수의 값을 부록에 첨부하였다.

예제 4.7

표준정규분포를 따르는 확률변수 Z의 분포함수를 범위 [-3,3]에 대해서 1씩 증가한 값에 대하여 그래프를 그려라.

풀이

표준정규분포표로부터 다음의 결과를 얻는다.

$$\Phi(-3)=0.0013,\ \Phi(-2)=0.0228,\ \Phi(-1)=0.1587,$$
$$\Phi(0)=0.5,\ \Phi(1)=0.8413,\ \Phi(2)=0.9773,\ \Phi(3)=0.9987$$

아래의 그래프는 $F(x)=\Phi(x)$ (단 $z=x$)를 나타낸 것이다.

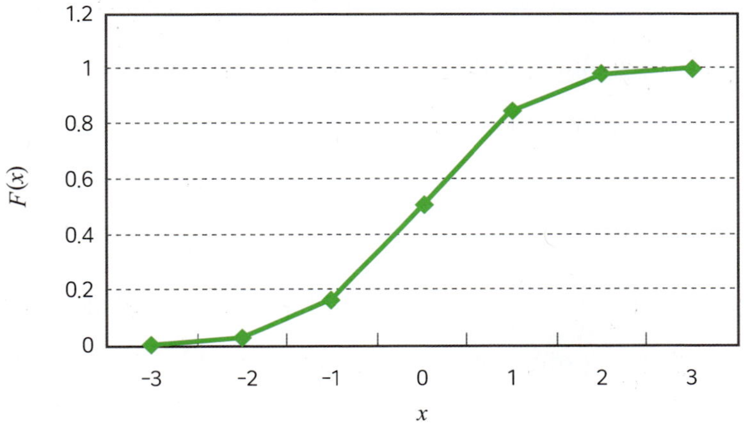

예제 4.8

어느 마을에 사는 어른 및 아이를 포함한 사람의 키가 정규분포를 따른다고 할 때 다음 물음에 답하라.

(1) 평균=160cm이고, 분산=100인 경우 한 사람을 세워 놓고 키를 재었을 때 그의 키가 190cm 보다 더 클 확률은 얼마인가?

(2) (1)에서 만약 다른 값은 같고 표준편차가 30이면 그 확률은 어떻게 되는가?

풀이

(1) 우선, 사람의 키를 X라고 두고, 표준편차가 10일 때 키가 190보다 클 확률은 다음과 같이 표현할 수 있다.

$$P\{X > 190\} = P\left\{\frac{X-160}{10} > \frac{30}{10}\right\} = P\{Z > 3\}$$
$$= 1 - \Phi(3) = 1 - (0.5 + \Phi^{H}(3)) = 1 - 0.9987 = 0.0013$$

(2) 표준편차가 30이면 키가 190보다 클 확률은 다음과 같다.

$$P\{X > 190\} = P\left\{\frac{X-160}{30} > \frac{30}{30}\right\} = P\{Z > 1\}$$
$$= 1 - \Phi(1) = 1 - 0.8413 = 0.1587$$

이 부분은 이 책에서 아주 중요한 비중을 차지하는 내용이므로 여러 가지 경우에 대해 문제를 제시할 것이니 여러분이 직접 풀어보기를 권한다.

문제 4.8

확률변수 X가 평균 5, 분산 4인 정규분포를 따른다. 이때 다음의 물음에 답하라.

(1) X가 3보다 작은 값을 가질 확률을 $\Phi(z)$(단, z는 X의 정규화한 표준정규분포 확률변수 Z의 값이 z임을 말함)의 함수로 나타내고 그 값을 구하라.

(2) X가 2에서 6 사이의 값을 가질 확률을 $\Phi(z)$의 함수로 나타내고 그 값을 구하라.

(3) X가 7보다 큰 값을 가질 확률을 $\Phi(z)$의 함수로 나타내고 그 값을 구하라.

(4) 확률변수와 평균의 차가 2보다 클 확률을 $\Phi(z)$의 함수로 나타내고 그 값을 구하라.

문제 4.9

확률변수 X가 평균 μ, 표준편차 σ인 정규분포를 따른다. 이때 다음 물음에 답하라.

(1) X가 $[\mu - \sigma, \mu + \sigma]$ 사이의 값을 가질 확률은 얼마인가?

(2) X가 $[\mu - 2\sigma, \mu + 2\sigma]$ 사이의 값을 가질 확률은 얼마인가?

(3) X가 $[\mu - 3\sigma, \mu + 3\sigma]$ 사이의 값을 가질 확률은 얼마인가?

문제 4.10

어떤 전기회로는 평소에는 스위치가 OFF 위치에 있어서 꺼져 있다가 ON 스위치를 눌러서 1.5V 이상의 전압이 들어오면 켜진다. 그런데 이 전기회로에는 스위치를 ON으로 켜지 않아도 평소에 평균 0.3V, 분산 0.09의 정규분포를 따라서 전압이 흐른다. 어느 날 스위치를 켜지도 않았는데 전기회로가 켜지는 사고가 일어날 확률은 얼마인가?

3. 이산확률변수

이산확률변수(離散確率變數, discrete random variable)는 확률변수가 가지는 값이 이산치(離散値, discrete value)인 확률변수이다. 즉, 확률변수가 가질 수 있는 값이 유한한 범위에서 셀 수 있는 정수이거나 그와 유사한 방법으로 표시 가능한 변수를 말한다.

확률질량함수

확률실험에서 각 실험의 결과 얻어지는 확률변수가 이산값을 가질 때 그 변수의 확률 값을 나타내는 함수를 확률질량함수(確率質量函數, probability mass function, 이하 pmf)라 하고 확률변수 $X=x$의 값을 가질 확률을 $p(x)$로 나타낸다. 이 부분에서 기억해야 할 것은 pmf가 앞에서 소개한 연속확률변수의 pdf와 대응되고 $p(x)$가 $f(x)$에 대응된다는 것이다.

이산확률변수를 가지는 실험의 예로서는 동전 던지기, 윷놀이, 주사위 던지기 등이 있다. 우리나라의 동전은 한 면은 그림이고 다른 한 면은 숫자로 표시되는데 그림이 나오는 사건을 0, 숫자가 나오는 사건을 1이라고 두면 두 사건의 확률질량함수는 $p(0)=p(1)=0.5$이다. 주사위 던지기에서 확률질량함수는 $p(x)=1/6$, 단, $x=1, 2, \cdots, 6$이다. 윷놀이에서 평면과 곡면이 나올 사건을 각각 사건 0과 1로 정의하고 윷에 대하여 평면과 곡면이 나올 확률이 각각 0.5라고 가정하면 $p(0)=p(1)=0.5$이다.

이산확률변수의 성질

이산확률변수는 다음과 같은 특징을 가진다.

① 이산확률변수의 분포함수는 확률밀도함수 ($p(x)$)의 합으로 계산된다. 왜냐하면 확률변수가 가질 수 있는 값이 정수이기 때문이다. 따라서, 확률분포함수 $F(x)$에 대해서 다음 식이 성립한다.

$$F(x)=P(X\le x)=\sum_{x_i\le x}p(x_i),\ (\text{단, } p(x_i)\text{는 } X=x_i\text{일 확률})$$

② 이산확률변수 X가 x의 값을 가질 확률, 즉 확률질량함수 $p(x)$는 다음과 같다.

$$p(x)=P(X=x)=F(x)-F(x^-)\ge 0,\ \text{단, } F(x^-)=P(X<x)\text{이며}$$
$$p(x)\text{는 0에서 1 사이의 값을 가진다.}$$

③ 이산확률변수의 구간확률은 다음과 같다. 이때 부등호에 등호가 붙어있는지 아닌지에 주의한다.

$$P(x_1 < X \le x_2) = F(x_2) - F(x_1)\text{이고 } P(x_1 \le X \le x_2) = F(x_2) - F(x_1^-)\text{이다.}$$

우리 주변에서 가장 널리 사용되는 이산확률변수의 분포는 균등분포, 이항분포, 기하분포와 푸아송분포 등인데 이들 네 가지 분포에 대해서 알아본다.

3.1 균등분포 확률변수

앞에서 연속확률변수에 대해서 정의되는 균등확률변수는 확률변수가 가지는 값이 실수이며 구간 내 모든 변수에 대하여 같은 확률밀도함수를 가지는 변수라고 정의한 바 있다.

반면에 이산확률변수에 대해서는 확률변수가 가지는 값이 정수 혹은 이산적인 변수로 정의되며 정의하는 구간 내에서 각 값에 대하여 모두 같은 확률을 가지는 확률변수이다.

우리 주변에서 균등분포를 따르는 이산확률변수의 가장 간단한 예는 동전 던지기에서 앞면과 뒷면이 나올 사건 혹은 주사위를 던졌을 때 특정한 숫자가 나올 사건과 같은 것이다.

균등확률변수의 질량함수는 다음과 같이 정의한다.

확률변수 X가 유한한 집합 $\{x_1, x_2, \cdots, x_N\}$ 내의 값을 가질 때 $X = x_i$, $i = 1, 2, \cdots, N$일 확률질량함수 $p(x_i)$는 $p(x_i) = 1/N$이다. 가령 주사위 던지기의 경우 X는 1에서 6까지의 값을 가지며 각 숫자가 나올 확률은 1/6이다.

균등확률변수의 응용예로 문제 4.11을 풀어보자.

문제 4.11

두 개의 주사위를 던지는 실험에서 얻는 두 눈의 수의 합을 X라고 할 때 다음 물음에 답하라.

(1) 두 눈의 수의 합에 대한 확률질량함수 $p(x)$를 구하고 그래프를 그려라.

(2) 두 눈의 수의 합에 대한 분포함수 $F(x)$의 그래프를 그려라.

(3) X의 분포에 대해서 물리적 의미를 논하라.

3.2 이항분포 확률변수

이항분포(二項分布, binomial distribution)는 베르누이 시행의 결과 얻어지는 확률분포이다. 먼저 베르누이 시행(Bernoulli trial)에 대해 설명하고 이항분포를 정의한다.

베르누이 시행

베르누이 시행은 스위스의 수학자 야코프 베르누이[6](Jacob Bernoulli, 1654~1705)가 고안하였다. 베르누이 시행은 같은 확률 실험을 여러 번 시행할 때 매번 시행하는 확률 실험이 상호 독립이고 각 실험의 결과가 두 가지 사건으로 표시되는 표본공간을 가진다.

James Bernoulli

베르누이 시행의 가장 쉬운 예로는 동전 던지기를 하였을 때 동전의 앞면과 뒷면이 나오는 사건 혹은 구슬놀이에서 홀

6 영어권인 미국에서는 Bernoulli를 '버~누이'라고 발음하는데 요즘 naming 대세가 자기 나라 발음을 존중하는 것이므로 베르누이로 발음한다. 예를 들면 習近平을 시진핑(Xi Jinping)이라고 부르는 것이다. 한편 베르누이의 이름(given name)은 원래 Jacob인데 James 혹은 Jacques라고도 불린다.

수 짝수 맞추기 등이다. 동전 던지기에서 앞면과 뒷면이 나올 확률은 0.5이다. 베르누이 시행의 또 다른 예로는 학생이 시험문제를 맞히거나 못 맞히는 것, 상품의 품질 시험에서 합격 또는 불합격 등이 있다. 마지막 예에서 상품이 품질 시험에서 합격할 확률이 p라고 한다면 불합격일 확률은 $1-p$이다. 이에 대해 두 가지 사건을 각각 O와 X로 표시하면 확률변수와 확률질량함수는 다음과 같다.

품질 시험 결과	확률변수	확률질량함수
합격	O	p
불합격	X	$1-p$

이상의 논의를 요약하면 베르누이 시행의 특징은 다음과 같다.

- 사건은 오직 두 가지 결과(예, 성공 혹은 실패)만 존재한다.
- 매 시행은 상호 독립이다.
- 매 시행마다 성공할 확률 및 실패할 확률은 각각 같다. 즉 시행은 같은 조건에서 시행된다.

한편 베르누이 시행은 실험 결과가 두 가지만 나온다고 하여 이항시행(二項試行, binomial trial)이라고 부르기도 한다.

베르누이와 관련하여 재미있는 일화를 하나 소개한다. 베르누이는 동전의 앞면이 연속으로 나올수록 상금이 두 배씩 증가하는 게임을 고안하였는데 정작 사람들은 게임에 참가하는 것을 주저하였다. 사실 이 게임은 아주 드물기는 하지만 동전의 앞면이 계속해서 나오면 상금은 기하급수적으로 늘어난다(예: 만약 상금이 10원일 경우 다섯번 연속 앞면이 나오면 상금은 160원이 됨). 이런 경우 게임의 기대치가 무한대라고 말하며 이런 게임은 무조건 참여해야 한다. 이것을 '상트페테르부르크 역설'이라고 부르는데 베르누이가 이 게임을 러시아의 상트페테르부르크에 있을 때 고안했기 때문이다. 이것을 통해서 베르누이는 '사람들이 객관적인 기댓값이 아니라 주관적인 만족도로 선택한다'는 것을 보였다.

이항분포

윷가락 하나를 던져서 평면에는 0을 할당하고 곡면에는 1을 할당하고 0이 나타날 확률은 p이고 1이 나타날 확률은 $1-p$이라고 하자. 이 경우 0과 1이 랜덤하게 나타나는데 이와 같은 실험은 베르누이 시행에 해당한다. p의 값은 0.5일 수도 있고 아닐 수도 있는데 이에 대해서는 나중에 자세히 다루기로 한다.

베르누이 시행을 n번 반복하였을 때 0이 나온 횟수가 k번일 확률이 얼마인지 구해보자. 확률변수 X를 n번 시행한 윷가락 던지기에서 0이 나올 횟수라고 하자. 그러면 X가 가질 수 있는 값의 범위는 0부터 n까지이다. 여기서 우리의 관심은 0이 나온 횟수가 k일 확률이 얼마인지를 알아보는 것이다.

이를 위해 임의의 i(단, $i=1, 2, \cdots, n$)번째 관측 시점에서 X가 가지는 값을 A_i라고 두자. 그리고 i번째 관측에서 0 혹은 1이 나올 사건을 각각 Z_i와 O_i라고 하자. 즉 모든 i에 대하여 A_i는 Z_i와 O_i 중의 한 값을 가지게 된다.

한편, n번의 결과를 관찰하였을 때 각 관측 결과는 상호 독립이므로 전체 실험 결과의 확률을 다음과 같이 나타내기로 한다.

$$P\{A_1,\ A_2,\ \cdots,\ A_n\}=P\{A_1\}P\{A_2\}\cdots P\{A_n\}$$

이때 n번의 관측에서 0을 k번 관측할 경우에 대한 확률의 계산은 두 단계로 나누어서 생각하여야 하는데 먼저 전체 n번의 관측 중에서 0이나 1이 나온 횟수만 고려하여 0이 k번 관측되고 1이 $n-k$번 관측되는 경우의 확률은 다음과 같다.

$$P\{n\text{번의 관측에서 단순하게 0이 } k\text{번 나옴}\} = p^k(1-p)^{n-k}$$

그런데 n번 던진 윷가락 중에서 평면이 나온 k개의 윷을 선택하는 경우의 수인 ${}_nC_k$를 고려하면 결국 n번 관측에서 0이 k번 나올 확률(이것을 $p(k)$라고 나타내자)은 다음과 같다.

$$P\{n\text{번의 관측에서 } k\text{번 0이 나옴}\} = p(k) = {}_nC_k p^k (1-p)^{n-k}$$

위의 식이 이항분포를 따르는 확률변수의 확률질량함수이며 그 확률변수를 $X \sim B(n, p)$로 표시한다. 물론 여기서 B는 베르누이의 머릿글자이다.

이항분포를 이용하여 확률을 계산할 수 있는 가장 대표적인 것이 윷놀이에서 도, 개, 걸, 윷, 모가 나올 확률이다. 우리는 보통 나무로 된 윷을 가지고 윷놀이를 하지만 사실은 동전 네 개만 있으면 윷놀이가 가능하다. 아래의 예를 보자.

예제 4.9

100원짜리 동전 네 개를 이용하여 윷놀이를 할 때 도,개,걸,윷,모 중에서 나올 확률이 높은 순서대로 나열하라.

풀이

동전에서 앞면(그림)과 뒷면(숫자)이 나올 확률이 같으므로 $p=1-p=0.5$이다. 동전의 앞면을 윷가락의 평면, 뒷면을 곡면이라고 생각하면 도, 개, 걸, 윷, 모가 나올 확률은 다음과 같다.

- 도: 앞면이 하나 뒷면이 3개 나옴 → $P\{\text{도}\} = \binom{4}{1}\left(\frac{1}{2}\right)^4 = \frac{1}{4}$
- 개: 앞면과 뒷면이 각각 2개 나옴 → $P\{\text{개}\} = \binom{4}{2}\left(\frac{1}{2}\right)^4 = \frac{3}{8}$
- 걸: 앞면이 3개 뒷면이 1개 나옴 → $P\{\text{걸}\} = \binom{4}{3}\left(\frac{1}{2}\right)^4 = \frac{1}{4}$
- 윷: 모두 앞면이 나옴 → $P\{\text{윷}\} = \binom{4}{4}\left(\frac{1}{2}\right)^4 = \frac{1}{16}$

- 모: 모두 뒷면이 나옴 → $P\{모\} = \binom{4}{0}\left(\frac{1}{2}\right)^4 = \frac{1}{16}$

이 같은 결과를 바탕으로 나올 확률이 높은 순서대로 나열하면 다음과 같다.

등수	결과	확률
1	개	3/8
2	도와 걸	1/4
3	윷과 모	1/16

윷에 대한 심화연구

필자가 수업시간에 학생들에게 주사위 던지는 실험과 관련된 숙제를 내었는데 강의를 들은 30명의 학생 중 29명의 학생은 윷의 평면과 곡면이 나올 확률을 0.5로 가정하여 문제를 풀었다. 그런데 유독 한 학생만이 평면과 곡면이 나올 확률을 0.6대 0.4로 가정하여 숙제를 해왔다. 그래서 필자는 속으로 '이런 독창적인 학생이 있나?'라는 생각으로 그 학생에게 이유를 물었더니 자신이 찾아본 바로는 시중에 나와있는 주사위를 던져서 실험을 하면 평면과 곡면이 나올 확률이 0.6대 0.4이기 때문에 자신은 그렇게 풀었다고 하였다.

'앗!! 세상에 이런 일이?' 필자는 그 학생에게 근거가 되는 자료를 제출하면 숙제도 맞다고 해줄 뿐만 아니라 보너스 점수도 주겠다고 하였다. 다음 수업시간에 그 학생은 동아 사이언스 인터넷판에 실린 관련 기사와 함께 학회 저널에 실린 논문을 한 부 제출하였다. 그가 제출한 자료에 따르면 1995년 고려대학교 통계학과 허명회교수가 완전한 반원이 아닌 우리나라의 윷의 모양을 고려한 평면과 곡면이 나올 확률을 구하였는데 그 결과 평면과 곡면이 나올 확률이 0.6대 0.4였다. 즉, 윷가락은 곡면보다는 평면쪽으로 더 잘 나온다는 것이다!

그렇다면 이러한 사실을 바탕으로 도,개,걸,윷,모의 각 사건이 나올 확률에 대해서 큰 순서가 어떻게 되는지 궁금하지 않는가? 다음 문제를 풀면서 확인해보자.

문제 4.12

윷놀이에서 다음 물음에 답하라.

(1) 평면과 곡면이 나올 확률이 0.6대 0.4일 때 도,개,걸,윷,모에 대해서 각각이 나올 확률을 큰 순서대로 나열하라.

(2) 평면과 곡면이 나올 확률이 0.4대 0.6일 때 도,개,걸,윷,모에 대해서 각각이 나올 확률을 큰 순서대로 나열하라.

한편 김미경, 허명회 등은 윷의 평면을 깎은 모양을 수학적으로 모형화하여 평면과 곡면이 나오는 확률의 관계를 연구하였는데 그들은 윷의 단면의 한 끝과 원의 중점이 이루는 각도에 따라 윷의 평면이 나올 확률이 정해짐을 알아냈다. 그리고 박진경, 박홍선 등은 우리나라에서 팔고 있는 대부분의 윷은 평면이 나올 확률이 0.5와 0.6의 사이의 값을 가지며 평면이 나올 확률이 0.5에 가까울수록 '개'가 '걸'보다 빈번하게 출현한다는 것을 알아냈다.

일반적으로 윷의 모양이 곡면이 넓은 모양으로 갈수록 곡면이 나올 확률은 0.6에 근접한다. 이 경우에는 '걸'의 빈도수가 '개'의 빈도수보다 더 많아진다. 결국 윷놀이에서 어느 말이 더 많이 나올지는 윷의 모양에 따라 달라진다.

윷말의 달리는 거리에 대한 연구

한편, 필자는 이 책을 쓰면서 윷말이 달리는 칸의 수에 대하여 논리가 타당하지 않음에 의문을 가졌는데 가령, 도,개,걸,윷,모에 대하여 평면과 곡면이 나올 확률이 같을 경우 개가 나올 확률이 가장 높고 도와 걸이 그 다음으로 높은데 왜 윷말은 도가 가장 적게 달리도록 하였는지, 그리고 걸은 나올 확률이 도와 같은데 또 왜 윷말을 세 칸이나 보내게 한 것인지 궁금했다. 그리고 또 윷과 모는 나올 확률이 같은데 왜 모가 윷보다 한 칸 더 멀리 달리도록 하였는지도 궁금했다.

오히려 '윷놀이'라는 이름에서 볼 수 있듯이 '윷'이 주인인데 왜 모가 윷보다 더 좋은 대접을 받는 것일까?

필자의 의문은 동아 사이언스에 실린 '윷놀이 말 놀음 필승 전략'에 설명되어 있었다. 윷놀이는 우리나라에서 삼국시대 이전부터 정월 초하루부터 보름까지 즐겨 행해지는 고유의 민속놀이였다. 부여 시대에는 새해가 시작되면 다섯 종류의 가축(돼지, 개, 양, 소, 말)을 다섯 부락에 같은 수로 나누어 주고 각 부족이 그 가축을 1년 동안 키워서 식구를 가장 많이 늘린 부족에게 상을 주었다. 이때 돼지, 개, 양, 소, 말을 각각, 도,개,걸,윷, 모에 비유시킨 것이다.

한편, 윷말이 한 번에 움직이는 거리를 정하는 기준은 동물의 몸의 크기를 가지고 정했다. 즉, 다섯 동물의 몸의 크기를 비교해보면 말–소–양–돼지–개 순이고 몸집이 큰 동물이 다리 또한 길었으므로 걷는 속도가 빠를 수밖에 없었다. 그런데 유독 돼지만은 몸집이 큼에도 불구하고 개보다 걷는 속도가 느려서 돼지를 개의 뒤로 보냈다.

문제 4.13

어떤 네트워크 라우터에 고객이 n명 연결되어 있다. 임의의 관측 기간 동안(가령, 5초 또는 1분) 각 고객이 패킷을 발생시킬 사건은 확률 p인 이항분포를 따른다. $n=10$이고 $p=0.1$이라 할 때 다음의 물음에 답하라.

(1) 관측 시점에 2개의 패킷이 발생될 확률을 구하라.

(2) 관측 시점에 많아 봐야 5개의 패킷이 발생될 확률을 구하라.

(3) 관측 시점에 최소한 3개의 패킷이 발생될 확률을 구하라.

(4) 관측 시점에 발생된 패킷이 2개보다 적을 확률을 구하라.

(5) 관측 시점에 발생된 패킷이 9개보다 많을 확률을 구하라.

문제 4.14

이항분포를 따르는 확률변수 $X \sim B(n, p)$에서 확률질량함수의 값이 최대일 확률변수 X의 값은 얼마인가?

이항분포의 확률질량함수 근사 계산

이항분포를 마무리하면서 한 가지만 더 이야기하고자 한다. 이항분포함수는 그 함수가 가지고 있는 특성상 시행횟수 n이 큰 경우에 계산이 곤란하다. 즉, 확률질량함수 $p(k) = {}_nC_k p^k (1-p)^{n-k}$에서 n이 클 경우 ${}_nC_k$(단, ${}_nC_k = \frac{n!}{k!(n-k)!}$)를 계산할 때 팩토리얼의 계산에 어려움이 있기 때문이다. 그래서 n이 충분히 클 경우(이때 거의 모든 경우에 $np>5$ 및 $npq>5$가 성립함)에는 이항분포함수 $B(n, p)$는 정규분포함수 $N(np, npq)$(단, $q=1-p$이며, np는 평균치이고, npq는 분산)로 근사해서 계산하는 것이 편하다. 즉, $P(k)$는 다음과 같이 근사식으로 표시할 수 있다.

$$p(k) = {}_nC_k p^k q^{n-k} \cong \frac{1}{\sqrt{2\pi npq}} e^{-\frac{(k-np)^2}{2npq}}$$

한편, 정규분포함수에 대해서 확률밀도함수나 분포함수는 앞에서 공부한 바와 같이 계산을 따로 할 필요가 없고 표준정규분포를 참조하면 쉽게 계산할 수 있다. 이것도 이항분포를 정규분포로 근사하는 한 가지 이유이기도 하다.

음이항분포함수

이항분포를 공부하면서 알아두면 도움이 되는 확률분포함수로서 음이항분포(陰二項分布, negative binomial distribution)함수가 있다. 이것 역시 베르누이 시행을 전제로 하는데 성공확률이 p인 베르누이 시행에서 매 시행마다 성공할 확률은 p이고 실패할 확률은 $1-p$이다.

이때 k번 성공하기 위해서 필요한 시행의 횟수를 확률변수 X로 두자. $X=n$의 의미는 $n-1$번의 시행 중 $k-1$번 성공한 후 마지막 n번째에 성공하여 결국은 n번째 되는 시행에서 성공한 총 횟수가 k가 된다는 것이다.

이것을 확률로 나타내면 다음과 같다.

$$P\{X=n\} = {}_{n-1}C_{k-1}p^{k-1}(1-p)^{n-k}p = {}_{n-1}C_{k-1}p^{k}(1-p)^{n-k}$$

위의 확률밀도함수를 음이항 확률밀도함수라고 한다.

예제 4.10

어떤 사람이 농구장에 자유투를 하려고 갔다. 그런데 그는 골을 10번 넣지 않으면 집에 가지 않으려는 야무진 결심을 했다. 그런데 문제는 그가 공을 던져서 골을 넣을 확률이 10%밖에 안된다는 것에 있다. 그가 목표를 달성하기 위해서 공을 100번이나 던져야 할 확률은 얼마일까?

풀이

위의 공식에서 $n=100$, $k=10$일 경우이며 그 확률은 다음과 같다.

$$P\{X=100\} = {}_{99}C_{9} \times 0.1^{10} \times 0.9^{90}$$

계산은 각자 해보자.

3.3 기하분포 확률변수

기하분포(幾何分布, geometric distribution)는 이항분포처럼 베르누이 시행을 한 결과로부터 유래한다. 가령 어떤 남자가 결혼중개소에서 여자를 소개받아서 결혼에 성공할 확률이 p라고 한다면 성공하지 못할 확률은 $1-p$가 되는데 이때 우리가 관심을 가지는 것은 이 남자가 결혼에 성공할 때까지 소개받아야 하는 횟수에 관한 것이다.

이 남자가 한 번 소개받은 사람과는 다시 소개받지 않는다고 가정하면 그가 소개로 결혼에 성공하는 사건은 사실 매번 독립적인 사건이므로 새로 소개받을 때 과거의 일이 현재에 아무런 영향을 미치지 못한다.

확률변수 X를 이 남자가 결혼에 성공할 때까지 받아야 하는 소개의 횟수라 하고 $X=n$일 확률 $P\{X=n\}$을 구해보자. $X=n$이라는 것은 이 남자가 n번 소개받았는데 $n-1$번은 결혼까지 도달하는 데 실패하고 마지막 n번째 드디어 결혼에 성공한다는 뜻이다.

이때 i번째 소개받았을 때 결혼에 성공하는 사건을 S_i라 하고 실패하는 사건을 F_i라고 하고 위에서 이야기한 것을 집합기호로 나타내면 처음부터 $n-1$번 소개받아서 계속 실패하고 마지막 n번째 드디어 성공한 경우이며 여기서 각 사건이 상호 독립이므로 이 상황을 수식으로 표현하면 다음과 같다.

$$P\{X=n\}=P\left\{\bigcap_{i=1}^{n-1}F_i\right\}\cap P\{S_n\}=\prod_{i=1}^{n-1}P\{F_i\}\times P\{S_n\}=(1-p)^{n-1}p$$

위에서 본 것처럼 베르누이 시행을 기반으로 하는 확률실험에서 성공과 실패라는 두 가지 상황이 있다고 하면 실험에서 처음으로 성공을 하기 위해 시행해야 하는 횟수를 나타내는 확률변수를 기하분포 확률변수(幾何分布確率變數, geometrically distributed random variable)라 하고 이때 기하(幾何)의 뜻은 "아이 참, 도대체 몇 번이나 반복을 하란 말이야?"로 이해하면 물리적 의미가 더 분명할 것이다.

한편 기하분포를 따르는 확률변수에 대해서 처음으로 성공하기 위해서 적어도 n번은 시행해야 할 확률(이것을 $p(n+)$로 나타내자)은 얼마일까? 이 경우는 처음부터 $n-1$번째의 시행에서는 계속 실패하다가 n번 혹은 그 이상의 시행에서 처음으로 성공할 확률과 같으므로 $p(n+)=p(n)+p(n+1)+\cdots$이다. 즉, 다음 식이 성립한다.

$$p(n+)=\sum_{k=n}^{\infty}p(k)=\sum_{k=n}^{\infty}q^{k-1}p=pq^{n-1}\frac{1}{1-q}=q^{n-1},\ 단,\ q=1-p$$

기하분포를 따르는 확률변수의 질량함수가 파라미터 p에 대해서 어떤 동작을 하는지 알아보기 위해서 p가 0.3, 0.5, 0.7일 경우에 대해 n이 $[1, 20]$ 사이에서 변할 때 $P\{X=n\}=(1-p)^{n-1}p$의 모양을 나타낸 것이 그림 4.12의 그래프이다.

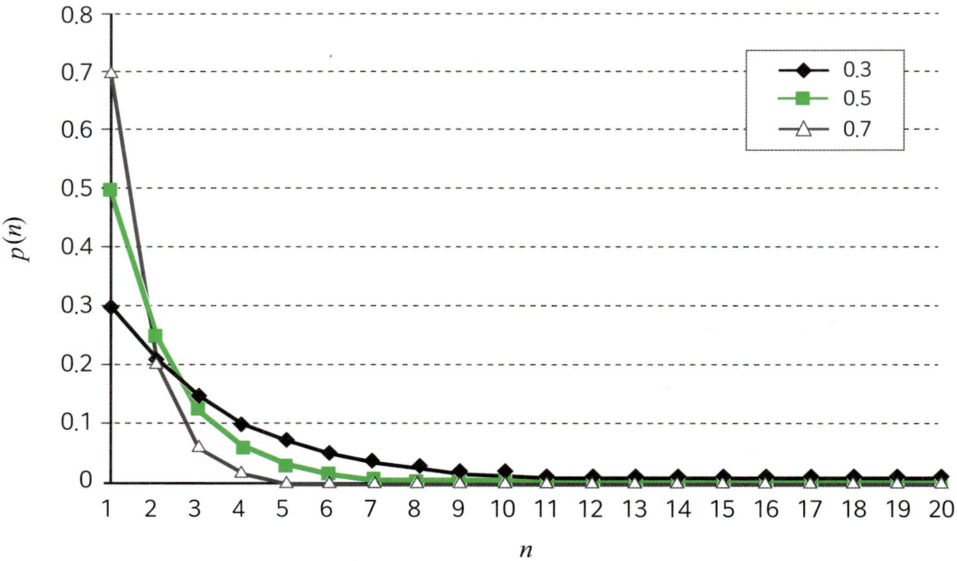

그림 4.12 기하분포 확률변수의 확률질량함수

그림 4.12에서 보는 것처럼 파라미터 p의 값이 클수록 작은 n에 대한 확률질량함수의 값이 크다. 반대로 p의 값이 작을수록 n이 커져도 확률질량함수의 값은 쉽게 작아지지 않는다. 즉, p의 값이 클수록 성공까지 시행해야 할 시도의 수가 작다는 의미이다.

예제 4.11

어떤 세 남자가 취직에 성공할 확률이 각각 20, 50, 70%라고 한다. 그렇다면 이 세 남자가 세 번 만에 취직에 성공할 확률은 각각 얼마인가?

풀이

위의 식에서 $p=0.2,\ 0.5,\ 0.7$이고 $n=3$이므로 각 남자가 세 번 만에 취직에 성공할 확률은 각각 다음과 같다.

- $p=0.2$인 경우: $P\{X=3\}=0.8^2\times0.2=0.128$
- $p=0.5$인 경우: $P\{X=3\}=0.5^3=0.125$
- $p=0.7$인 경우: $P\{X=3\}=0.3^2\times0.7=0.063$

예제 4.12

어떤 남자가 취직에 성공할 확률이 10%라고 할 때 이 남자가 언젠가는 취직할 확률은 얼마일까?

풀이

이 남자는 취직에 성공할 때까지 계속 시도해야 하므로

$$p\{X<\infty\}=\sum_{n=1}^{\infty}(1-p)^{n-1}p=\frac{p}{1-(1-p)}=1$$

이 남자가 포기하지 않고 계속 구직활동을 한다면 결국 취직에 성공할 확률은 1이다. 다만 이것은 이론적으로 그렇다는 것이지 실제로 그가 성공할지 필자는 장담할 수 없다. 한편 많은 사람들이 고교 때 확률을 공부하면서 항아리에 대한 트라우마(?)를 가지고 있는데 사실 확률의 원리를 알고 나면 생각보다 어렵지 않다. 다음 문제를 풀어보자.

문제 4.15

항아리에 같은 모양의 흰 공 세 개와 검은 공 두 개가 들어있고 복원추출을 가정할 때 다음 물음에 답하라.

(1) 첫 번째 시행에서 검은 공을 끄집어낼 확률을 구하라.

(2) 세 번째 시행에서 처음으로 검은 공을 끄집어낼 확률을 구하라.

(3) 검은 공을 끄집어내기 위해서 최소한 3번은 시행해야 할 확률을 구하라.

기하인듯 기하 아닌 기하같은 확률분포

기하분포 확률변수에 대해 이야기하다가 문득 필자의 옛 경험이 하나 생각났다.

후니는 대학 1학년 여름방학을 맞아 부산의 할머니 댁에 갔다. 할머니 집에서 맛있는 것을 먹으며 빈둥거리다가 몇 일 지나서 심심해진 후니는 집에서 그리 멀지 않은 광안리 바닷가에 갔다.

휴가 시즌도 지난 늦여름의 평일 오후 바닷가에는 인적이 그다지 많지는 않았는데 해변에는 파도만이 무심하게 하얀 포말을 일으키고 있고 파란 하늘에는 흰 구름 몇 점만이 지루한 듯 두둥실 떠 있었다. 광안리 바닷가 끝자락에는 빨간 공중전화 부스가 마치 사진 속의 오브제처럼 있었고 문득 동아리 동기 여학생 지니가 그 근처에 산다는 생각이 났다. 지니의 집 전화번호가 앞의 세 자리 국 번호는 생각이 나는데 뒷자리가 4,5,6,7의 네 숫자라는 건 기억이 나지만 순서가 어떻게 되는지 알쏭달쏭했다. 다만 분명한 것은 4567과 7654는 아니라는 것이다.

당시(Latte is a horse, 휴대전화도 없던 시절) 후니의 주머니 속에는 10원짜리 동전이 4개 있었는데 그것으로 공중전화는 딱 네 번만 걸 수 있다. 그날 지니는 집에 있었는데 후니가 10원짜리 동전 세 개를 허비한 후 마지막 한 개의 10원으로 전화를 거는데 성공해서 지니와 통화에 성공했을 확률은 얼마일까?

먼저 4,5,6,7의 네 숫자로 만들 수 있는 번호는 총 24가지인데 4567과 7654는 아니라고 했으니 22가지이다. 후니는 임의로 네 수를 나열하여야 하므로 세 번 실패하고 네 번째 성공하면 된다. 따라서 후니가 지니와 통화에 성공할 확률(이것을 Ps라고 하자)은 다음과 같다.

$$P_s = \frac{21}{22} \times \frac{20}{21} \times \frac{19}{20} \times \frac{1}{19} = \frac{1}{22} = 0.0454545\cdots$$

결국 후니가 지니와 통화할 확률은 4.5%가 조금 넘는다.

이야기가 나온 김에 좀 더 알아보자. 먼저 후니가 단 한 번에 성공할 확률은 $\frac{1}{22} =$ 0.0454545인 것은 쉽게 알 수 있을 것이고 후니가 첫 번째 시도는 실패하고 두 번째 시도에서 성공할 확률은 $\frac{21}{22} \times \frac{1}{22} = \frac{1}{22} = 0.0454545$이다. 후니가 두 번째 시도까지는 실패하고 세 번째 시도에서 성공할 확률은 $\frac{21}{22} \times \frac{20}{21} \times \frac{1}{20} = 0.0454545$이다.

이 결과로부터 재미있는 사실은 시도 횟수와 관계없이 어떠한 경우이든 후니가 지니와 전화에 성공할 확률은 모두 같다는 것이다. 이 현상은 극단적으로 만약 후니가 10원짜리 동전 스물두 개를 가지고 있고 스물두 번 만에 전화를 거는 데 성공할 확률까지 모든 경우에 해당한다. 여기서 확률변수 X를 '성공할 때까지 시행하여야 할 횟수'라고 하고 그때의 확률을 확률질량함수(pmf)라고 정의하면 이 학률변수 X는 pmf가 1/22인 균등분포를 따른다. 따라서 기하확률변수와는 무관하다.

이 문제에서는 매 실험마다 성공확률과 실패확률이 바뀌므로 완벽한 기하분포(매 시행마다 사건이 일어날 확률이 같은)를 따르는 사건이라고는 할 수 없지만 우리가 알고자 하는 사건이 일어날 확률을 구하는 방법은 기하분포의 확률변수와 같다.

한편 그날 후니가 지니와 전화통화에 성공할 확률은 네 번의 경우를 합친 것이므로 $\frac{4}{22} = 0.181818\cdots$, 즉 약 18.2%이다. 그렇다면 후니는 그날 어떻게 되었을까? 그날 후니는 결국 지니와 통화를 하지 못했다. 그러나 웃지 마시라. 후니는 지금 지니의 동생의 고교 친구와 30년 넘게 함께 살고 있다.

한편 로또는 1등 상금이 엄청나고 그 외의 등수에 대해서는 상금이 확 떨어진다. 그래서 로또 1등의 당첨 여부도 베르누이 시행으로 생각할 수 있다. 이번에는 아래의 문제를 통해 로또 1등 당첨에 대해 생각해 보자.

문제 4.16

로또에서 1등에 당첨될 확률은 814만 5060분의 1이다(그렇다면 1등에 당첨되지 않을 확률은 자명하다). 이때 아래의 물음에 답하라.

(1) 나일등씨는 오직 로또 일등에 당첨되겠다는 일념으로 그동안 로또를 100번이나 샀는데 한 번도 1등에 당첨되지 못하였다. 이 사람이 또 로또를 산다면 1등에 당첨될 확률은 얼마인가?

(2) 오행운씨가 로또를 사서 단 세 번 만에 1등에 당첨될 확률은 얼마인가?

3.4 푸아송분포 확률변수

필자는 어렸을 때 여름방학이 되면 가야산이 가까이 보이는 물 맑고 산 깊은 경북 성주의 할머니, 할아버지 댁에 가서 방학이 끝날 때까지 보내곤 하였다. 당시 시골에서 방학 일과는 단순했는데, 오전에는 책을 읽거나 방학숙제를 하고 낮에는 동네 아이들과 함께 강에서 멱을 감으며 놀고 늦은 오후에는 강가에서 해질 무렵까지 소에게 풀을 먹였다.

당시 필자는 소가 풀을 뜯어먹는 여름 오후의 지루한 시간을 나무 그늘 아래에 앉아서 국도를 지나가는 차의 수를 헤아리면서 보내곤 하였다. 1970년대까지만 해도 우리나라에는 자가용이 거의 없었고 자동차가 귀하던 시절이라 시골에서 차를 보는 일은 큰 즐거움이었다. 그 당시 필자는 확률분포가 무엇인지는 모르던 시절이었으나 그냥 소먹이는 동안에 차가 몇 대나 지나갔는지 헤아리곤 하였다.

Siméon-Denis Poisson

이처럼 일정한 관측 시간 동안에 자신이 관심을 가지는 사건이 몇 번이나 일어날지를 알아보는 일은 여가 이상의 의미가 있는데, 특히 공학적인 문제뿐만 아니라 실제 생활에 있어서 이와 같은 문제는 큰 의미를 지닌다. 가령 어느 병원에 한 시간 동안 손님이 몇 명 오는지, 어느 시내버스 정류장 앞을 10분 동안 차가 몇 대 지나가는지, 1초 동안에 라우터[7]에 패킷이 몇 개 들어오는지 등 궁금한 일은 셀 수 없이 많다. 이와 같은 특징을 모형화하는 함수로 푸아송분포함수가 있다.

푸아송분포함수는 프랑스의 수학자 푸아송(Siméon Denis Poisson, 1781~1840)이 고안한 이산확률분포함수인데 임의의 연속하는 시간 구간 동안 사건이 일어날 횟수에 대한 확률을 나타낼 때 유용하다.

여기서 유의해야 할 것은 푸아송분포함수가 관측 기간은 연속시간이고 사건의 발생 횟수가 이산치를 가진다는 것이다.

푸아송분포를 따르는 사건의 예로는 공장에서 매달 고장나는 기계의 대수, 하루에 가게로 물건을 사러 오는 고객의 수, 하루 동안 고속도로를 지나가는 차량의 대수, 또는 그 고속도로에서 일어나는 자동차 사고의 수, 그리고 인터넷에서 1시간 동안 라우터로 들어온 패킷의 수 등이 있다. 우리 주변에서 특정한 관측 기간 동안 일어나는 사건의 수를 모형화하는 데 아주 유용한 확률분포함수로서 물리적으로 의미가 큰 함수이다.

7 라우터(router)는 인터넷 데이터를 전송하는 장치이다.

푸아송분포함수

푸아송분포함수를 정의하기 위해서는 다음과 같은 두 가지 가정이 필요하다.

- 가정 1: 임의의 시간 구간에서 사건의 발생은 다른 시간 구간에서 발생한 사건과 상호 독립이다.
- 가정 2: 임의의 충분히 작은 시간 구간에서 사건은 오직 한 번만 일어나며 그때의 확률은 p이다. 그리고 λ는 긴 시간을 단위로 하였을 때 사건의 평균발생률[단위: 관측 기간당 사건의 발생 수]이다.

이때 임의의 관측 기간 $[0,t]$ 동안 어떤 사건이 k번 일어날 확률은 다음과 같다.

$$P(k,t)=\frac{(\lambda t)^k}{k!}e^{-\lambda t}$$

이같은 결과를 도출하기 위해서는 미분 및 적분과 미분방정식을 풀 수 있어야 하는데 이 책의 크기로 약 3페이지에 달하는 분량이다. 그러나 복잡한 수식을 도출하는 것은 이 책이 지향하는 철학과 거리가 있으므로 그 과정은 생략한다. 위의 식은 고안한 사람의 이름을 따서 푸아송분포(Poisson distribution)의 확률질량함수라고 한다.

이 식에서 알아두면 편리한 것이 있는데, 확률질량함수를 구할 때 관측 기간인 t에 대하여 설정이 비교적 자유롭다는 것이다. 즉, 관측 기간을 1초, 1분, 혹은 1시간이나 하루로 가정하면 t의 값이 1로 정규화(normalization)되어서 확률질량함수가 다음과 같이 간단하게 표시될 수 있다.

$$P(k)=\frac{\lambda^k}{k!}e^{-\lambda}$$

푸아송분포는 일정한 시간 간격 동안 일어난 사건의 수에 대한 확률을 계산하기 편리하다는 이유로 주변의 거의 모든 물리적 현상에서 사용되고 있으며, 특히 네트워크 모델링에서는 단골 손님으로 등장하는 확률질량함수이다. 즉, 대규모 네트워크에 대하여 충분히 큰 규모의 가입자를 수용하는 스위치(교환기)나 인터넷 라우터로 들어오는 호(call)의 수나 패킷(packet)의 수를 모델링할 때 아주 유용한 확률함수로 널리 알려져 있다.

푸아송분포가 파라미터 λ와 k의 값에 따라 어떠한 동작을 하는지 알아보기 위해 $\lambda=1, 2, 3$인 경우를 가정하여 $k=[0, 20]$에 대하여 $p(k)$를 그린 것이 그림 4.13이다.

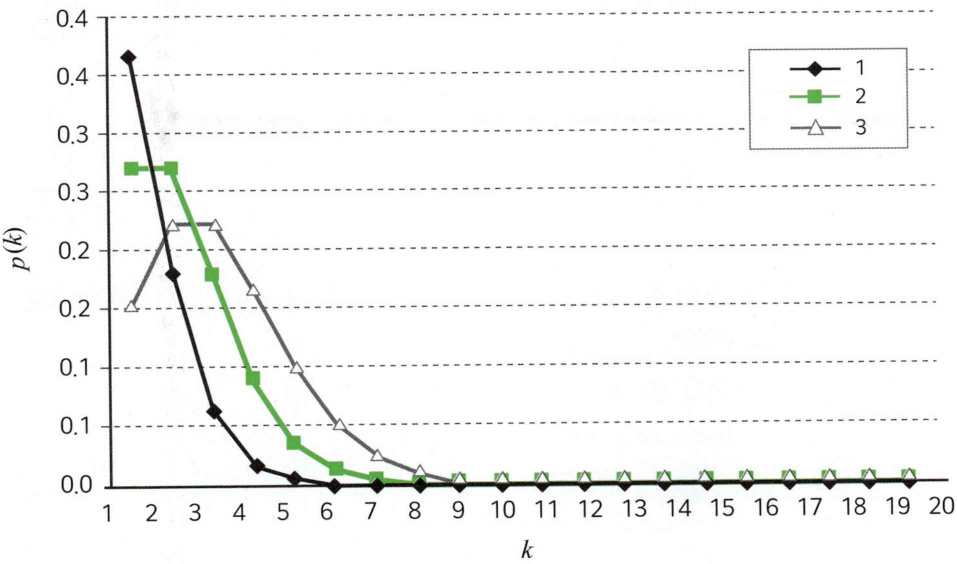

그림 4.13 푸아송분포를 따르는 확률변수의 확률질량함수

그림 4.13에서 볼 수 있듯이 λ의 값이 작을수록 $p(k)$는 작은 k값에 대하여 확률질량함수의 값이 커지며 그래프도 왼쪽으로 쏠리게 된다. 반대로 λ의 값이 클수록 $p(k)$는 큰 k에 대한 확률질량함수의 값이 커지며 그래프가 오른쪽으로 쏠리게 된다.

예제 4.13에서 푸아송분포를 따르는 사건의 확률을 구해보자.

예제 4.13

창원시에 있는 경상남도 도청 앞을 지나가는 시내버스의 수는 1분에 평균 5대인 푸아송분포를 따른다. 어느 날 도청 앞에 서서 1분 동안 지나가는 버스의 수를 관찰하였을 때 지나간 버스의 수가 5대 이상일 확률은 얼마인가?

풀이

버스의 평균 도착률이 1분당 5대이므로 $\lambda=5$이다. 1분 동안 지나가는 버스의 수를 관찰하였을 때 지나간 버스의 수가 5대 이상일 확률은 전체 확률에서 버스가 지나갈 확률이 4대 이하일 확률을 빼면 되므로 그 결과는 다음과 같다.

$$P\{\text{1분 동안 지나간 버스의 수} \geq \text{5대}\} = 1 - P\{\text{1분 동안 지나간 버스의 수} \leq \text{4대}\}$$
$$= 1 - \sum_{k=0}^{4} \frac{5^k}{k!} e^{-5}$$

문제 4.17

어떤 사람의 PC에 들어오는 이메일(e-mail)의 수는 1시간 동안 평균 60개인 푸아송분포를 따른다. 이때 다음 물음에 답하라.

(1) 5분 동안에 단 한 개의 이메일도 도착하지 않을 확률은 얼마인가?

(2) 1분 동안에 3건 이상의 이메일이 도착할 확률은 얼마인가?

4. 긴 꼬리분포 확률변수

긴 꼬리분포에 대해서 이야기하기 전에 먼저 거듭제곱분포에 대해서 이야기하고자 한다. 왜냐하면 긴 꼬리분포와 거듭제곱분포가 서로 관련이 있기 때문이다.

우리 주변에는 알고 지내는 사람이 유난히 많은 소위 '마당발'이라고 불리는 사람이 있다. 사람들의 친교관계를 연구한 결과에 따르면 사람이 사귀고 있는 친구의 수에 대한 확률분포가 거듭제곱분포(power-law distribution)를 가진다고 한다.

거듭제곱분포

거듭제곱분포는 확률밀도함수 혹은 확률질량함수가 멱함수(power-law function)로 표시되는 것을 말한다. 어느 한 사람이 사귀는 사람의 수가 거듭제곱분포를 따른다는 것은 그 사람이 사귀는 사람의 수에 대한 확률질량함수가 사귀는 숫자가 증가할수록 거듭제곱의 크기로 감소한다는 것이다.

거듭제곱분포를 따르는 사회현상의 예는 무수히 많은데, 몇 가지 예를 들면 한 국가에서 전체 인구의 20%가 국가의 부의 80%의 차지하는 현상, 인터넷에서 상위 과다 사용자 10%가 전체 트래픽의 90%를 차지하는 현상, 영화 관람 건수, 음원 다운로드의 수, 조직에서 결정적인 역할을 하는 사람의 수, 단어의 사용 빈도, 도시의 인구 분포, 논문의 인용 횟수 등 다양한 분야에서 나타난다.

긴 꼬리분포

긴 꼬리분포는 거듭제곱분포의 꼬리함수가 무시할 수 없을 만큼의 값을 가지는 것을 말한다. 앞에서 예로 든 사람의 관계에서 말한다면 어떤 마당발이 사귀는 사람의 숫자가 아주 큰 경우에도 무시할 수 없을 만큼의 확률을 가지는 분포를 말한다. 따라서 거듭제곱분포를 따르는 확률변수는 분포의 오른쪽 꼬리부분에서도 확률 값이 무시할 수 없을 만큼 큰데 그래서 이 분포를 두터운 꼬리분포(heavy tail distribution) 혹은 긴 꼬리분포(long tail distribution)라고 한다.

일반적으로 확률의 세계에서 짧은 꼬리(short-tail)를 가지는 확률분포함수는 확률변수 값이 커짐에 따라 그 변수가 나타날 확률이 지수함수적(exponentially)으로 작아져서 충분히 큰 확률변수 값에 대하여 그 변수 값이 나타날 확률이 거의 0으로 근접한다고 알려져 있다. 즉, 우리가 앞에서 공부한 지수확률분포가 짧은 꼬리분포를 가진다.

한편, 긴 꼬리를 가지는 확률변수는 그렇지 않다. 즉, 확률변수의 값이 커져도 그 확률변수가 나타날 확률이 0으로 근접하지 않는다. 이런 분포함수를 따르는 예로서는 LAN(local area network)을 흐르는 트래픽의 양을 비롯하여 인터넷 TV 프로그램의 시청자 수, 모바일 음원의 다운로드 수, 소셜네트워크에서 모이는 사람의 규모, 인터넷의 패킷 크기, 비디오 프레임의 크기 등이다.

1995년 빌게이츠의 마이크로소프트(Microsoft)가 윈도우즈 95를 발매하기 이전에는 주된 통신수단이라고 해야 고작 고정전화(固定電話, 여러분에게는 낯선 이름이겠지만, fixed network으로 연결된 전화라는 뜻으로 이를 보통 '집전화'라고 함)밖에 없었다. 집전화가 주류를 이루던 시절에는 음성신호를 담은 패킷의 길이는 국제전기통신연합의 표준화기구인 ITU-T의 표준 음성코딩 방식인 G.711에 의하여 정의된 약 260바이트(1바이트는 8비트)의 고정 길이의 크기였다. 왜냐하면, 사람들의 음성 신호 특성이 크게 다르지 않고 그 음성에 대해서 동일한 코딩기술을 사용했기 때문이다.

그런데 2000년대에 들어서 인터넷과 무선전화의 발달로 다양한 형태의 코딩기술이 등장함에 따라 네트워크를 흐르는 패킷의 길이는 다양한 값을 가지게 되고 이들 서비스가 동일한 네트워크를 통해서 흐르게 되면서 다양한 응용서비스로부터 발생된 각기 다른 패킷은 그 길이가 확률변수와 같은 동작을 하게 된다.

1994년 당시 미국의 Bellcore에 근무하던 리랜드(Will E. Leland)는 3명의 연구 동료와 함께 이더넷 랜(Ethernet LAN)을 흐르는 패킷의 길이를 측정한 결과 그들이 긴 꼬리분포를 가지고 있는 것을 세계에서 최초로 발견하였다. 즉, 이더넷 랜에는 패킷의 길이가 아주 짧은 것에서부터 긴 것까지 다양하게 분포되어 있으며 대부분의 패킷은 길이가 짧은 것이지만 길이가 긴 패킷의 수도 무시할 수 없을 만큼 있다는 것이다.

그리고 최근에 거의 모든 네트워크에서 패킷의 길이를 조사해 본 결과 패킷의 길이가 아주 짧은 것에서부터 아주 긴 것까지 다양한 크기에 걸쳐 무시할 수 없는 확률을 가지고 나타남을 발견하였다는 연구결과도 있다. 그 이유는 네트워크를 흐르는 데이터가 음성뿐만 아니라 텍스트, 이미지, 비디오, 오디오, 게임, 파일 등 너무나 다양해졌기 때문이다. 그림 4.14는 네트워크 엔지니어가 이 현상을 설명하는 데 자주 인용하고 있는 긴 꼬리를 가지는 확률변수의 대표적인 그래프이다.

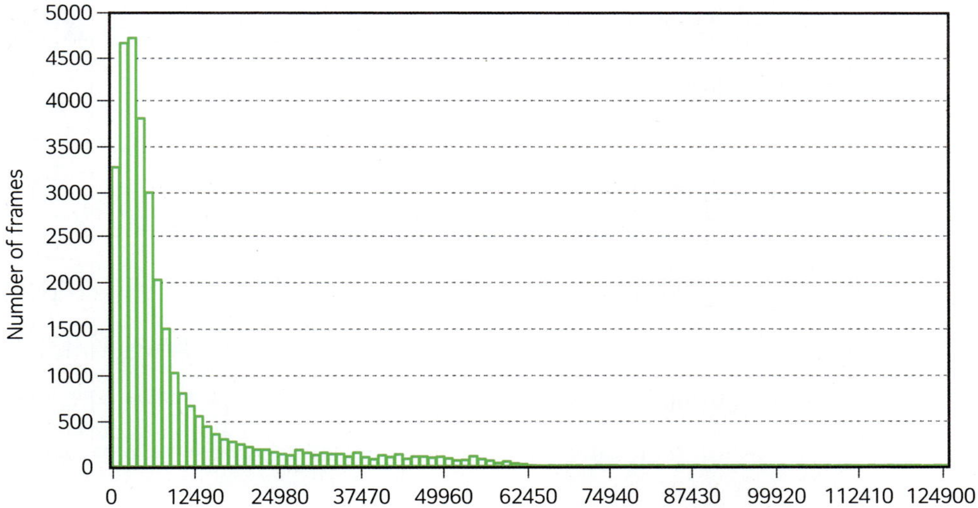

그림 4.14 스타워즈의 프레임 길이 분포[단위: X축은 kbit, Y축은 프레임의 갯수]

영화 스타워즈(Star Wars)는 등장인물의 복장도 화려하고 움직임도 빨라서 비디오 화면을 구성하는 프레임을 나타내기 위해 필요로 하는 픽셀(pixel) 수가 각양각색이다. 따라서 대부분의 프레임이 길이가 짧은 가운데 꽤 긴 길이의 프레임도 무시할 수 없을 정도로 많다. 그래서 프레임 길이 분포가 오른쪽으로도 꽤 긴 꼬리를 가지고 있는 것이다.

그러면 긴 꼬리분포가 가지는 물리적인 의미는 무엇인가? 이를 알아보기 위해서 영화 이야기를 계속해보자. 위의 그림에서도 볼 수 있듯이 길이가 긴 프레임이 나타날 확률은 비록 작지만 이들의 확률을 모두 더하면 무시 못 할 만큼 상당한 크기가 된다.

또 길이가 아주 큰 프레임은 아주 짧은 프레임을 수십 개 혹은 수백 개 합친 것보다도 데이터 크기가 더 크므로 이와 같은 프레임이 가끔이라도 나타나면 네트워크에 가해지는 부하는 크다. 따라서 이런 현상을 네트워크 설계에서는 무시할 수 없다. 그래서 보통 긴 꼬리 위험(long-tail risk)이라는 것을 '발생 가능성은 비록 낮지만 일단 그 사건이 발생할 경우에는 파괴적인 결과를 초래하는 위험'으로 정의하고 있다.

아래에서는 거듭제곱분포 및 긴 꼬리분포를 나타내는 현상을 통칭하는 개념으로서 경제학, 사회학, 심리학 등에서 많이 쓰이는 지프의 법칙(Zipf's law)과 멱분포(冪分布, power distribution)에 대해서 소개한다.

지프의 법칙과 멱분포

2008년 11월 17일, 우리나라 IT 비즈니스 분야에 있어서 최후의 킬러 애플리케이션(killer application, 회사의 주된 수입원 혹은 수익을 많이 가져다줄 사업을 의미함)으로 알려진 역사적 사건이 있었다. 인터넷 TV(Internet protocol TV, 이하 IPTV) 서비스를 통하여 기존 지상파 방송의 실시간 전송이 우리나라에 처음으로 도입되었는데, 2007년부터 일부 서비스 제공자(KT, SK텔레콤)들은 VoD(video on demand, 주문형 비디오) 서비스를 제공해왔던 차에 KT가 우리나라에서 가장 먼저 본격적인 IPTV 서비스를 제공하게 된 것이다.

George Kingsley Zipf

한편, 그동안 서비스를 시행해 온 VoD 서비스에서도 가입자들의 비디오 시청에 대한 특성들이 서서히 밝혀지기 시작하였는데 그중에서도 유의할 만한 특징은 가입자들이 선호하는 비디오 프로그램에 지프의 법칙(Zipf's law)이 성립한다는 사실이다. 지프의 법칙은 미국의 언어학자이자 문헌학자인 조지 지프(George Kingsley Zipf, 1902~1950)

가 1935년에 발명한 것이다.

지프의 법칙은 거듭제곱분포와 긴 꼬리분포를 지니는 확률변수를 일컫는 일반적인 개념으로서 물리 및 사회과학 분야에서 얻어지는 많은 실험 데이터에서 나타나는 현상을 잘 나타낸다. 앞에서도 이야기한 것처럼 영어, 한글, 스와질리어 등 언어의 종류에 관계없이 인간이 사용하는 단어가 나타나는 빈도는 단어마다 고유의 특징을 가지고 있는데, 가장 빈번하게 나타나는 단어의 수는 두 번째로 빈번하게 나타나는 단어의 수보다 약 두 배 많고, 세 번째로 빈번하게 나타나는 단어는 두 번째로 빈번하게 나타나는 단어의 반밖에 안 되며, 나머지 순위의 단어들도 이런 경향이 계속해서 반복되는데, 아주 드물게 사용되는 빈도의 단어가 나타날 확률이 무시할 수 없을 만큼 존재한다. 결국은 평소에 잘 쓰지 않는 단어는 나타날 빈도가 아주 작은데 그렇다고 그 빈도가 0은 아니다. 이런 특성을 가진 함수를 멱함수(冪函數, power law function)라고 한다.

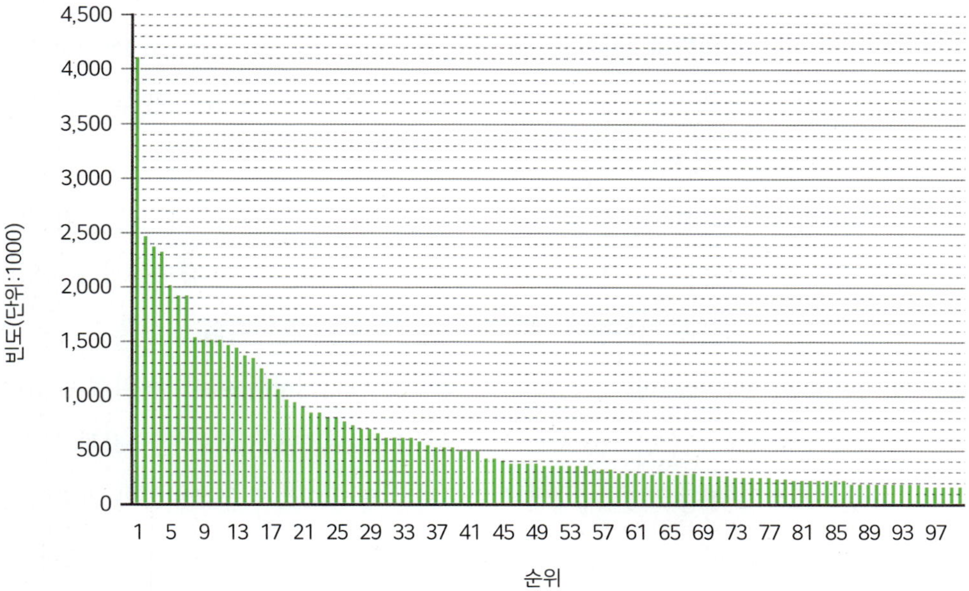

그림 4.15 IPTV 시청 상위 100 프로그램의 빈도수

그림 4.15는 2012년 8월 한 달 동안 국내의 모 ISP에 가입되어 있는 고객이 시청한 IPTV 프로그램에서 상위 1위부터 100위까지 시청한 횟수의 분포를 나타낸 그래프이다.

그림 4.15에서도 볼 수 있듯이 상위 1위의 프로그램 다운로드는 한 달 동안 410만 건이고, 2위인 프로그램은 247만 건이다. 그림에서는 2, 3, 4위가 고만고만하게 경쟁을 하고 이어서 5, 6, 7위도 비슷한 분포를 나타내고 뒤로 갈수록 빈도가 떨어지기는 하지만 100위까지 경사가 완만하게 빈도가 감소하고 있어서 전체적으로 긴 꼬리분포 현상이 잘 나타나고 있다. 실제로 ISP가 보유하고 있는 VoD의 프로그램은 수만 건이 넘는데 거기에서도 긴 꼬리분포 현상이 나타난다.

파레토의 법칙

경제학에서 가장 많이 인용되는 이야기로서 시장 자본주의가 제대로 정착한 국가에서는 '상위 10~20%의 부자가 그 나라의 전체 부의 80%를 차지한다'는 것이 있다. 이 논리는 이탈리아의 경제학자 빌프레도 파레토(Vilfredo Federico Damaso Pareto)가 제창했다고 하여 '파레토의 법칙(Pareto's law)'이라고 불린다. 즉, 한 국가의 부의 많은 부분을 소수의 사람들이 가지고 있다는 뜻이다.

21세기 초 한때 우리나라에서도 어느 정권이 이 사실을 이용하여 국민을 가진 자와 가지지 못한 자로 나누어서 정권의 인기 관리에 '재미를 좀 봤다'고 참모들끼리 웃었다는 소문도 있으나, 그것은 인문학은 물론이고 경제학이나 통계학의 진실을 모르는 어설픈 정치꾼의 선동에 불과한 것이었음은 지식인들 사이에서는 이미 잘 알려져 있다. 미국 스탠포드 대학교 교수인 프랜시스 후쿠야마(Francis Fukuyama, 철학자이자 정치경제학자)는 "소득 불평등은 전 세계에서 벌어지는 현상으로서 글로벌화와 기술이 발전하면서 발생하는 문제이지 국가의 체제와는 아무런 관계가 없다"고 잘라 말했다. 사회주의 국가인 중국은 2000년 이후 지금까지 계속 불평등이 심화되어 우리나라보다 더

심하다고 하고 복지천국이라는 스웨덴도, 자본주의의 표상인 미국도 소득의 불평등은 계속 심화되고 있다.

심지어 동물행동학에서도 지프의 법칙이 성립하는데 개미왕국에서 그다지 중요한 역할을 맡지 못했던 일개미만 잡아다가 격리시켜서 키우면 그중에서 다시 여왕개미, 병정개미, 일개미 등 각자 역할을 분담하여 또 다른 개미사회를 만들어간다고 한다. 그런데 여기서 다시 약 10% 정도만이 개미왕국을 이끌어나가는 엘리트 집단의 구성원이 되고 나머지 90% 정도는 그냥 소시민 개미로서 아무 생각 없이 하루하루를 살아간다고 한다.

우리나라에서 해외 자유여행 가이드 앱을 만든 회사 '트리플(trip+people, 여행하는 사람들)'의 김연정 대표는 한국 여행객의 선호도에 8 대 2의 법칙(한국 여행객 80%가 세계 20%의 여행지에 감)이 있다는 점에 착안하여 선호 여행지 순위를 매긴 다음 상위 20%의 여행지 정보를 만들어서 여행자 상황에 맞춰서 숙박, 투어, 체험 등을 예약해 주고 수수료를 받았는데 그것이 대박이 났다. 사실, 전 세계를 대상으로 이런 서비스를 하려면 엄청난 수고가 들지만 상위 20%(2019년 2월 현재는 120개 도시)에 한정해서 정보를 수집하고 서비스를 제공하는 데는 큰 부담이 되지 않는다. 한마디로 전체 여행객의 20%만 차지하는 하위 80%의 여행지는 포기함으로써 얻어낸 효율이다.

한편 지프의 법칙을 다른 각도에서 보는 시각도 있는데 이번에는 상위의 반대인 하위에 대해서 분석한 결과이다. 아마존(Amazon) 등 글로벌 전자상거래 기업의 매출을 분석한 결과에서 매출규모에서 하위 80%의 책이 차지하는 매출액이 전체 매출액의 50%에 이른다는 연구결과도 있다. 이것은 꼬리분포 측면에서는 긴 꼬리에 해당하는데, 이로부터 정보통신기술의 발달로 인하여 예전에는 고객이 찾을 수 없었던 비인기 도서의 검색이 가능해지면서 종전의 파레토 법칙이 더 이상 성립하지 않는다는 설도 있다. 결과적으로 이런 현상 때문에 고객에게 자세한 정보를 제공해야 하는 기업은 모든 고객에게 모든 상품을 마케팅해야 한다는 것을 시사한다.

경제학적, 동물행동학적 통계에서도 볼 수 있듯이 확률변수의 값을 x축에 나열하고 그 변수가 일어날 확률을 y축에 표시할 때 확률변수에서 일부의 작은 값의 확률변수(가령, 높은 순위, 핵심 역량, 중요도 등)가 차지하는 비율이 아주 높고 확률변수의 값이 커질수록(순위가 낮거나 중요도가 낮은 등) 그 확률이 현저히 작은 값을 가지되 그렇다고 무시는 할 수 없을 만큼의 값을 가지고 존재한다는 이론으로서, 이를 멱함수 혹은 긴 꼬리분포 이론(long tail theory)이라고도 한다.

다시 앞의 VoD의 이야기로 돌아가서 어떤 VoD 사업자가 총 N개의 비디오 프로그램을 가지고 있다고 하자. 그리고 VoD를 시청하는 가입자의 비디오 시청 행태가 지프의 법칙을 따를 때 임의의 한 사람이 n번째 인기 있는 비디오를 요청할 확률(확률질량함수)은 다음과 같이 나타낸다.

$$p(n)=\alpha n^{-\alpha-1},\ (\text{단, } n\text{은 1부터 } N\text{까지의 자연수})$$

위의 식에서 α는 영향지수(影響指數, impact factor)라고 불리는 것으로 특정 비디오 프로그램에 대한 고객의 선호도에 따라 결정된다.

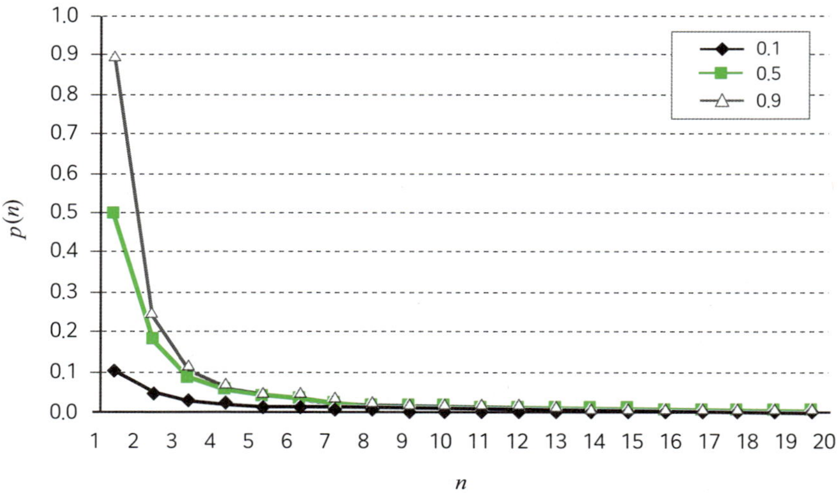

그림 4.16 멱함수 $p(n)$의 확률질량함수

멱함수 혹은 긴 꼬리분포가 파라미터의 값에 대해 어떤 동작을 하는지 알아보기 위하여 α=0.1, 0.5, 0.9에 대하여 n=[1, 20] 사이를 가질 확률질량함수 $p(n)$을 그려보았다. 그림 4.16은 이를 나타낸 것이다.

한편, 1위부터 헤아렸을 때 n번째까지 인기 있는 비디오에 대한 확률분포함수는 다음과 같이 정의된다.

$$F(n) = 1 - \left(\frac{1}{n}\right)^{\alpha}$$

아래의 예제를 통해서 긴 꼬리분포가 가지는 의미를 생각해 보자.

예제 4.14

어떤 VoD 서비스 사업자가 총 150편의 비디오 프로그램을 가지고 있는데 다운로드의 수가 많은 순서대로 나열하여서 상위의 10%를 좋아할 확률이 전체 렌탈수의 48%인 지프의 법칙을 따른다고 할 때 다음 물음에 답하라.

(1) 확률질량함수를 구하라.

(2) 고객이 가장 인기 있는 비디오를 빌려볼 확률은 얼마인가?

풀이

(1) 확률질량함수를 구하려면 먼저 매개변수의 값을 알아야 한다. 지프의 법칙을 나타내는 분포함수의 정의로부터 다음의 관계식을 얻는다.

$$0.48 = 1 - \left(\frac{1}{15}\right)^{\alpha}$$

위의 식을 풀면 α=0.2415이며 결국 $p(n)=0.2415n^{-1.2415}$이다.

(2) 고객이 가장 인기 있는 비디오를 빌려 볼 확률은 확률질량함수에서 n=1일 때이므로 α=0.2415, 즉 24.15%이다.

파레토분포

Vilfredo Federico Damaso Pareto

긴 꼬리분포를 나타내는 현상 가운데서 대표적인 것으로는 파레토(Pareto)분포가 있다. 파레토분포는 이탈리아의 경제학자 빌프레도 파레토(Vilfredo Federico Damaso Pareto, 1848~1923)가 고안한 것이다.

파레토분포는 두 개의 파라미터를 가지는 연속확률변수의 분포함수이다. X를 확률변수, m을 확률변수가 가질 수 있는 최솟값(0보다 큰 값), α는 분포함수의 꼬리지수(tail index)라고 할 때 파레토분포를 따르는 확률변수는 다음의 식을 만족한다.

$$F(x) = Pr\{X \le x\} = 1 - \left(\frac{m}{x}\right)^{\alpha},\ (x \ge m > 0,\ \alpha > 0)$$

사실 긴 꼬리분포함수는 확률분포의 꼬리가 다차원함수를 가진다는 의미에서 생겨난 것인 만큼 위와 같이 누적분포함수로 나타내는 것보다는 원래의 의미에 충실하게 꼬리분포함수로 나타내는 것이 더 나은데 꼬리분포함수를 $T(x)$라고 하면 다음과 같다.

$$T(x) = Pr\{X > x\} = \left(\frac{m}{x}\right)^{\alpha},\ (x \ge m > 0,\ \alpha > 0)$$

한편, 위의 분포함수로부터 확률밀도함수 $f(x)$는 다음과 같다.

$$f(x) = Pr\{X = x\} = \alpha m^{\alpha} x^{-\alpha-1},\ (x \ge m > 0,\ \alpha > 0)$$

예제 4.15

파레토분포를 따르는 확률변수 X가 최솟값 1, 꼬리지수 0.5의 값을 가질 때 [11, 101]의 범위에서 확률밀도함수와 분포함수를 X의 간격이 10씩 증가하는 경우에 대하여 각각 그려라. (X의 범위를 11부터 지정한 이유는 X의 값이 1에서 10 사이의 $f(x)$와 그 뒤의 $f(x)$의 값의 차이가 너무 커서 이들을 함께 그래프로 나타내면 긴 꼬리부분의 모양을 나타내기 어렵기 때문이다.)

풀이

위에서 가정한 파라미터를 고려하였을 때 X의 확률밀도함수는 $f(x)=0.5x^{-1.5}$, $(x \geq 1)$이고 그래프는 다음과 같다.

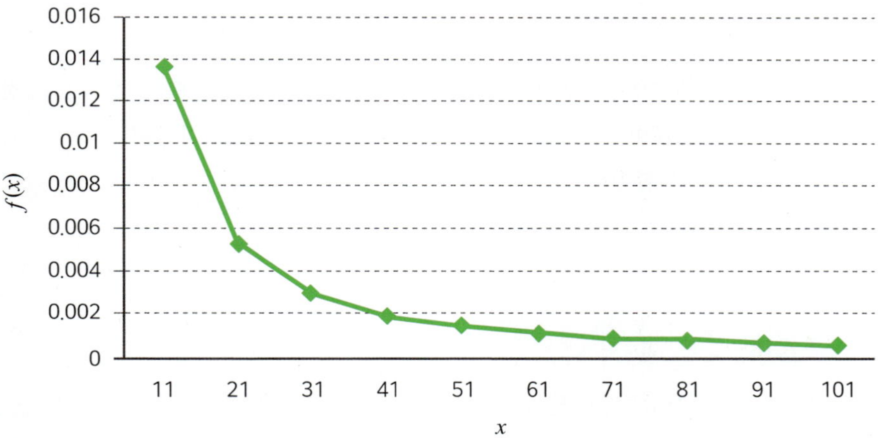

위의 그림에서 볼 수 있듯이 파레토분포를 따르는 확률변수 X의 값이 증가하여도 확률밀도함수의 값은 무시할 수 없을 만큼의 크기를 가지고 계속 존재한다. 그리고 확률밀도함수는 X의 값이 커질수록 기울기가 완만해진다. 따라서 꼬리가 길어지는 것이다. 사실 위에서는 공간의 제약 때문에 X의 값을 101까지만 나타냈지만 X가 무한대가 될 때까지 확률밀도함수의 값은 무시할 수 없는 값을 가지고 있다.
한편, 분포함수는 다음의 그림에서 보듯이 X의 값이 작을 때 높은 확률을 가지므로 일찌감치 높은 값으로 올라간 후 X의 값이 커짐에 따라 서서히 1로 수렴하지만 1에 도달하기까지는 아직 상당히 빈 공간이 있다.

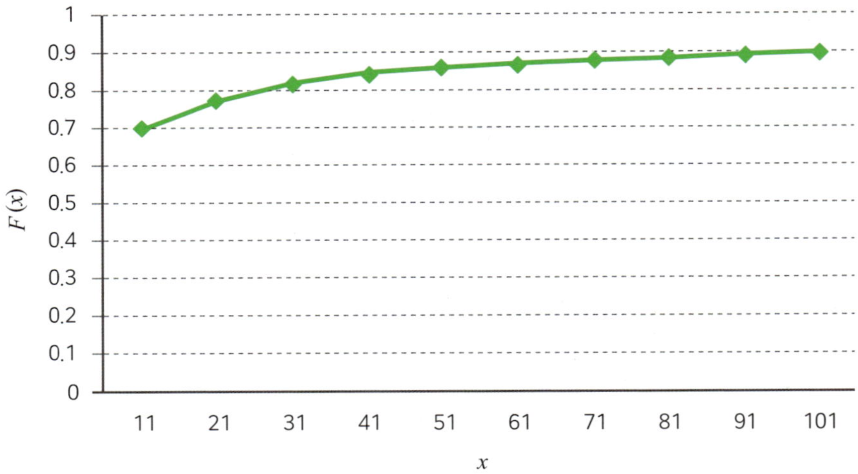

여기서 $X=101$이 되어도 분포함수의 값이 1로 수렴하지 않는(0.9에서 머물고 있음!) 것으로부터 우리는 이 확률변수가 X의 값이 증가해도 계속 존재할 확률이 높다는 것을 알 수 있다. 이 또한 이 확률변수의 꼬리가 길다는 것을 잘 나타내고 있다.

문제 4.18

영화 D-War의 프레임을 패킷으로 만들어서 인터넷으로 보여주는 주문형 비디오(VoD) 서비스를 분석하여 보았더니 패킷의 길이분포가 최솟값 60, 꼬리지수가 0.7인 파레토분포를 따른다고 알려졌다. 이때 임의의 패킷을 끄집어내어서 관찰해 보았을 때 그 패킷의 길이가 1500보다 클 확률은 얼마인가?

연습문제

1. 안빛나양과 노원한군이 등산을 갔는데 원한이가 이런 제안을 했다. "빛나야 가방 무겁지?" 그러자 빛나는 "응!!"하고 대답하였다. 원한이는 "나도 무거워…. 빛나야~ 우리 동전 네 개로 윷놀이를 하여 도나 개가 나오면 네가 가방을 매고 걸, 윷, 모가 나오면 내가 가방을 매고 가는 거 어때? 너는 도와 개 단 두 개고 나는 걸, 윷, 모 세 개니까 네가 더 유리한 거 알지?"라고 말하면서 빛나의 눈치를 보았다. 그렇다면 과연 빛나는 이 제안을 수락해야 할까?

2. 선거를 앞두고 후보별 선호도를 조사하기 위해서 설문을 하려고 한다. 이때 총 10명에게 전화하기로 하였는데, 전화를 건 사람 중에서 평균 20%의 사람만이 설문에 응하겠다고 답할 때 다음의 물음에 답하라.

   (1) 네 번째 시도에서 처음으로 설문에 응하겠다고 할 확률은 얼마인가?

   (2) 단 한 명도 응답을 하지 않겠다고 할 확률은 얼마인가?

3. 살인사건의 용의자는 평소 자주 들르는 술집이 있었는데 그가 그 술집에 들를 확률은 날짜에 무관하게 10%이다. 경찰은 그를 체포하기 위하여 8일 동안이나 잠복근무를 하고 있었으나 그는 나타나지 않았다. 10일째 되는 날 술집에 나타난 그를 경찰이 검거할 확률은 얼마일까?

4. 일반적으로 가습기는 평균수명이 10년인 지수분포함수를 따른다고 한다. 이때 가습기를 시판하여 몇 년이 경과하면 그 해에 팔린 것 중에서 반 이상이 고장이 나있을까?

5. 기상청에서는 무선통신을 이용하여 멀리 떨어진 곳의 기상정보를 받는데 이 장비가 멀리 떨어진 센서로부터 데이터를 수신하는 데 평균 5분인 지수분포를 따른다고 한다. 그리고 전송실패가 발생하면 자동으로 재전송할 수 있다. 임의의 데이터를 받는 데 소요되는 시간이 3분 이상 6분 미만일 확률을 구하라.

연습문제

6. 명희는 겨울방학 동안 '보러와 시네마'에서 검표원으로 일을 하였다. 그런데 보통 검표를 영화 시작 1시간 전부터 하는데 검표를 시작하여 얼마되지 않은 시각에는 보통 10분에 평균 10명 정도의 사람이 푸아송분포를 따라서 입장한다. 이때 다음 물음에 답하라.

   (1) 명희는 성화와 함께 검표를 하는데 오늘 따라 성화가 출근을 하지 않아서 혼자서 검표를 하고 있는 중에 갑자기 화장실을 다녀올 일이 생겨서 딱 3분 자리를 비웠다. 이 시간 동안에 다행히 손님이 입장하지 않을 확률은 얼마인가?

   (2) 드디어 성화가 출근했다. 둘이서 내기를 하였는데 5분 동안 5명 이상이 입장하면 명희가 점심을 사고 아니면 성화가 점심을 사기로 했다. 이때 명희가 점심을 사야 할 확률은 얼마인가?

7. 창원대 정보통신공학과 이훈 교수는 확률론 수업에서 한 학기 동안의 성적에서 하위 10%의 학생에게 F학점을 주기로 하였다. 이 학과 학생의 성적 평균이 50점이고 분산이 100인 정규분포를 따른다면 어떤 학생이 F학점을 받지 않으려면 최소한 몇 점 이상을 맞아야 하는가? 단 점수는 반올림하여 정수로 나타낸다.

8. 창원대에서는 신입생의 학력 테스트를 실시하였는데 과학과목에서 물리와 생물을 선택하게 하였다. 그런데 이들 과목의 시험의 난이도는 10점 만점에 물리는 평균 5점, 표준편차 4점을, 그리고 생물은 평균 6점에 표준편차 3인 정규분포를 따르도록 하였다. 이때 어떤 학생이 물리점수를 7점 맞았다면 이 학생은 생물에서 몇 점을 맞은 학생과 같은 점수로 인정하면 될까?

9. 창원대 정보통신공학과 2학년 학생 40명이 확률론 기말고사를 보았다. 성적을 매긴 결과 평균 50점에 표준편차가 10인 정규분포곡선을 얻었다. 이때 반장인 나일등 학생이 75점을 받았을 때 그는 몇 등일까?

10. 어느 회사 직원의 하루 생산량은 근무 기간에 따라 달라진다고 한다. 근무 기간이 n 개월($1 \leq n \leq 100$)인 직원의 하루 생산량은 평균이 $an+100$(단, a는 상수), 표준편차가 12인 정규분포를 따른다. 이때 근무 기간이 16개월인 직원의 하루 생산량이 84 이하일 확률이 0.0228일 때 근무 기간이 36개월인 직원의 하루 생산량이 100 이상이고 142 이하일 확률은 얼마일까?

11. 창원대 네트워크연구실에서는 비디오 스트림 전송실험을 하였다. 비디오 패킷은 트래픽 발생기로부터 가입자 단말까지 도착하는 데 평균 10초, 표준편차 2인 정규분포를 따른다. 이때 100개의 패킷을 보낸 후 측정한 결과 전송시간이 평균으로부터 5초 이상 떨어져 있을 확률은 얼마인가?

12. 인터넷 서비스를 제공하는 네트워크 라우터는 출력 인터페이스에 최대 4개의 회선을 가지고 가입자에게 두 가지 종류의 인터넷 접속 서비스를 제공하고 있다. 하나는 서비스 품질이 보장되는 가상 전용선 서비스(가상 전용선 서비스는 가입자에게 마치 자신이 회선 하나를 전용해서 사용하는 것처럼 여겨지도록 가상적인 회선을 제공하는 서비스로서 일단 한 명의 가입자가 그 회선을 사용하면 다른 가입자는 그 회선을 사용할 수 없음)이고 이 경우를 유형 1이라고 하자. 한편, 다른 하나는 서비스 품질이 보장되지 않는 최선형 서비스(모든 사용자가 언제든지 데이터를 보낼 수 있고 개인에게 회선을 전적으로 사용하게 하지 않는 서비스이며 하나의 회선에 접속할 수 있는 고객의 수에는 제한이 없음)이며 이 경우를 유형 2라고 한다. 네트워크 라우터는 두 개의 회선은 가상 전용선 서비스용으로 할당하고 두 개의 회선은 최선형 서비스용으로 할당한다. 고객은 가상 전용선 서비스와 최선형 서비스에 각각 0.3 및 0.7의 확률로 접속을 시도한다. 이 경우 어떤 고객이 이 네트워크의 가상 전용선 서비스를 사용하려고 시도하였을 때 네트워크에는 4명의 고객이 있었으며 그와 동시에 네트워크에 여유 자원이 없어서 접속에 실패할 확률은 얼마인가?

연습문제

13. 2015년 5월 20일 첫 환자가 발생하여 우리나라를 떠들썩하게 하였던 MERS(Middle East Respiratory Syndrome, 중동 호흡기 증후군, 이하 메르스)는 확진자 186명과 사망자 36명(사망확률=19.35%)을 기록하고 첫 환자가 발생한지 69일만인 7월 28일 공식으로 종식되었다. 사실 사망률이 약 20%라는 것은 상당히 위험한 질병이다. 이 사건은 최초의 환자에 대한 보건당국의 조치가 미흡했고 또 우리나라의 허술한 병원 위생관리 및 환자 관리가 제대로 갖추어지지 않은 상태에서 환자가 급격하게 늘어남에 따라서 전 국민이 공포와 불안에 떨게 된 어처구니없는 사건이었다. 당초 정부는 메르스 바이러스의 최대 잠복기간이 14일이기 때문에 최초 발병자의 확진 이후 14일만 잘 버티면 메르스가 정복될 것처럼 국민을 안심시켰으나 메르스 환자가 이 병원 저 병원을 돌아다니면서 바이러스를 광범위하게 퍼트렸고 또 어떤 환자는 이전의 메르스 환자와 접촉한 후 14일간 격리된 후 자유의 몸이 되었으나 23일 후에 확진판정을 받기도 하여 국민을 더욱 불안하게 했으며 14일로 정해진 최대 잠복기가 적절한지에 대해서도 의문을 가지게 되었다. 그뿐만 아니라 우리나라 의료생태계의 최상위에 있는 삼성병원에서 대량의 환자가 발생하였는데 병원이 그 사실을 숨기면서 그 환자들이 전국으로 흩어지는 바람에 메르스가 1차 확산에서 그치지 않고 2차, 3차로 확산 범위가 늘어나면서 정부와 병원의 비과학적이고 엉성한 접근에 대해서 국민의 불안도 좀처럼 가라앉지 않았다. 한편, 사우디아라비아에서는 메르스 환자에 접촉한 뒤 60일 만에 환자로 확진된 사례도 있었다는데 도대체 어떻게 된 것일까? 국내의 의학전문가들은 메르스의 증상을 느끼는 정도가 사람마다 다르고 노출된 바이러스의 양도 다르기 때문에 국내에서 확진을 받은 환자의 95%가 잠복기 14일 이내로 나온 만큼 굳이 14일로 정해진 최대 잠복기를 변경할 필요는 없다고 판단한 것으로 알려졌다. 그러나 일반적으로 바이러스 질병의 잠복기간은 지수분포를 따르며 메르스는 평균잠복기간이 5일인 것으로 알려져 있다. 이 경우 다음 물음에 답하라.

   (1) 메르스 바이러스가 어떤 사람의 신체에 들어가서 증상이 나타날 때까지의 날짜에 대한 확률밀도함수를 [0,30일]의 범위에서 일별로 구하라.

   (2) 메르스 바이러스가 어떤 사람의 신체에 들어가서 14일 이내에 증상이 나타날 확률을 구하라.

   (3) 메르스 바이러스가 어떤 사람의 신체에 들어가서 15일 이후에 증상이 나타날 확률을 구하라.

CHAPTER

5

기대치

CONTENTS

ABSTRACT

제5장에서는 확률변수의 기대치에 대하여 알아본다. 먼저 기대치에 대한 기본적인 개념으로부터 이야기를 시작하여 통계적 방법을 사용한 기대치 계산 방법을 다루고, 이어서 확률을 이용하여 기대치를 구하는 방법을 이야기한다. 그리고 고차원모멘트에 대해서 소개한 후 기대치와 신뢰도에 대해서 알아본다. 마지막으로 기대치에 대한 오해와 진실이라는 제목으로 평균치를 구하는 방법에 대한 에피소드를 하나 소개한다.

1. 기대치의 정의

(1) 기대치와 평균치

기대치[8](期待値, expected value)란 같은 조건에서 동일한 확률실험을 여러 번 반복하였을 때 단위 실험당 얻을 수 있는 확률변수의 값을 말한다. 쉽게 말하면 통계적 실험에서의 평균치(平均値, average value)이다.

주사위를 한 번 던졌을 때 얻을 수 있는 기대치는 얼마일까? 주사위를 한 번 던지면 1부터 6까지의 숫자 중에서 하나가 임의적으로 나올 것이므로 단 한 번 던져서 어느 값이 나왔다고 그것이 기대치가 될 수는 없다. 왜냐하면 던질 때마다 다른 값이 나올 수 있기 때문이다. 따라서 기대치를 구하기 위해서는 같은 조건에서 실험을 여러 번 반복해야 한다.

이번에는 주사위를 10번 던졌다고 하자. 이때 기대치는 10번 던진 주사위의 눈의 값을 모두 더하여 10으로 나눈 값이다. 그러나, 주사위를 던진 횟수가 작아서 이때 얻은 값이 과연 정확한 기대치라고 할 수 있을지는 의문이다. 주사위를 1만 번 정도 던지면 기대치가 좀 더 정확해지겠지만 문제는 시간이 많이 걸린다는 것이다.

한편, 야구선수가 한 시즌 동안 치른 모든 경기에 대하여 타석에 들어선 수가 1995번이고 안타를 친 수가 525번이라면 이 야구선수의 평균 타율은 2할 6푼 3리인데 이것이 야구선수의 타율에 대한 기대치이다.

물론 정확하게 말하면 한 타자가 상대하는 투수가 여러 명 있을 텐데 그들의 실력도 다르고 날씨, 타자의 건강상태나 심리상태, 경기가 열린 장소나 관중의 응원 등 타자의

8 기대치는 영어로 expectation 혹은 expected value라고 하는데, 보통 확률변수 X의 기대치를 E[X]로 표시한다. 기대치는 평균값에 해당하는 개념이다. 그래서 기대치를 mean value로 부르기도 한다.

타율에 영향을 미치는 요소는 무수히 많지만 이 모든 것을 같은 조건이라고 가정하였을 때의 이야기이다. 실제로는 각 구단이 타자별로 특정 투수에 대한 타율을 따로 관리해서 경기에 임한다.

미국의 네바다(Nevada)주 사막의 한가운데에 주변이 황량한 흙산으로 둘러싸인 조그마한 도시 라스베이거스(Las Vegas)는 세계에서 가장 유명한 도박의 도시인데 일년 내내 사람들로 북적인다. 지금 이 순간에도 라스베이거스에는 새로운 빌딩들이 경쟁을 하듯 치솟고 있다.

그런데 여기서 의문이 하나 있다. 도대체 어디서 그 돈이 나올까? 답은 전 세계의 사람들이 비행기를 타고 혹은 차를 몰고 직접 그곳까지 찾아가서 쓴 돈이다. 라스베이거스는 도박의 도시이기도 하지만 콘퍼런스나 이벤트의 도시이기도 하다. IT 분야의 유명한 한 학회는 매년 거기서 학회를 개최하며, 또 세계권투평의회의 빅 매치도 거기서 자주 열린다. 그 도시가 그렇게 번창한다는 것은 그 도시가 이벤트도 잘 개최하지만 도박으로도 돈을 잘 번다는 증거일 것이다.

한편, 도박장이 돈을 많이 번다는 말은 사람들이 도박장에 가져오는 돈에 비해서 그들이 되가져가는 돈이 적다는 것이다. 이때 사람들이 도박장에서 게임을 하여 평균적으로 버는 돈이 바로 도박의 기대치인데 사람들은 대박을 기대하고 도박장에 가겠지만 실제로 마음대로 잘 되지 않는다.

왜 그럴까? 이유는 단순하다. 개인이 도박장에서 돈을 딸 확률이 잃을 확률보다 작기 때문이다. 돈을 딸 확률이 커지면 개인은 돈을 벌 수 있겠지만 그렇다면 과연 도박장이 그렇게 활기를 띠겠는가? 전부 도산하고 말 것이다.

한편, 프랑스의 수학자 루이 바슐리에(Louis Bachelier)는 1900년에 주식 가격의 움직임을 브라운운동(Brownian motion)을 이용하여 모형화하는 연구를 하여 세계 최초로 주식시장의 시세 변동을 수학적으로 분석한 적이 있었는데 그의 박사학위논문 '투기의 이론'에서 "투기성 주식투자의 수학적 기대치는 0"이라고 결론을 내렸다. 즉, 개인이 주식시장에서 투기를 목적으로 투자해서 이익을 얻기란 거의 불가능하다는 것을 말하며 이 이론은 100여 년이 지난 21세기 현재도 정설이다.

2007년의 일이다. 연초부터 가파르게 오르기를 반복하여 2000까지 치솟았던 한국의 코스피지수는 미국의 서브프라임 모기지(subprime mortgage)의 부실 사태[9]를 계기로 그 해 말에는 한때 코스피지수가 900까지 곤두박질치면서 증시에 대한 막연한 기대를 가지고 집을 팔아서까지 투자를 서슴치 않았던 국내의 많은 개미 투자자들의 푼돈을 빼앗았다. 이처럼 돈을 잃을 확률이 높은 상황에서 막연한 기대를 가지고 '묻지마 투자'를 하면 자신의 기대에 못 미치는 일을 당할 확률이 크다. 하여간 바슐리에가 하고자 하는 말은 시장에 대한 분석이나 주식투자의 정석을 모르는 채 아무런 정보도 없이 랜덤하게 사고 파는 묻지마 투자를 하면 나중에 얻을 수 있는 수익의 기대치가 거의 없다는 것이다.

기대치를 구하는 방법으로는 통계적 방법과 확률적 방법이 있는데 먼저 통계적 방법에 대하여 이야기를 한 후 확률적 방법을 알아본다.

2. 통계적 기대치

통계적인 방법을 이용한 기대치는 반복된 확률실험의 결과 얻어진 값들에 대하여 산술적 평균을 구한 것이다. 그래서 통계적 기대치는 평균치와 동의어이다. 단 여기서 실험의 결과는 시간 혹은 시도 횟수에 의한 결과치 등으로 표시가 가능하다.

---

9 신용이 좋지 않은 사람에게 집 값의 거의 100%에 육박하는 돈을 빌려주어서 집을 사게 하는 금융을 말하는데 대출자가 매월 이자도 잘 내고 집 값이 오르면 문제가 없지만 매달 이자를 갚을 능력이 없거나 집 값이 점점 떨어지면 그 집을 되팔아도 빚의 원금마저도 갚지 못하게 되어 결국은 돈을 빌려준 은행도 도산하게 되는 현상을 말한다.

평균치를 구하기 전에 먼저 알아두어야 할 것으로는 시간의 단위가 이산적인 경우와 연속적인 경우가 있다는 것이다. 즉, 시간이 이산적으로 변한다는 것은 관측 시점이 1,2,3, ... 등 정수의 값을 가지는 횟수로 표시되는 것이고 연속적인 경우에는 시간이 무수히 많은 연속 구간으로 표시되는 실수의 값을 가진다는 것을 의미한다.

먼저 시간이 연속적인 경우에 대해서 기대치를 구하는 방법을 알아보자. 시간에 따라 임의적으로 변화하는 어떤 신호에 대하여 평균치란 시간적으로 변화하는 값들을 관측구간에 대하여 적분한 후 그 값을 경과한 시간으로 나눈 값이다. 만약 우리가 관측하는 신호가 시각 t에서 $S(t)$의 값을 가진다고 하고 관측시간의 길이가 T라고 한다면 시간평균치는 다음과 같다.

$$\text{시간평균치} = E[S(t)] = \frac{1}{T}\int_0^T S(t)dt$$

위의 식에서도 볼 수 있듯이 신호의 시간에 대한 기대치는 시간축 상에서 변화하는 신호를 긴 시간 동안 관찰하였을 때 그 신호의 시간평균치(時間平均値, time average)이다.

한편, 시간평균치를 구할 때 주의해야 할 점이 있는데 충분히 긴 시간을 동안 측정한 데이터에 기반해야 한다는 것이다. 충분히 긴 시간이란 표본공간에서 확률실험으로부터 나올 수 있는 값이 충분한 횟수로 나타나서 확률밀도함수로부터 얻은 기대치와 측정에 의해서 얻은 평균치가 같은 값을 가진다는 가정이 성립할 수 있는 시간을 말한다. 가령, 출근시간에 1분당 창원대학교 안으로 들어오는 자동차의 대수를 측정하는 실험을 한다고 생각해 보자. 보통 학교의 출근시간은 9시까지이므로 대부분의 사람들은 8시에서 9시 사이에 출근할 것이다. 그런데 어떤 측정자가 9시 바로 직전 1분간(가령 8시 59분부터 9시까지)에 교문 앞에 서서 지나간 차의 대수를 측정하여서 그것을 바탕으로 평균을 구해서 출근시간의 자동차의 대수라고 주장한다고 할 때 그 값을 대푯값으로 삼을 수 있겠는가?

한편, 이번에는 어느 도시의 상공을 지나는 구름의 양을 측정하는 실험을 한다고 가정하자. 보통 지질 데이터는 정보의 양이 많은 것으로 알려져 있는데 관측시간이 무한히 길다면 그 많은 데이터를 과연 어디에 저장할 것이며 엄청난 계산량은 어떻게 감당할 것인가?

(1) 모평균과 표본평균

기대치를 구할 때 실험으로부터 얻은 모든 값을 대상으로 평균을 구한 것을 모평균(母平均, population mean)이라 하고 전체의 실험 결과로부터 일부의 값만 선별하여 구한 평균을 표본평균(標本平均, sample mean)이라고 한다.

(2) 표본평균과 기대치

앞에서 말한 데이터의 과다 문제를 해결하기 위해 보통 표본평균을 구한다.

확률변수 $X(t)$에 대해서 임의의 시간구간 L 동안의 표본평균을 다음과 같이 나타내자.

$$\widehat{X} = \frac{1}{L}\int_0^L X(t)\,dt$$

이처럼 측정구간이 L인 표본을 여러 개 추출하여 각각의 평균을 구하였을 때 그 값이 모두 다르다. 따라서, 표본평균 자체도 확률변수이다. 그래서 이번에는 표본평균을 확률변수로 하는 경우에 대해서 기대치를 다음과 같이 정의한다.

$$E[\widehat{X}] = E\left[\frac{1}{L}\int_0^L X(t)\,dt\right]$$

한편, 기대치 조작자(操作子, operator)의 성질로부터 다음과 같이 쓸 수 있다.

$$E\left[\frac{1}{L}\int_0^L X(t)dt\right] = \frac{1}{L}\int_0^L E[X(t)]dt$$

위의 우항에서 $E[X(t)]$가 $X(t)$의 기대치로서 상수인데 그 값을 0부터 L까지 적분한 후 L로 나누어도 역시 $X(t)$의 기대치가 되므로 결국은 위의 식의 우항은 바로 $X(t)$의 기대치이다. 따라서 다음의 결과를 얻는다.

$$E[\widehat{X}] = E[X] \text{ (단, } E[X]\text{는 확률변수 } X(t)\text{의 모평균)}$$

위의 사실로부터 우리는 확률변수의 기대치에 대해서 중요한 물리적 의미를 발견한다. 즉, 확률변수의 평균치는 원칙적으로는 모평균을 통해서 얻어야 하나, 그것이 여의치 않을 때는 임의의 시간구간에 대해서 표본평균을 여러 개 구한 다음 이들의 평균을 구해도 결국은 원래의 확률변수의 평균치(모평균)를 얻을 수 있다.

(3) 산술평균

산술평균(算術平均, arithmetic mean)은 n개의 수로 이루어진 집합 $\{X_1, X_2, X_3, \cdots, X_n\}$이 있을 때 원소의 총합을 개수 n으로 나눈 값이다. 우리가 즐겨 사용하는 주사위 던지기에서 주사위를 여섯 번 던졌는데 (이럴 일은 사실 없지만) 그 값이 1,2,3,4,5,6이 나왔다고 하자. 그러면 산술평균은 $\frac{1+2+3+4+5+6}{6} = \frac{21}{6} = 3.5$이고 이 실험에서 우리가 얻을 수 있는 기대치는 3.5이다. 따라서 시간이 이산적으로 표시되는 실험에서의 기대치는 산술평균으로 구한다.

같은 조건에서 실험을 N번 반복하였는데 각 실험에서 얻어진 확률변수의 값이 X_i라고 하자. 그러면 기대치($E[X]$로 표기)는 다음과 같다.

$$E[X] = \frac{1}{N}\sum_{i=1}^{N} X_i$$

지금까지 알아본 산술평균이 통계학에서 말하는 가장 일반적인 기대치이기는 하지만 여러분이 알아두면 유용한 개념으로서 기하평균과 조화평균이 있다. 아래에서 간단히 소개한다.

(4) 기하평균

기하평균(幾何平均, geometric mean)은 주어진 n개의 양수의 곱의 n제곱근이다. n개의 양수 X_1, X_2, X_3, …, X_n이 주어졌을 때 이들 n개의 수의 기하평균은 이들 수의 곱의 n제곱근인 $(X_1 \times X_2 \times X_3 \times \cdots \times X_n)^{1/n}$이다. 예를 들면 두 개의 수 X_1와 X_2의 기하평균은 $(X_1 \times X_2)^{1/2}$이다. 만약 $X_1=2$, $X_2=8$이면 이들의 기하평균은 4이지만 산술평균은 5이다. 따라서 기하평균과 산술평균은 그 값이 다르다.

사실 기하평균은 항상 산술평균보다 작거나 같다. 즉 n개의 양수 X_1, X_2, … X_n의 기하평균과 산술평균은 다음과 같은 관계를 가진다.

$$\sqrt[n]{X_1 \times X_2 \times \cdots \times X_n} \leq \frac{X_1 + X_2 + \cdots + X_n}{n} \quad (\text{단, } n=1, 2, 3, \cdots)$$

앞에서 소개한 산술평균이 1차원적인 숫자의 기대치를 구하는 데 사용된다면 기하평균은 2차원 또는 3차원적인 대상의 숫자(넓이, 부피 등)에 대한 기대치를 구하는 데 사용된다. 기하평균은 또 물가상승률이나 주식가격의 평균 상승률을 구하는 데도 사용한다.

간단히 예를 하나 들어보면 주식투자의 경우 여러분이 100원을 투자하였는데 첫 해는 50% 손해를 보고 그 다음 해는 50% 이익을 보았다고 할 때 여러분은 결과적으로 얼마나 이익을 보았을까? 어떤 사람은 첫해에 50% 손해를 보고 그 다음 해에 50% 이익을 보았으니 본전을 찾았다고 생각할 수 있다. 즉, $\frac{-50+50}{2}=0$. 과연 그럴까?

재야의 고수(일명, 스마트개미, smart ant) 후니는 2018년 말에 샘쑹전자 주식을 100원어치 샀다. 그런데 1년 동안 반토막이 나서(50% 손실) 2019년 말에 50원이 되었다. 그러나 후니는 계속 그 주식을 가지고 있었고 2020년 말까지 50%의 이익을 내서 75(50×1.5)원이 되었다. 후니는 결국 25%의 손실을 입고 말았다.

그렇다면 후니가 본전(100원)을 찾으려면 2020년에 들어와서 2020년 말까지 얼마의 수익률을 내야 할까? 이때 기하평균으로 계산해보자. $X_1=50$, $X_2=a$니까 $(50\times a)^{1/2}=100$이 되는 a를 구해야 한다. 양변에 제곱을 하면 $50a=10000$, 즉 $a=200$이 되어야 한다. 즉, 후니가 가지고 있는 샘쑹전자 주식은 2020년 1년 동안 원금(50원) 대비 100%의 수익을 내서 주가가 2배(50원의 200%=100원)가 되어야 한다.

결론적으로 어떤 사람이 주식투자를 하여 반토막이 났다면 원금을 회복하기 위해서는 그로부터 100%의 수익을 내야 한다는 것이다. 이 사실을 보면 주식투자에서 잃기는 쉬운데 일단 잃은 다음에 원금 회복도 어렵고 이익을 얻기는 훨씬 어렵다는 것을 알 수 있다. 이것이 기하평균이 가지는 물리적 의미이다.

(5) 조화평균

조화평균(調和平均, harmonic mean)은 무엇이 조화로운지 이름만으로는 물리적 의미를 알기 어려운데 쉽게 말하면 n개의 양수 X_1, X_2, X_3, $\cdots$, X_n에 대하여 그 역수들을 산술평균한 값의 역수를 말한다. 즉, 조화평균(편의상 H라고 하자)은 다음과 같이 정의된다.

$$H = \frac{1}{\left(\frac{1}{X_1} + \frac{1}{X_2} + \cdots + \frac{1}{X_n}\right)/n}$$

예를 들어보자. 서울에 사는 김치국(金治國)군은 부산에 사는 고민해(高珉海)양을 만나러 차를 몰고 부산을 다녀왔다. 그가 부산으로 갈 때는 사랑하는 사람을 어서 만나고 싶어서 120km/h(이것을 X_1이라고 둠)의 속도로 쏜살같이 달려갔다.

부산에 도착한 김치국군은 고민해양과 광안리 바닷가 회센터에서 회도 먹고 해운대 동백섬 해안 데크길도 걸으면서 즐거운 시간을 보낸 뒤 하얀 파도가 포말을 일으키는 밤바다가 내려다 보이는 달맞이 언덕의 레스토랑에서 와인을 곁들이며 큰 용기를 내서 사랑을 고백했건만 '아직은 마음을 정하지 못한 채 고민'이라는 애매한 답을 듣고 기가 죽어서 서울로 돌아왔다. 돌아올 때는 해도 져서 어둡기도 하고 마음이 심란하여 생각을 좀 하느라 80km/h(이것을 X_2라고 둠)의 속도로 천천히 달렸다.

그러나 김치국군의 불운은 여기서 끝난 것이 아니었다. 그가 부산을 다녀온 일주일 뒤 그의 집에는 경찰청으로부터 한 통의 편지가 도착했다. 그가 부산으로 가는 도중 '그녀를 만나기 100km 전' 근처에서 과속 단속 카메라에 찍힌 것이다.

그 뒤 김치국군의 운명(?)이 어떻게 되었는지 잘 모르겠지만[10] 그가 부산과 서울을 오가며 달린 평균속력은 얼마일까? 어떤 사람은 (120+80)/2=100km/h라고 생각할지도 모른다. 갑분싸(갑자기 분위기 싸아)하지만 '틀렸다'.

이때는 X_1과 X_2의 조화평균으로 구해야 한다. 이 상황을 조화평균으로 구하면 다음과 같다.

10 필자도 서울에서 회사 다닐 때 약 1년간 부산을 오가며 데이트를 했는데 (Latte is a horse) 승용차도 없고 KTX도 없을 때여서 김포공항에 가서 비행기 타고 다녔다. 필자의 운명이 궁금한가? 그녀를 만난지 약 1년쯤 된 어느 봄 주말 해질 무렵 해운대 바닷가에서 사랑을 고백하여 지금 같이 살고 있다.

$$H = \frac{1}{\left(\frac{1}{120} + \frac{1}{80}\right)/2} = 96$$

즉, 김치국군은 부산과 서울을 평균 96km/h의 속도로 달렸다. 김치국군은 차라리 갈 때나 올 때나 96km/h의 속도로 달렸으면 과태료도 내지 않고 더 좋지 않을까 생각해 본다.

그렇다면 왜 이런 일이 일어난 것일까? 먼저 부산과 서울의 거리를 400km라고 하자. 그러면 김치국군은 부산으로 갈 때는 3시간 20분 걸렸고 서울로 돌아올 때는 5시간 걸렸다. 즉 김치국군은 부산–서울 왕복 800km를 총 8시간 20분 걸려서 달렸다. 따라서 평균속도는 96km이다.

이 이야기는 결국 여러분이 어디를 갈 때 빨리 달렸다고 하더라도 돌아올 때 천천히 달리면 평균속도가 떨어진다는 것이다. 특히 둘 사이의 값의 차가 클수록 평균속도는 더욱 떨어진다. 이처럼 어떤 일을 할 때 능률을 계산하려면 산술평균으로 구하는 것이 아니라 조화평균으로 구해야 한다.

여기서 필자가 조화평균을 소개할 때 이름만으로 무엇이 조화롭다는 건지 잘 모를 것이라고 했는데 사례를 통해서 여러분은 '조화로움'의 의미를 알게 되었을 것이다. 여러분이 어떤 일을 할 때 한 번은 무리하게 일을 많이 하고 다음 번에는 지치거나 싫증이 나서 대충 하면 결과적으로 능률이 떨어진다는 말이다.

여러분은 올림픽의 꽃 마라톤 경기를 보았을 것이다. 마라톤에서 우승하려면 42.195km를 대개 2시간 이내에 주파하여야 한다. 선수들이 마라톤 구간을 거의 비슷한 속도로 달린다고 가정하였을 때 선수들은 100m를 평균 몇 초에 뛰었을 것 같은가? 놀랍게도 17.06초이다. 필자도 이것을 계산해보고 깜짝 놀랐는데 필자가 예전 고교시절에 체력장에서 얻은 100m 최고기록이 17.5초였다. 그런데 이보다 더 빠른 기록을 42.195km 내내 유지하여야 한다.

앞의 이야기는 어떤 일을 지속적으로 반복할 때 평소에 평상심을 가지고 꾸준히 비슷한 능률을 발휘할 때 최종적으로 최고의 능률을 얻을 수 있다는 의미이다.

(6) 분산과 표준편차

통계적 방법을 이용한 기대치의 이야기에서 빼놓을 수 없는 것은 분산(分散, variance)이다. 분산이란 통계적 실험에서 얻은 자료에 대해 그 자료 속의 각 값들이 기대치와 떨어진 정도를 나타내는 데 사용된다. 즉, 통계적 실험에서 얻은 자료의 값은 평균보다 큰 값도 있고 작은 값도 있으며, 어떤 경우에는 평균과 같은 값도 있을 것이다.

먼저 정의한 확률변수를 사용하여 실험을 N번 반복하여 N개의 자료를 얻었는데 각 실험에서 얻은 값을 X_i, $i=1,2,\cdots,N$이라 하고 이 실험치의 평균을 μ라고 하자. μ는 mean의 첫글자인 m에 해당하는 그리스 문자이다. mean은 지렛대의 균형점(balance point) 또는 역학에서 중점(center of gravity or mass)의 의미를 지니고 있다. $X_i-\mu$는 i번째 실험의 결과치와 평균의 차를 나타내는데 이 값은 양의 값, 0 혹은 음의 값을 가진다.

한편, 우리가 관심을 가지는 것은 실험의 결과로 얻은 각 값이 기대치와 떨어진 정도(이를 편차, deviation라고 부름)이므로 $X_i-\mu$의 절대치에 대한 기대치를 구하는 것이다. 그런데 절대치의 기대치를 구하는 것이 수학적으로 표기하기가 매끄럽지 못하므로 그 대안으로서 일단 $X_i-\mu$를 제곱하면 값의 부호에 대하여 신경을 쓸 필요가 없어지기 때문에 $X_i-\mu$의 제곱에 대한 기대치를 구해서 다시 제곱근 가공을 하는 것이 더 편하다. 이를 평균제곱편차(平均自乘偏差, average squared deviation) 또는 그냥 분산(分散, variance)이라고 부르는데 통계적 데이터에 대한 분산(Var[X] 혹은 σ^2라고 표기)은 다음과 같이 정의한다.

$$Var[X] = E\left[(X-\mu)^2\right]$$

사실, 분산의 개념은 통계학자 칼 피어슨(Karl Pearson)이 1893년 그레셤(Gresham) 강연에서 소개한 개념인데 데이터의 평균에 대한 벌어짐의 척도(尺度, measure)로서 처음에는 standard divergence로 불렸다가 나중에 standard deviation으로 바뀌었다.

위의 식을 다음과 같이 정리할 수 있다.

$$Var[X] = E\left[(X-\mu)^2\right] = \frac{1}{N}\sum_{i=1}^{N}(X_i-\mu)^2 = \frac{1}{N}\sum_{i=1}^{N}X_i^2-\mu^2$$

식에서 보듯이 확률 실험 결과 얻어진 N개 실험치의 분산은 각 실험에서 얻어진 실험치를 제곱한 값의 평균(이것을 2차적률이라고 부르고 $E[X^2]$로 나타냄)에서 실험치 전체의 평균의 제곱을 뺀 값이다. 이 식으로부터 확률변수의 2차적률은 다음과 같다.

$$E[X^2] = \sigma^2 + \mu^2$$

그런데 우리가 관심을 가지는 것은 '각 실험에서 얻어진 결과가 평균으로부터 얼마나 떨어져 있는지'이므로 위에서 구한 분산에 다시 제곱근을 취해야 한다. 이것을 표준편차(標準偏差, standard deviation)라고 하며 σ로 나타낸다. 즉, $\sigma = \sqrt{Var[X]}$이다.

표준편차라는 개념은 정규분포를 고안한 드 므와브르가 처음 제안한 것으로 알려져 있는데 그는 측정한 여러 개의 데이터에서 어떤 하나의 데이터가 평균으로부터 떨어진 정도를 수치화하기 위해서 표준편차를 고안하였다고 한다.

한편, 실험의 횟수가 너무 많거나 조사해야 할 자료의 수가 너무 많을 경우에 전수조사(全數調査, 모든 실험결과를 사용하는 조사, total investigation)가 효과적이지 못할 경우가 있다. 가령 세관을 통하여 미국산 오렌지 1000만 개가 수입되었는데 오렌지의 잔류 농약이 기준치 이하인지 아닌지를 검사하기 위해 1000만 개 전부에 대해서 껍질을 깎아서 검사할 수는 없다. 이런 경우 보통 표본으로 몇 개만 선택해서 검사하는 것이 효율적이다.

그렇다면 도대체 몇 개나 선택하여 검사해야 믿을 수 있는 결과를 얻을 수 있을까? 그러나 지금 당장 그 이야기를 할 상황이 아니므로 적절한 표본의 수는 뒤에 이야기하기로 한다.

(7) 표본평균의 기대치와 분산

먼저 전체 자료의 수가 아주 큰 값 N일 때 그중에서 자료를 n개씩 묶자. 그러면 전체 자료는 $m = \left\lceil \frac{N}{n} \right\rceil$ ($\lceil x \rceil$는 x보다 작지 않는 최소정수로 x의 ceiling function이라고 부름)개의 그룹으로 나누어진다. 이를 각각 표본 1, 표본 2, …, 표본 m이라고 하자.

한편, 하나의 표본 내에 있는 n개 자료의 각 값을 X_i, $i=1,2,\cdots,n$이라고 하자. 그리고 임의의 하나의 표본으로부터 얻은 기대치를 μ_s(첨자 s는 sample을 의미함)라고 하자. 이를 표본평균(標本平均, sample mean)이라고 하며 다음과 같이 표시한다.

$$\mu_s = \frac{1}{n}\sum_{i=1}^{n} X_i$$

전체 자료 N개 가운데 자료 그룹이 m개 있으므로 표본평균 μ_s의 데이터가 m개 존재한다. 그리고 이들 표본평균은 각기 다른 값을 가지는 또 다른 확률변수이다.

이번에는 표본평균에 대한 기대치(이를 $E[\mu_s]$라고 하자)를 다음과 같이 나타내자.

$$E[\mu_s] = E\left[\frac{1}{n}\sum_{i=1}^{n} X_i\right]$$

기대치 조작자는 변수에 대해서만 작동하고 n과는 무관하므로 위의 식을 다음과 같이 나타낼 수 있다.

$$E[\mu_S] = \frac{1}{n}\sum_{i=1}^{n} E[X_i]$$

위 식의 우항에서 n이 충분히 크면 $E[X_i]$가 모평균과 같으므로 다음과 같이 나타낼 수 있다.

$$E[\mu_S] = \frac{1}{n}\sum_{i=1}^{n} \mu = \mu$$

따라서 표본평균의 기대치에 대하여 다음과 같은 결과를 얻는다.

$$E[\mu_S] = \mu$$

위의 결과로부터 엄청난 규모의 자료에 대하여 기대치를 구하고자 할 때 전수계산을 하여 기대치를 구할 필요 없이 어느 정도 충분한 크기의 표본을 뽑아서 기대치를 구해도 전수조사에서 얻은 기대치와 같은 결과를 얻을 수 있음을 알 수 있다.

한편, 표본평균에 대한 분산을 표본분산(標本分散, sample variance)이라고 하는데 그 값은 어떻게 될까? 먼저 분산의 정의에 의하여 다음의 식을 얻는다.

$$Var[\mu_S] = E\left[(\mu_S - \mu)^2\right] = E[\mu_S^2] - \mu^2$$

앞의 식에서 등호의 마지막에서 $E[\mu_S^2] = E\left[\frac{1}{n^2}\sum_{i=1}^{n}\sum_{j=1}^{n} X_i X_j\right]$이므로 이 식을 앞의 식에 대입하여 몇 단계의 계산을 거치면 다음의 결과를 얻는다.

$$Var[\mu_s] = \frac{\sigma^2}{n}$$

위 식이 의미하는 것은 모집단의 분산(이를 모분산, 母分散, population variance라고 함)이 σ^2인 자료의 집단에서 표본의 수가 n인 자료를 뽑아서 구한 표본평균의 분산은 원래의 모분산을 표본의 개수인 n으로 나눈 값이다. 즉, 원래의 데이터에서 표본을 취하여 얻은 여러 개의 표본평균은 평균값을 취하는 과정에서 스무징효과(smoothing effect)가 일어나는 바람에 각 표본평균이 서로 유사한 값을 가지게 되어서 이들 표본평균을 가지고 분산을 구하면(표본분산) 그 값이 원래의 분산에 비해서 그리 크지 않는 값을 가지게 됨을 의미한다.

이상의 이야기를 요약하면 다음과 같다. 모수가 $N(\mu,\sigma^2)$인 정규분포를 따르는 모집단을 구성하는 확률변수 중에서 n개씩 자료를 표본추출하여 각 값을 X_i, $i=1,2,\cdots,n$이라고 할 때 표본평균인 μ_s는 $N(\mu,\sigma^2/n)$을 따르는 정규분포 확률변수이다. 이와 같은 성질을 정규분포의 재생성(再生性, reproductive property)이라고 한다.

예제 5.1

충분히 많은 개수의 실험값을 가지는 어떤 아날로그 신호의 기대치가 100이고 분산이 25이며 표본을 몇 개 취해서 분산을 구해 보았더니 2이다. 이 실험자는 이 아날로그 신호의 평균을 제대로 예측하기 위하여 표본을 적어도 몇 개 취하여야 할까?

풀이

$\sigma^2=25$이고 표본분산이 2이므로 $Var[\mu_s] = \frac{\sigma^2}{n}$의 식으로부터

$$n = \left\lceil \frac{\sigma^2}{Var[\mu_s]} \right\rceil = \left\lceil \frac{25}{2} \right\rceil = 13$$

즉, 표본의 수는 최소한 13개는 되어야 한다.

(8) 표본의 편향분산과 비편향표본분산

지금까지 모분산과 표본분산 사이의 관계에 대하여 알아보았다. 그런데 앞에서는 n개의 자료로 구성된 여러 개의 표본평균에 대하여 분산을 구하는 것을 보였는데, 지금부터는 다른 관점에서 표본분산을 구해보기로 하자. 즉, 이번에는 실험의 결과 얻은 자료의 수가 아주 큰 값 N일 때 그중에서 n개의 표본을 뽑아서 그 값을 X_i, $i=1,2,\cdots,n$ 이라고 하였을 때 이 n개의 자료로부터 바로 분산을 구하는 방법을 생각하자. 이때의 분산을 모분산과 차별화하기 위해 s^2으로 나타내자. 이때 표본평균은 μ_s이다.

먼저 분산에 대한 일반적인 식으로부터 출발한다.

$$s^2 = \frac{1}{n}\sum_{i=1}^{n}(X_i - \mu_S)^2 = \frac{1}{n}\sum_{i=1}^{n}\left(X_i - \frac{1}{n}\sum_{j=1}^{n}X_j\right)^2$$

N개의 자료 중에서 n개씩 묶은 샘플그룹을 여러 개 만들 수 있고, 또 각각의 샘플로부터 각각 분산을 구할 수 있다. 그런데 이들 값이 모두 같지는 않을 것이므로 표본분산도 변수와 같은 성격을 지닌다. 따라서 샘플분산에 대해서 기대치 조작자를 가하면 다음과 같다.

$$E[s^2] = \frac{1}{n}\sum_{i=1}^{n}E\left[\left(X_i - \frac{1}{n}\sum_{j=1}^{n}X_j\right)^2\right] = \frac{n-1}{n}\sigma^2$$

위의 결과를 정리하면 다음과 같다.

$$E[s^2] = \frac{n-1}{n}\sigma^2$$

위 식으로부터 n개의 표본에 대한 표본분산의 기대치는 원래의 모분산이 아닌

$\frac{n-1}{n}\sigma^2$임을 알 수 있다.

그런데 이 값은 모분산과는 편향된 값을 가지므로 이를 표본에 대한 편향분산(偏向分散, biased variance)이라고 한다. 즉, 몇 개의 표본을 선택하여 구한 분산은 모집단에서 구한 분산과는 다른 편향된 값을 가진다는 뜻이다.

그럼 표본을 취하여 편향되지 않은 표본분산을 구하려면 어떻게 해야 할까? 답은 의외로 간단하다. 편향된 값만큼 바로잡아주면 된다. 다음 식은 이를 나타낸 것이다.

$$s_{ub}^2 = \frac{n}{n-1}s^2 = \frac{1}{n-1}\sum_{i=1}^{n}(X_i - \mu_S)^2$$

위의 식에서 s_{ub}^2의 아래첨자 ub는 편향되지 않은(unbiased)이라는 뜻을 나타낸 것이며, 이때의 s_{ub}^2를 비편향표본분산(非偏向標本分散, unbiased sample variance)이라고 한다.

이번에는 s_{ub}^2의 기대치에 대해서 알아보자. 먼저 비편향표본분산에 대한 정의식에 대하여 좌우변에 기대치 조작자를 가하면 다음과 같다.

$$E[s_{ub}^2] = E\left[\frac{1}{n-1}\sum_{i=1}^{n}(X_i - \mu_S)^2\right] = \frac{1}{n-1}E\left[\sum_{i=1}^{n}(X_i - \mu_S)^2\right]$$

위 식의 마지막 등식을 정리하면 다음의 결과를 얻는다.

$$E[s_{ub}^2] = \sigma^2$$

즉, 비편향표본분산의 기대치는 모분산 σ^2과 같은 값을 가지므로 이 값은 진정 σ^2에 대한 비편향 예측자(非偏向 豫測子, unbiased estimator)이다.

마지막으로 한 가지 기억해야 할 것이 있다. 지금까지 이야기해온 비편향표본분산과 앞에서 구한 모분산에 대한 식을 비교해 보면 서로 다른 점을 발견할 수 있다. 즉, 모분산 σ^2을 구할 때는 N개의 자료에 대하여 관측치와 모평균을 뺀 값의 제곱을 모두 더하여 N으로 나누어서 계산한 것에 반하여 모집단으로부터 n개의 자료를 선택하여 비편향표본분산 s_{ub}^2를 구할 때는 n개의 자료에 대하여 관측치와 표본평균을 뺀 값의 제곱을 모두 더하여 $n-1$로 나누어서 계산하였다는 것이다. 여러분은 이 사실을 명심하여야 한다.

다음의 문제를 통하여 지금까지 공부한 내용을 정리해 보자.

문제 5.1

아래에 나열한 수는 창원대 정보통신공학과가 위치한 공과대학 51호관 건물 앞에 어느 한 달의 근무일 25일 동안 세워둔 바이크의 수를 나타낸다. 이때 물음에 답하라.

2, 5, 6, 8, 3, 5, 8, 1, 9, 4, 6, 3, 6, 8, 3, 5, 7, 1, 7, 3, 8, 2, 5, 3, 8

(1) 전수조사에 의한 기대치를 구하라.

(2) 모분산을 구하라.

(3) 5일치의 자료를 하나의 표본으로 하여 구한 표본평균에 대하여 기대치를 구하라.

(4) (3)에서 얻은 표본평균의 분산을 구하라.

(5) 위의 데이터 가운데 3의 배수의 관측일의 값을 표본으로 하여 기대치와 분산을 구하고 전수조사에 의한 결과((1)~(2))와 표본화에 의한 결과((3)~(4))를 비교 분석하라.

3. 확률변수의 기대치

확률변수에 대하여 기대치를 구하는 방법은 크게 두 가지로 나눌 수 있다. 하나는 확률함수(정확하게는 확률밀도/질량함수)를 이용해서 구하는 것이고, 다른 하나는 적률생성함수를 이용하여 구하는 방법이다. 이 책에서는 확률(질량/밀도 함수)로부터 기대치를 구하는 방법을 소개한다.

(1) 확률함수를 이용한 기대치

확률실험의 기대치는 확률변수가 가지는 값과 그 값이 나올 확률에 따라 결정된다. 예를 들어 참가비 100원을 걸고 뽑기를 한다고 하자. 이때 뽑힐 수 있는 등수와 카드의 수, 그리고 당첨되었을 때의 상금은 표 5.1과 같다.

표 5.1 뽑기 게임의 상금

등수(등)	카드의 수(매)	상금(원)
1	1	10만
2	10	1만
3	100	1000
4	1000	100
5	1만	10

많은 사람들은 100원을 내고 운이 좋으면 1등 상금인 10만 원을 받을 수 있다는 생각에 마음이 솔깃할 것이다. 그렇다면 이 게임에서 얻을 수 있는 상금의 기대치는 얼마일까?

카드에 구분이 없으므로 모든 카드를 뽑을 확률은 같다. 물론 이럴 일은 거의 없겠지만 뽑기에 참가한 사람(1만 1111명)이 서로 다른 카드를 한 번씩 모두 뽑았다고 가정하자. 이 경우 모든 사람에게 지급되는 상금은 50만 원이다. 따라서 50만 원을 1만 1111로 나누면 45원이다. 즉, 이 게임에서 한 사람당 평균 45원을 가져간다.

한편, 뽑기 아저씨는 얼마를 벌까? 참가자 한 사람당 100원을 받았으니 수입은 111만 1100원이다. 그런데, 상금으로 50만 원을 주었으니 이 사람은 61만 1100원을 벌었다.

그런데 사행성 게임에 100원을 받는 사람이 있겠는가? 이번에는 상금은 그대로인 채 게임당 1000원을 받았다고 가정해보자. 그럼 뽑기 아저씨는 1111만 1000원을 받고 50만 원을 내주었으니 1061만 1000원을 벌었다. 이 아저씨 완전 대박이다.

이제 이 상황을 표 5.2와 같이 나타내자.

표 5.2 뽑기 게임의 확률 및 상금

등수(등)	카드의 수(매)	해당 등수가 나올 확률	상금(원)
1	1	1/1만 1111	10만
2	10	10/1만 1111	10만
3	100	100/1만 1111	10만
4	1000	1000/1만 1111	10만
5	1만	1만/1만 1111	10만
합계	1만 1111	1	50만

앞에서 우리는 카드 뽑기에서 나온 총 상금이 50만 원이라고 하였는데 그것은 1×10만$+10\times1$만$+100\times1000+1000\times100+1$만$\times10$으로부터 나온 것이다. 그리고 한 사람당 평균 상금은 이 값을 1만 1111로 나눈 것이다. 이를 하나의 식으로 쓰면 다음과 같다.

$$1\text{인당 평균 상금} = \frac{1*10\text{만} + 10*1\text{만} + 100*1000 + 1000*100 + 1\text{만}*10}{1\text{만 } 1111} = 45$$

앞의 식을 다시 쓰면 다음과 같다.

1인당 평균 상금 =

$$10\text{만} \times \frac{1}{1\text{만 }1111} + 1\text{만} \times \frac{10}{1\text{만 }1111} + 1000 \times \frac{100}{1\text{만 }1111} + 100 \times \frac{1000}{1\text{만 }1111} + 10 \times \frac{1\text{만}}{1\text{만 }1111} = 45$$

위의 식을 기호로 나타내면 식의 각 항에서 상금은 확률변수이고 뒤의 해당 등수가 나올 확률은 그 확률변수가 가지는 확률질량함수이다. 따라서 확률변수를 X_i(단, $i=1,2,\cdots,5$)로 나타내고 그 확률변수 X_i가 x_i의 값을 가지는 확률질량함수를 $p(x_i)$라고 나타내면 표 5.2는 표 5.3과 같이 표현할 수 있다.

표 5.3 뽑기 게임의 확률변수와 질량함수

등수(등)	확률변수 X_i	확률변수의 질량함수
1	x_1=10만	$p(x_1)$=1/1만 1111
2	x_2=1만	$p(x_2)$=10/1만 1111
3	x_3=1000	$p(x_3)$=100/1만 1111
4	x_4=100	$p(x_4)$=1000/1만 1111
5	x_5=10	$p(x_5)$=1만/1만 1111
합계		1

따라서 카드 뽑기의 기대치를 $E[X]$라고 하면 위의 마지막 식은 다음과 같이 나타낼 수 있다.

$$E[X]=\sum_{i=1}^{5} x_i p(x_i)$$

이 식의 의미는 확률실험에서 확률변수와 그의 확률질량함수를 알면 기대치를 구할 수 있다는 것이다. 그리고 그 기대치가 통계적 평균으로 구한 값과 일치함을 알 수 있다.

앞의 실험에서는 확률변수가 정수의 값(즉, 이산확률변수)을 가지므로 확률변수의 기대치가 수열의 합으로 표기되었다. 한편, 실제 우리 주변의 문제에서는 확률변수가 가지는 값은 정수일 수도 있고 실수일 수도 있다. 따라서 연속확률변수와 이산확률변수에 대해 기대치를 구하는 방법도 달라져야 한다.

(2) 도박의 확률

필자는 앞에서 도박을 하면 반드시 돈을 잃는다고 말했는데 한 가지 예를 들어보자. 필자는 미국에 약 3년간 살기도 하였고 또 학회일로 출장도 여러 번 다녀왔지만 도박을 해본 적은 한 번도 없다. 그래서 사실 도박의 룰을 모른다. 그러나 여러분에게 도박을 해서 돈을 딸 확률이 왜 없는지를 설명하기 위해 공부를 좀 했다.

미국 룰렛

미국 룰렛(American roulette)은 아래의 그림과 같이 둥근 원판에 0과 00, 그리고 1에서 36까지의 숫자 38개가 랜덤하게 배치되어 있고 각 숫자에는 흰색 또는 검은색으로 (보기에 화려하도록 빨강과 검정으로 된 경우도 있음) 칠해져 있다. 그림 5.1은 미국에서 사용하는 룰렛판(American roulette wheel)을 나타낸 것이다. 한편, 유럽의 룰렛판에는 00은 없고 0밖에 없어서 37개의 숫자가 있다.

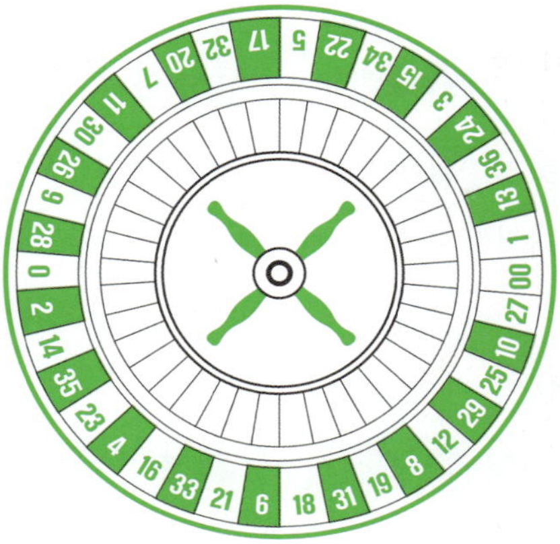

그림 5.1 미국 룰렛 게임판(American roulette wheel)

그림 5.2는 미국 룰렛의 베팅판(이것을 layout이라고 부름)이다. 그림에서 숫자가 적힌 부분을 보면 맨 위에 0과 00이 놓여있고 그 아래에 가로로 3개, 세로로 12개, 총 36개의 숫자가 순서대로 적혀 있고 흰 바탕과 검은 바탕이 랜덤하게 칠해져 있다.

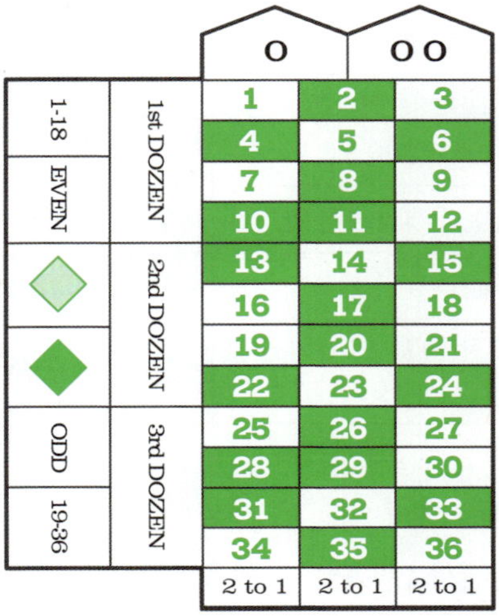

그림 5.2 미국 룰렛 베팅판(American roulette layout)

미국 룰렛에는 베팅하는 방식이 총 11가지 있으며 각 방식에 대해서 당첨되었을 때 지급하는 금액(배율이라고 부름)도 다르다. 성공확률이 낮은 것에는 높은 배율이 걸려 있고 성공확률이 높은 것에는 낮은 배율이 걸려 있다. 표 5.4는 각 경우에 대하여 베팅 방식과 배율, 당첨 확률 및 기대치를 나타낸 것이다.

표 5.4 룰렛의 베팅에 대한 기대치

베팅	배율	당첨 확률	기대치(단위화폐당)
흰색과 검정색 둘 중 하나 맞히기(단, 0과 00은 제외)	2	18/38=47.4%	(18/38)×2=0.947
수의 전후반(1~18 혹은 19~36) 가운데 하나 맞히기	2	18/38=47.4%	(18/38)×2=0.947
짝수와 홀수 중 하나 맞히기(단, 0과 00은 제외)	2	18/38=47.4%	(18/38)×2=0.947
0과 00을 제외하고 세로줄의 열 두 숫자(가로의 세칸 중 하나) 맞히기	3	12/38=31.6%	(12/38)×3=0.947
소, 중, 대의 열 두 숫자(1~12, 13~24, 25~36) 중 하나 맞히기	3	12/38=31.6%	(12/38)×3=0.947
레이아웃의 가로줄의 상하 2단에 있는 여섯 숫자 맞히기	6	6/38=15.8%	(6/38)×6=0.947
0, 00, 1, 2, 3의 다섯 숫자 맞히기	7	5/38=13.1%	(5/38)×7=0.921
레이아웃에서 붙어있는 4개의 숫자 맞히기	9	4/38=10.5%	(4/38)×9=0.947
레이아웃의 하나의 가로줄에 있는 3개의 숫자 맞히기	12	3/38=7.9%	(3/38)×12=0.947
레이아웃의 이웃한 두 숫자 맞히기	18	2/38=5.3%	(2/38)×18=0.947
0과 00을 포함하는 38개의 숫자 중에서 1개의 숫자 맞히기	36	1/38=2.6%	(1/38)×36=0.947

표 5.4를 보면 모든 게임에서 1원을 투자했을 때 0.947원 이상은 돌려받을 수 없고 0, 00, 1, 2, 3의 다섯 숫자 맞히기에서는 0.921원밖에 돌려받지 못한다. 그래서 한 번 게임을 할 때마다 도박에 건 돈 중에서 적어도 5.3%는 손해본다.

도박과 관련된 몇 가지 사회적 현상

한 연구에 의하면 900달러를 가지고 도박장에 간 손님이 한 번에 1달러씩 900번 베팅할 경우 나중에 도박장을 나설 때 1000달러를 가지고(100달러를 따서) 웃으면서 나갈 확률은 $\frac{27}{100만}$이라고 한다! 즉, 확률은 거의 0이다. 이 현상은 도박자의 파멸(gambler's ruin) 원리라고 부르는데 가진 돈이 유한한 도박자와 상대적으로 많은 돈을 가진 하우스(도박장)가 도박을 계속하면 언젠가는 도박자가 빈털터리가 되는 순간이 온다는 뜻이다.

한편, 단 한 번의 게임에서 도박자의 당첨 확률이 50%를 넘지 못하므로(표 5.4를 참고하기 바람. 가장 큰 확률이 47.4%이고 가장 작은 확률은 2.6%임) 도박장의 게이머(게임을 주재하는 사람)는 손님들이 도박장을 떠나지 않고 게임을 많이 하면 할수록 따는 돈은 점점 많아지게 된다. 즉, 티끌 모아 태산이 되는 것이다. 이 사실로부터 여러분은 왜 라스베이거스의 고급 호텔들이 아주 싼 값에 고객들을 머물게 하는지 그 이유를 알 수 있을 것이다.

그렇다면 왜 도박자는 자신이 계속 돈을 잃음에도 불구하고 도박을 계속하려는 것일까? 예를 들어서 동전 던지기를 생각해 보자. 대부분의 사람들은 동전을 던져서 앞면이 계속해서 나오면 다음에는 뒷면이 나올 확률이 높아졌다고 생각(아니, 착각)한다. 왜냐하면 동전 던지기에서 앞면 혹은 뒷면이 나올 확률은 반반인데 지금까지 앞면이 많이 나왔으니까 상대도수의 원칙에서 볼 때 다음에는 뒷면이 나올 가능성이 크다고 생각하기 때문이다. 실제로 도박장의 룰렛 게임자를 상대로 조사해 본 결과 앞선 베팅에서 흰색 공이 나오자 도박자의 75%가 다음 베팅에서 검은색 공에 걸었다는 실험결과도 있다. 이 현상은 도박자의 오류(gambler's fallacy)라고 부르는데 도박자가 이 오류에 빠지게 되면 자신의 패배가 연속될수록 '이제는 내가 이길 차례가 되었다'라고 착각을 한다고 한다. 그래서 도박자는 지면 질수록 베팅을 계속한다.

특히 도박중독은 니어미스 효과(near-miss effect)에서 그 절정을 이루는데 7이라는 숫자 3개가 나란히 나오면 잭팟, 즉 대박이 터지는데 그림 5.3처럼 두 개의 7이 나란히 선

그림 5.3 니어미스 현상

뒤에 나머지 하나의 7이 4분의 1쯤 걸쳐서 나온 경우이다. 이 경우 도박자는 '돈을 거의 딸 뻔했다!'고 착각을 하게 되고(사실은 그냥 단순히 잃은 것뿐임) '다음에는 7이라는 숫자 세 개가 나란히 설 것!'이라고 확신하게 된다. 2006년에 우리나라를 떠들썩하게 했던 '바다 이야기'도 이와 같은 도박자의 니어미스 심리를 이용했다(그들이 그렇게 나오도록 조작함)고 한다.

도박자의 오류는 도박자 자신이 베팅을 결정하는 경우에 더욱 강하게 일어나는데 이를 통제의 환상(illusion of the control)이라고 부른다. 예를 들면, 사람들은 복권을 살 때 자신이 직접 번호를 기입하는 경우가 기계에 번호의 기입을 맡기는 경우에 비해서 그 복권에 대해서 더 애착을 가지고 있으며 나중에 그 복권을 팔라고 하면 평균적으로 4배 이상 더 비싼 돈을 요구한다. 심지어 어떤 사람은 당첨 확률이 더 높은 복권(실제로는 그런 복권은 없지만)과 바꾸자고 해도 거절한다고 한다. 이는 인간의 심리에서 기인하는 것인데 일반적으로 사람들은 자신이 내린 결정에 대해서 그 결정이 옳다고 믿고 싶어하고 또 자신의 결정이 잘못된 것임을 인정하고 싶지 않아 하기 때문이다.

도박자의 심리에 대해서 많은 법칙이 존재함을 보였는데 마지막으로 한 가지만 더 이야기한다. 미국의 경제학자 폴 새뮤얼슨은 어느날 동료들에게 게임을 하나 제안했다. 자기가 동전을 던졌을 때 동료가 앞면인지 뒷면인지를 맞히면 자기가 200달러를 주고 틀리면 동료에게 100달러를 달라고 한 것이다. 그런데 대부분의 동료(그들은 경제학자임)는 그 제안을 거절했다.

그런데 상식적으로 이 게임은 동료에게 상당히 유리한데 유명한 경제학자인 그들은 왜 그 제안을 거절했을까? 동료들은 200달러의 공돈보다 100달러의 손실을 더 크게 느끼기 때문이다. 사실 사람들은 대부분 이익으로부터 얻는 기쁨보다는 손실로부터 얻는 상실감을 더 크게 느낀다고 하는데 이것을 경제심리학에서는 '손실회피심리'라고 부른다.

한편 그 동료들은 경제학자답게 이런 말도 덧붙였다. "내가 만약 그 게임을 100번 정도 한다면 그 게임을 수락하겠다".

한편 이 글을 쓸 당시인 2017년 4월 24일자 한국경제신문(천자칼럼: 로또 호황)에 나온 기사에 의하면 우리나라 로또의 1분기 판매액이 1조 원을 넘었다고 하는데 이 액수는 2004년 로또의 단가를 2000원에서 1000원으로 낮춘 이후 처음 있는 일이며 이 추세대로라면 2017년 한 해 로또 판매액이 4조 원을 훌쩍 넘을 것이라고 한다.

로또의 기댓값은 500원이며 합리적인 인간(homoeconomicus)이라면 복권을 사지 않아야 하는데 사람들은 왜 이리도 로또에 매달리는 것인가? 어떤 사람은 불황 속에서 인생역전을 꿈꾸기 때문이라고 하지만 실상은 진짜 인생역전을 하는 곳은 로또 명당의 주인과 엄청난 이익을 챙기는 정부가 아닐까?

지금까지 로또나 도박에서 기대치가 생각보다 적다는 것을 공부하였으니 이제 도박에 대해서는 기대를 접고 하던 공부나 계속하자. 앞에서 우리는 뽑기 게임과 미국 룰렛의 예를 통해서 확률변수와 그의 질량함수를 알면 확률실험의 기대치를 구할 수 있음을 보였다. 이때 확률변수는 모두 이산확률변수였는데 경우에 따라서는 확률변수가 연속적인 값을 가질 수도 있다. 지금부터는 이산확률변수와 연속확률변수로 나누어서 기대치에 대한 이야기를 계속한다.

3.1 이산확률변수의 기대치

이산확률변수의 기대치는 확률변수가 가지는 값이 정수이므로 확률변수와 확률질량함수의 곱에 대한 수열의 합으로 표시한다. 즉, 확률질량함수(pmf)가 $p(x)$인 확률변수 X에 대하여 기대치 $E[X]$는 다음과 같이 정의된다.

$$E[X]=\sum_{x} xp(x) \text{ (단, } x\text{는 표본공간 내의 모든 원소)}$$

(1) 죄수의 딜레마

이산확률변수의 기대치에 대한 예를 하나 들어보자. 여러분은 죄수의 딜레마(prisoner's dilemma)라는 이야기를 들어본 적이 있을 것이다. 두 사람이 함께 죄를 지어서 경찰서에 잡혀 갔다. 이 경우 경찰이 바보가 아니라면 두 사람을 각자 서로 다른 방으로 데리고 가서 죄를 추궁한다. 왜냐하면 두 사람을 같은 방에 앉혀 놓고 추궁하면 서로 상대방이 하는 말을 들어가면서 두 사람이 상황에 따라 유리한 방향으로 대답을 한 후 무죄임을 주장할 것이기 때문이다. 그래서 두 사람을 서로 다른 방으로 데리고 가서 따로 심문하여 두 사람이 서로 무슨 대답을 할지 몰라 불안감을 느끼도록 압박할 수도 있고, 또 두 사람에게 같은 질문을 한 후 대답을 듣고 누가 거짓말을 하는지 알 수도 있고, 어떤 경우에는 두 사람에게 각각 반대편 사람이 이미 죄를 시인했다고 거짓말을 하여 자발적으로 죄를 인정하도록 유도할 수도 있기 때문이다.

이처럼 두 사람에 대해서 각기 다른 방에서 죄를 추궁할 때 죄수들은 어떻게 행동하는 것이 유리할까? 그리고 여러분이라면 어떻게 할 것인가? 죄를 자백할 것인가? 아니면 모르쇠로 일관할 것인가?

먼저 공범인 두 죄수의 행동에 대해서 표 5.5와 같이 구형한다고 가정하자.

표 5.5 죄수의 행동에 따른 구형량

X/Y = 죄수A의구형량/죄수B의구형량		죄수 B	
		묵비권행사(silent)	자백함(confess)
죄수 A	묵비권행사(silent)	2/2	4/1
	자백함(confess)	1/4	3/3

표 5.5에서 표의 숫자 X/Y는 죄수 A/B에게 구형되는 형량이다. 예를 들면, 죄수A와

B가 모두 묵비권을 행사하면 두 사람에게 똑같이 2년을 구형한다. 둘 다 자백하면 두 사람에게 3년씩 구형한다. 그리고 죄수A는 자백하고 죄수B는 묵비권을 행사하면 죄수A에게는 자백한 것에 대한 보답으로 1년을 구형하고 죄수B에게는 괘씸죄를 적용해서 4년을 구형한다. 그 반대의 경우에는 죄수A와 B에게 반대로 구형한다.

이때 $p(i,j)$(단, i는 행을 나타내고 j는 열을 나타내며 $i,j=1,2$)를 죄수A와 죄수B의 행동확률(behavior probability)로서 묵비권 행사 혹은 자백할 확률이라고 정의하자. 예를 들면, $p(1,1)$은 두 명의 죄수 모두가 묵비권을 행사할 확률이고 $p(2,1)$은 죄수A는 자백하고 죄수B는 묵비권을 행사할 확률이다. 한편, $X(i,j)$(단, i는 행을 나타내고 j는 열을 나타내며 $i,j=1,2$)를 죄수A와 죄수B에게 구형하는 형량이라고 정의하자. 이때 죄수B가 범행을 자백할 경우 죄수A에게 구형될 형량의 기대치를 두 가지 경우로 나누어서 구해보자.

① 먼저 죄수B가 자백할 확률이 80%이고 죄수A는 묵비권을 행사할지 자백할지 아직 정하지 못한 채 확률이 반반이라고 가정하자. 이때 죄수A가 받을 구형량의 기대치(이를 ψ라고 둠)는 다음과 같다.

$$\psi = \sum_{(i,j)=1}^{2} X(i,j)p(i,j) = 3.1$$

위의 값은 두 명의 죄수가 모두 순순히 자백할 경우에 받을 형량인 3년에 근접한 값이다.

② 이번에는 죄수B가 범행을 순순히 자백할 확률이 20%이고 죄수A는 묵비권을 행사할지 자백할지 아직 정하지 못한 채 확률이 반반이라고 가정하자. 그러면 죄수A가 받을 구형량의 기대치 $\psi=1.9$년이다. 이 값은 두 명의 죄수가 모두 묵비권을 행사할 경우에 받을 형량에 근접한 값이다.

두 가지 결과를 보면 다음과 같은 결론에 도달할 수 있다.

여러분이 죄를 지어서 경찰에 잡혀 갔다. 이때 함께 죄를 지은 사람의 평소 행동으로 볼 때 그 사람이 믿을 만한 사람이라면 여러분도 끝까지 자백을 하지 않고 묵비권을 행사하는 것이 바람직하며, 반대로 믿을 만한 사람이 아니라면 여러분도 동료를 배신하고 순순히 자백을 하는 것이 유리하다.

이 예에서 사실 죄수A에게 가장 유리한 경우는 죄수B가 묵비권을 행사하고 자신은 자백해서 1년의 구형을 받는 경우인데 여기에는 두 가지 치명적 위험이 존재한다. 첫 번째 문제는 과연 동료(죄수B)가 진짜로 묵비권을 확실히 행사하느냐 하는 문제이고 두 번째 문제는 만약 이렇게 되었다고 할 때 나중에 죄수A가 죄수B에게 그 죄(배신한 죄) 값을 치르는 것이다.

이처럼 '죄수의 딜레마'는 합리적이라고 여겨지는 인간이 실제로는 비합리적으로 행동하는 이유를 설명하고 있는데, 사람이 서로 협조하는 것이 가장 합리적이어야 하지만 실제로는 서로 협조하지 않아서 둘 다 손해를 보는 일이 흔하다. 그 이유는 사람에게는 상대가 배신해서 자기만 손해를 볼지도 모른다는 두려움이 존재하며 결국은 상대를 믿지 못하기 때문이다.

결론적으로 말하면 '잘 모르는 사람과는 절대로 함께 죄를 짓지 말아야 한다'는 것이다. 사실 그것보다 더 중요한 것은 '처음부터 죄를 지을 생각을 하지 말아야 한다'는 것이 아니겠는가?

예제 5.2

하나의 주사위 던지기 실험에서의 기대치를 확률변수의 기대치의 정의에 의해서 구하라.

풀이

주사위 던지기 실험에서 각 눈이 나올 확률은 모두 1/6이다. 따라서 하나의 주사위 던지기 실험에서의 기대치는 다음과 같다.

$$E[X] = \sum_{x=1}^{6} xp(x) = \frac{1}{6}(1+2+\cdots+6) = 3.5$$

(2) 확률함수의 기대치

이산확률변수 X가 정수의 전 범위의 값을 가지고 pmf $p(x)$를 가진다고 할 때 X를 변수로 하는 함수 $U(X)$의 기대치는 다음과 같이 정의된다.

$$E[U(X)] = \sum_{-\infty}^{\infty} U(x)p(x) \text{ (단 } x\text{는 } X\text{가 가질 수 있는 모든 값)}$$

이 식이 의미하는 것은 이산확률변수 X가 pmf $p(x)$를 가질 때 X의 함수 $U(X)$가 일어날 사건도 역시 pmf $p(x)$를 따른다는 사실로부터 자명한 결과이다.

위에서 $U(X)$의 모양은 여러 가지가 있지만, 실제로 우리가 관심을 가지는 함수는 몇 가지로 한정되어 있다. 만약 $U(X)=X^n$이면 $U(X)$의 기대치는 확률변수 X의 n차적률(n次積率, n-th moment)이라고 하며, 다음과 같이 정의된다.

$$E[X^n] = \sum_{-\infty}^{\infty} x^n p(x)$$

위에서 $n=1$이면 기대치이고, $n=2$이면 2차적률이다.

(3) 적률이란?

여기서 적률(Moment, 모멘트)이라는 말이 처음으로 나오는데 간단히 설명을 해둔다. 적률은 실험적 분포의 모양을 묘사하는 것인데, 이 개념은 1892년 통계학자인 칼 피어슨(Karl Pearson)이 개발하였다. 원래 모멘트는 역학(力學, mechanics)에서 유래한 것으로 지렛대의 받침(fulcrum)과 같은 회전점에 대한 힘을 측정하는 단위였다. 일반적으로 지렛대의 양쪽에 위치한 사물의 무게가 같다면 지렛대의 회전점은 두 사물의 중간 부분에 위치한다. 통계학에서는 사물의 측정값이 다양한 범위에 퍼져서 분포하는데 일반적으로 통계값의 중간점 부분에 위치한 측정값이 가장 많이 나올 가능성이 크며 이와 같은 모멘트를 통계치의 평균치를 의미하는 개념으로 사용했다.

예제 5.3

하나의 주사위를 던져서 나온 눈에 대하여 그 눈의 제곱에 해당하는 액수만큼의 돈을 받는 실험에서 얻을 수 있는 기대치를 확률변수의 기대치의 정의에 의해서 구하라.

풀이

하나의 주사위 던지기 실험에서 나올 수 있는 눈의 값을 X라고 하면 받을 수 있는 돈의 액수는 X^2이다. 그리고 이때 각 눈이 나올 확률은 모두 1/6이다. 따라서 다음과 같은 결과를 얻는다.

$$E[X^2]=\sum_{x=1}^{6}x^2p(x)=\frac{1}{6}(1+2^2+\cdots+6^2)=\frac{91}{6}=15.17$$

위의 예제에서 다음과 같은 사실을 알 수 있다. 하나의 주사위 던지기로부터 얻을 수 있는 눈의 수를 확률변수 X라고 할 때 X의 기대치는 3.5이고, X^2의 기대치는 15.17이다. 이 사실로부터 다음의 관계식을 얻는다.

$$E[X^2]\neq(E[X])^2$$

즉, 확률변수의 2차적률은 그 확률변수의 1차적률의 제곱과 같지 않다.

3.2 연속확률변수의 기대치

연속확률변수의 기대치는 확률변수가 가지는 값이 실수이고 그 변수에 대한 확률밀도함수도 연속함수이므로 앞에서 이산확률변수에서 구한 방법과 같이 급수의 합으로는 구할 수 없다. 연속확률변수가 표본공간에서 정의한 범위 내에서 모든 값을 가질 수 있고 확률밀도함수가 주어지면 확률변수에 그 값이 나올 확률밀도함수를 곱하여 정의된 범위에 대하여 적분하면 그 값이 바로 기대치가 된다. 따라서 pdf가 $f(x)$인 연속확률변수 X에 대하여 기대치 $E[X]$는 다음과 같이 정의된다.

$$E[X] = \int_{-\infty}^{\infty} xf(x)dx$$

이와 같이 정의한 확률변수의 기대치를 앙상블평균(ensemble average)이라고 부른다. 앙상블평균은 모든 확률변수에 대하여 그 확률변수가 나올 확률밀도함수를 곱해서 결과적으로 평균값이 된다는 의미에서 집합평균(集合平均)이라고 하기도 한다.

예제 5.4

pdf가 다음과 같이 정의되는 지수분포 확률변수 X에 대하여 다음 물음에 답하라.

$$f(x) = \begin{cases} \lambda e^{-\lambda x}, x \geq 0 \\ 0, x < 0 \end{cases}$$

(1) 확률변수 X의 기대치를 구하라.

(2) (1)에서 구한 결과에 대하여 기대치가 가지는 물리적인 의미를 논하라.

풀이

(1) 기대치의 정의 및 부분적분법[11]에 의하여 다음의 결과를 얻는다.

$$E[X]=\int_{-\infty}^{\infty}xf(x)dx=\int_{0}^{\infty}x\lambda e^{-\lambda x}dx=-xe^{-\lambda x}\mid_{0}^{\infty}+\int_{0}^{\infty}e^{-\lambda x}dx=-\frac{1}{\lambda}e^{-\lambda x}\mid_{0}^{\infty}=\frac{1}{\lambda}$$

(2) 위의 결과를 보면 모수가 λ인 지수분포를 따르는 확률변수 X의 기대치는 모수의 역수인 $1/\lambda$이다. 여기서 모수 λ가 의미하는 것이 확률적 사건의 평균 발생률을 의미하므로 기대치는 사건의 평균 발생 간격을 나타낸다. 예를 들면 단위 시간당 고객 도착률이 평균 3명인 병원에서 고객과 고객 사이의 평균 도착간격은 1/3시간, 즉 20분이라는 것과 같은 의미이다.

(1) 확률함수의 기대치

앞에서 우리는 확률변수에 대하여 기대치를 구하였다. 한편, 확률변수를 변수로 가지는 함수의 기대치도 구할 수가 있는데 확률변수 X가 pdf $f(x)$를 가진다고 할 때 X의 함수 $U(X)$의 기대치는 다음과 같이 정의된다.

$$E[U(X)]=\int_{-\infty}^{\infty}U(x)f(x)dx$$

위에서 만약 $U(X)=X^n$이면 이때의 기대치는 확률변수 X의 n차적률이라고 부르며 다음과 같이 정의된다.

$$E[X^n]=\int_{-\infty}^{\infty}x^n f(x)dx$$

위에서 $n=1$이면 기대치이고 $n=2$이면 2차적률이다.

11 $\int u'vdx=uv-\int uv'dx$

예제 5.5

확률변수 X의 기대치가 μ일 때 이 확률변수의 선형함수 $Y=aX+b$의 기대치는 얼마일까?

풀이

$$E[Y]=\int_{-\infty}^{\infty}(ax+b)f(x)dx=a\int_{-\infty}^{\infty}xf(x)dx+b\int_{-\infty}^{\infty}f(x)dx$$
$$=a\mu+b$$

예제 5.6

확률변수 X의 기대치가 μ이고 분산이 σ^2일 때 이 확률변수의 선형함수 $Y=aX+b$의 분산을 구하라.

풀이

분산의 정의로부터 다음 식을 얻는다.

$$Var[Y]=E\left[\{(aX+b)-(a\mu+b)\}^2\right]=\int_{-\infty}^{\infty}a^2(x-\mu)^2f(x)dx$$

위의 식을 풀어서 간단히 하면 다음의 식을 얻는다.

$$Var[Y]=a^2\left(\int_{-\infty}^{\infty}x^2f(x)dx-2\mu\int_{-\infty}^{\infty}xf(x)dx+\mu^2\int_{-\infty}^{\infty}f(x)dx\right)$$

위의 식에는 우리가 이미 알고 있는 결과가 많이 들어 있는데 하나씩 나열해 보면 다음과 같다.

- 2차 모멘트의 정의로부터 $\int_{-\infty}^{\infty}x^2f(x)dx=E[X^2]=\sigma^2+\mu^2$이고,
- 기대치의 정의로부터 $\int_{-\infty}^{\infty}xf(x)dx=E[X]=\mu$이며,
- 확률의 정의로부터 $\int_{-\infty}^{\infty}f(x)dx=1$이다.

따라서 이 결과들을 앞의 식에 각각 대입하면 다음의 결과를 얻는다.

$$Var[Y]=a^2\{(\sigma^2+\mu^2)-2\mu^2+\mu^2\}$$

앞의 우항을 정리하면 다음의 결과를 얻는다.

$$Var[Y]=a^2\sigma^2$$

이 결과로부터 확률변수 X의 분산이 $Var[X]=\sigma^2$일 때 이 확률변수의 선형함수 $Y=aX+b$의 분산은 $Var[Y]=a^2\sigma^2$임을 알았다. 따라서 임의의 확률변수에 대하여 그 확률변수의 선형함수의 분산은 원래의 확률변수의 분산보다 더 커짐을 알 수 있다.

4. 고차원 모멘트

앞에서 우리는 확률함수를 이용하여 확률변수의 $n(n=1,2$차)차적률을 구하는 방법을 알아보았다. 그런데 여러분은 확률변수의 보다 더 고차원적인(3차 이상) 적률은 과연 어디에 쓰이는지 궁금하지 않은가? 지금부터는 이에 대한 이야기를 하려 한다. 사실 일반적으로 학부 수준의 확률론에서는 이 문제를 잘 다루지 않는데 계산을 하기가 그리 어려운 것도 아니고 실제로 알아두면 유용할 것 같아서 소개한다.

4.1 비대칭계수

비대칭계수(非對稱係數, coefficient of skewness)는 연속확률변수의 확률밀도함수(혹은 이산확률변수의 확률질량함수, 이하 밀도함수로 부름)가 평균값을 중심으로 얼마나 비대칭인지를 나타내는 척도로서 다음과 같이 정의된다.

$$C_S[X]=\frac{E\left[(X-\mu)^3\right]}{\sigma^3}$$ (단 μ는 확률변수 X의 기대치, σ는 표준편차)

비대칭계수는 다른 말로 왜곡도(歪曲度, degree of distortion)라고도 하는데 밀도함수의 그래프가 좌우로 대칭되지 않고 왜곡된 정도를 나타낸다. 왜곡도는 통계학에서는 평균세제곱편차(average cubed deviation)라고 정의하는데 측정값이 평균값에서 멀어진 거리의 세제곱평균을 나타내기 때문이다.

비대칭계수는 세 가지로 구분한다.

① 확률변수의 밀도함수가 평균값을 중심으로 우측으로 더 긴 꼬리를 가지면 비대칭계수는 양의 값을 가진다. 이때는 확률변수의 기대치가 비교적 작은 값을 가지는 경우로서 이 확률변수는 양의 비대칭(positively skewed)이라고 하며, 확률변수의 밀도함수를 그려보면 평균값(mean)이 가장 왼쪽에 위치하고 중앙값(median)은 중앙에 위치하며 최댓값(mode)은 맨 오른쪽에 위치한다.

② 확률변수의 밀도함수가 평균을 중심으로 대칭이면 비대칭계수가 0이다. 이때 확률변수의 분포는 정규분포와 유사한 모양을 가진다.

③ 확률변수의 분포가 평균을 중심으로 좌측으로 긴 꼬리를 가지고 있으면 비대칭계수는 음의 값을 가진다. 이때는 확률변수가 평균보다 작은 값 쪽으로 더 길게 치우쳐져 있다. 이 경우에는 평균치가 확률변수가 가질 수 있는 범위에서 중앙값의 우측에 위치한다. 이 경우를 음의 비대칭(negatively skewed)이라고 하며, 확률변수의 분포를 그려보면 중앙값이 가장 왼쪽에 위치하고 최댓값은 맨 오른쪽에 위치하며 평균값은 이들 두 값의 중간에 위치한다.

그림 5.4는 비대칭계수와 확률분포와의 관계를 알아보기 쉽게 하기 위해 임의로 나타낸 것이다.

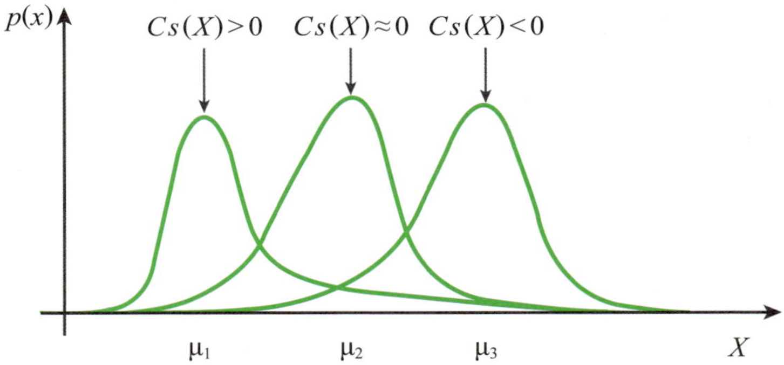

그림 5.4 비대칭계수와 확률밀도함수

위의 그림에서 맨 왼쪽의 곡선은 비대칭계수가 양인 경우로서 평균값인 μ_1을 중심으로 오른쪽이 더 긴 꼬리를 나타낸 것을 볼 수 있고 맨 오른쪽의 곡선은 그와는 반대이다. 그리고 가운데 곡선은 임의로 그린 탓에 완전 대칭은 아니게 그려졌지만 저자의 의도는 평균값인 μ_2를 중심으로 좌우대칭이다.

비대칭계수와 확률분포와의 관계를 관찰하는 예를 하나 들어본다.

예제 5.7

창원대학교 정보통신공학과 이훈교수는 100명의 학생을 대상으로 확률론 중간고사를 실시한 결과 점수가 다음과 같이 나왔다. 이때 물음에 답하라.

점수대	0~10	11~20	21~30	31~40	41~50	51~60	61~70	71~80	81~90	91~100
학생수	3	10	17	30	25	10	3	2	0	0

(1) 평균점수는 몇 점대인가?

(2) 비대칭계수는 얼마인가?

(3) 위의 점수에 대하여 확률분포를 그래프로 그려서 위에서 구한 결과와 일치하는지 관찰하라.

풀이

(1) 앞의 표에서 각 점수대의 중앙값을 대푯값으로 하여 평균점수를 다음과 같이 구한다.

$$\begin{aligned}\text{평균점수} &= 5\times0.03+15\times0.1+25\times0.17+35\times0.3 \\ &\quad +45\times0.25+55\times0.1+65\times0.03+75\times0.02=36.6\end{aligned}$$

학생의 평균점수는 36.6점이며 평균점수대는 31~40 사이이다.

(2) 비대칭계수를 구하기 위해서 먼저 표준편차를 구하여야 한다.
표준편차 $=\sqrt{Var[X]}=\sqrt{E\left[(X-\mu)^2\right]}=14.33$. 따라서 비대칭계수는 다음과 같다.

$$C_s[X]=\frac{E\left[(X-\mu)^3\right]}{\sigma^3}=\frac{369.8}{2942.6}=0.126$$

비대칭계수가 양이므로 학생의 성적은 평균을 중심으로 오른쪽으로 더 길게 위치한다. 즉, 학생들의 평균 성적은 낮으나 성적이 높은 점수대에도 학생이 많이 분포하고 있다. 따라서 만약 평균 점수를 올리고 싶다면 이훈 교수는 다음 시험에서는 난이도를 좀 더 낮출 필요가 있다.

(3) 확률질량함수는 다음과 같다.

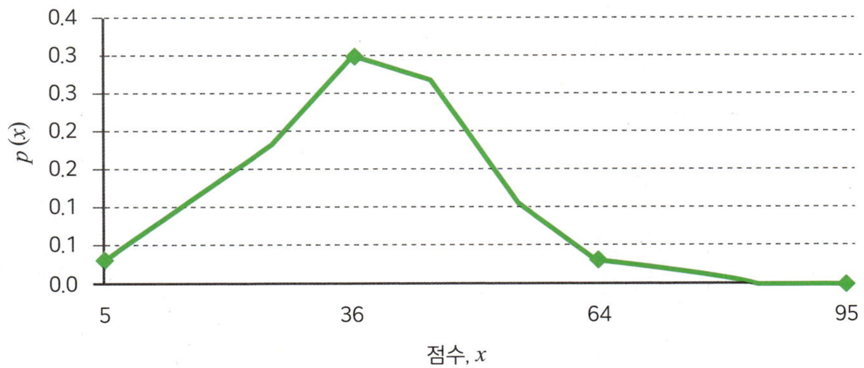

그림에서 평균값인 36.6점을 기준으로 볼 때 오른쪽으로 꼬리가 더 길게 분포하고 있고 면적도 좀 더 넓어 보이므로 위의 결과와 일치한다.

4.2 첨예도계수

첨예도계수(尖銳度係數, peakedness coefficient)는 상대도수(相對度數, relative frequency)분포 곡선에서 최빈치(最頻値, 정규분포의 경우 평균치)를 중심으로 양쪽에 위치하는 도수의 뾰족함(peakedness)의 정도를 나타내는 지표이다. 첨예도계수는 쿠르토시스(kurtosis)계수라고 하는데 어원은 '뾰족함(peakedness)'을 의미하는 그리스어 kurtos에서 유래하였다.

첨예도계수는 다음과 같이 정의된다.

$$C_k[X] = \frac{E\left[(X-\mu)^4\right]}{\sigma^4}$$ (단 μ는 확률변수 X의 기대치, σ는 표준편차)

첨예도계수는 확률변수가 평균치의 주변에 얼마나 몰려있는지를 나타내는 척도이다. 즉, 첨예도계수가 클수록 확률변수가 평균치 주변에 많이 모여있다.

첨예도의 정도를 나타내는 용어로 다음의 세 가지가 있다.

① 렙토쿠르틱(leptokurtic): 데이터가 평균치 주위에 많이 모여서 밀도함수가 뾰족하다.

② 프래티쿠르틱(platykurtic): 데이터가 평균치 주위에 많이 모여 있지 않아서 밀도함수가 펑퍼짐하다.

③ 메소쿠르틱(mesokurtic): 데이터가 평균치 주위에 적당히 모여서 밀도함수가 앞의 두 경우의 중간 정도이다.

그림 5.5는 첨예도계수의 세 가지 유형을 나타내고 있다.

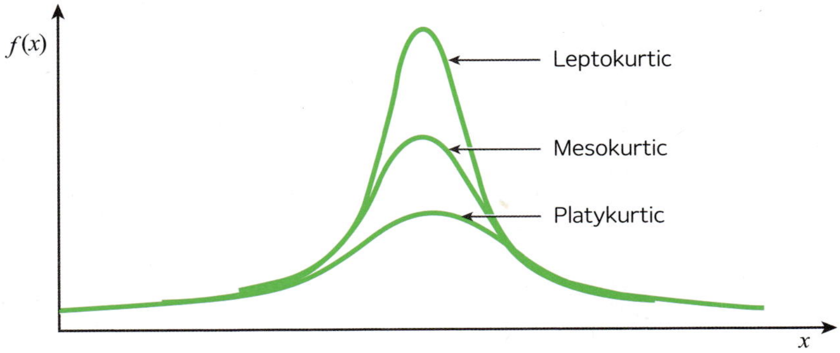

그림 5.5 첨예도계수의 종류

첨예도계수의 정의에서 알 수 있듯이 첨예도계수는 항상 양이며 평균치 주변의 확률변수에 대한 확률밀도함수가 클수록 그래프는 뾰족하고 첨예도계수가 크다. 첨예도계수와 확률분포와의 관계를 나타내는 예를 하나 들어보자.

예제 5.8

창원대학교 정보통신공학과에서 100명의 학생을 대상으로 확률론 기말고사를 실시하였는데 중간고사의 저조한 성적을 고려하여 조금 쉽게 출제하였더니 점수는 다음과 같다. 이때 물음에 답하라.

점수대	0~10	11~20	21~30	31~40	41~50	51~60	61~70	71~80	81~90	91~100
학생수	0	5	10	15	25	20	15	5	5	0

(1) 점수에 대한 확률분포를 그려라.

(2) 평균점수대는 몇 점인가?

(3) 첨예도계수는 얼마인가?

풀이

(1) 점수에 대한 분포는 아래와 같다.

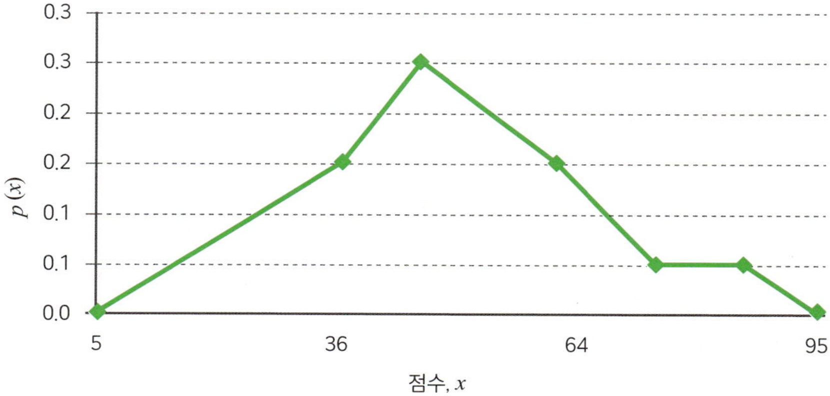

(2) 표에서 각 점수대의 중심값을 그 점수대의 대푯값으로 하여 평균점수를 다음과 같이 구하였다.

$$\text{평균점수} = 15\times0.05+25\times0.1+35\times0.15+45\times0.25 +55\times0.2+65\times0.15+75\times0.05+85\times0.05=48.5$$

이상으로부터 학생의 평균점수는 48.5점이며 평균 점수대는 41~50이다. 이교수의 의도대로 기말고사에서는 중간고사보다는 평균점수가 올랐다!

(3) 표준편차는 17.11이고 첨예도계수는 다음과 같다.

$$C_k[X] = \frac{E\left[(X-\mu)^4\right]}{\sigma^4} = \frac{223367.3}{85703.8} = 2.61$$

그런데 위의 첨예도계수의 값이 큰 값인지 작은 값인지 알 수가 없다. 그래서 이번에는 다음과 같은 예를 통해서 첨예도계수와 확률분포와의 관계를 알아보자.

예제 5.9

창원대학교 정보통신공학과에서 100명의 학생을 대상으로 확률론 기말고사를 실시하였는데 점수가 다음과 같을 때 물음에 답하라.

점수대	0~10	11~20	21~30	31~40	41~50	51~60	61~70	71~80	81~90	91~100
학생수	0	2	3	25	35	30	4	1	0	0

(1) 점수에 대한 확률분포를 그려라.

(2) 평균 점수대는 몇 점인가?

(3) 첨예도계수는 얼마인가?

(4) 이 결과를 예제 5.8과 비교하여라.

풀이

(1) 확률분포는 아래와 같다.

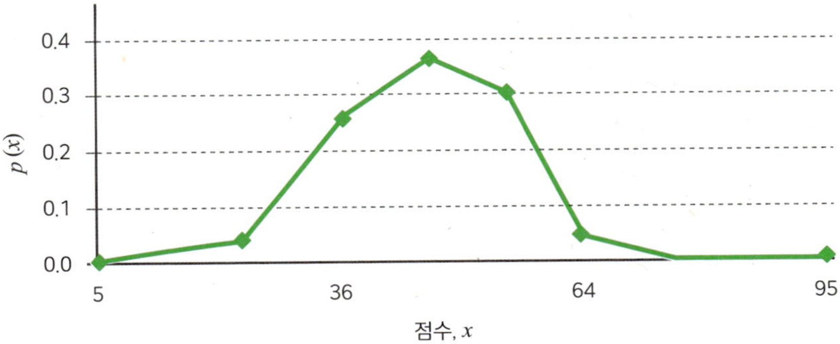

(2) $$\text{평균점수} = 15\times0.02+25\times0.03+35\times0.25+45\times0.35 +55\times0.3+65\times0.04+75\times0.01=45.41$$

(3) 표준편차는 10.44이고 첨예도계수는 다음과 같다.

$$C_k[X] = \frac{E[(X-\mu)^4]}{\sigma^4} = \frac{41340.46}{11879.6} = 3.48$$

(4) 그래프를 보면 이번에는 [예제 5.8]보다는 학생의 점수대가 평균점수 주변에 더 많이 몰려 있음을 쉽게 알 수 있다. 따라서 이 경우에는 [예제 5.8]보다 첨예도계수가 더 크다.

표 5.6에 평균치, 분산, 비대칭계수, 첨예도계수의 네 가지 개념에 대해서 간단히 정리하였다.

표 5.6 n차 적률의 비교($n=1\sim4$)

용어	용어의 정의	수학적 표현	물리적 의미
평균 (기대치)	1차적률 (Average)	$E[X]=\sum xP(x)$ 또는 $E[X]=\frac{\sum_{i=1}^{N} X_i}{N}$	데이터가 어디에 가장 많이 모여있나?(단, 반드시 중간에 위치하지는 않음에 주의)
분산	2차적률 (Average squared deviation)	$Var[X]=E\left[(X-\mu)^2\right]$ (단, μ는 기대치)	데이터가 평균으로부터 좌우로 얼마나 넓게 흩어져 있나?
비대칭계수	3차적률 (Average cubed deviation)	$C_S[X]=\frac{E\left[(X-\mu)^3\right]}{\sigma^3}$ (단, σ는 표준편차)	데이터의 분포가 평균을 중심으로 얼마나 대칭성을 잃었나?
첨예도계수	4차적률 (4th power deviation)	$C_k[X]=\frac{E\left[(X-\mu)^4\right]}{\sigma^4}$	데이터의 분포가 평균 주변에서 얼마나 뾰족한가?

5. 기대치와 신뢰도

5.1 기대치의 신뢰도

기대치와 관련된 응용예로서 여론조사의 결과 얻어지는 기대치와 신뢰도에 대한 문제를 소개한다. TV 뉴스를 보면 가끔 정치 및 경제 현안에 대한 여론조사 결과를 다루는 경우를 볼 수 있다. 대통령에 대한 지지율을 예로 들면 '전국 20세 이상의 남녀 1000명에 대하여 여론조사를 실시한 결과 대통령을 지지하는 비율이 47%였으며 이때 95%

신뢰도에 오차의 한계는 3.1%'라는 말을 사용하는 것을 보았을 것이다.

여기서 국민이 대통령을 지지하는 비율이 47%라는 것은 여론조사에 응한 1000명 중에서 470명이 대통령에 대하여 지지한다는 의미이다. 즉, 대통령의 지지도에 대한 기대치는 0.47이다. 대통령으로서는 전 국민이 자신을 지지해주면(이때의 기대치는 1이다!) 좋겠지만 국민으로부터의 반응은 반을 넘지 못한다.

한편, '95% 신뢰도에 오차의 한계는 3.1%'라는 말은 대통령을 지지하는 사람이 47%일 확률이 100%는 아니고 91.9%에서 98.1% 정도라는 것이다. 이때 오차의 한계가 3.1%라는 것이 의미하는 바가 무엇인지에 대하여 명확하게 알고 있는 사람은 많지 않은 것 같다. 지금부터 이에 대한 이야기를 하려고 한다.

이미 이야기한 바와 같이 국민의 수가 5000만 명인 동방의 아름다운 나라에서 대통령에 대한 지지도를 알아보기로 했다. 그런데 모든 국민을 대상으로 여론조사를 하려면 비용과 노력이 이만저만 많이 들지 않을 것이다.

이때 비용을 줄이는 방법은 몇 명의 사람을 뽑아서 여론조사를 하는 것이다. 그래서 여론조사기관은 1000명의 성인에게 '현재의 대통령에 대하여 지지를 합니까?'라는 질문을 하였다. 그런데 단 1000명의 사람에게 물은 의견이 과연 믿을 만한 결과인지 의문이 들 것이다.

이를 해결하는 방법은 여론조사를 몇 번 반복하여 얻은 지지율을 바탕으로 평균을 구하면 된다. 그러나 여론조사를 여러 번 반복하는 것도 쉬운 일이 아니다. 여러분도 여론조사 의뢰 전화를 받아본 경험이 있다면 알겠지만 어느 날 갑자기 전화가 걸려와서 여론조사를 한다고 하면 응하고 싶지 않은 경우가 많다. 따라서 대개는 단 한 번의 여론조사를 하여 지지율을 도출하되 그 여론조사의 결과에 대하여 신뢰도와 오차율을 제시함으로써 여론조사의 결과에 대하여 약간의 오차가 존재함을 알리는 방법을 취하고 있다.

앞의 예로 돌아가서 n명의 사람을 대상으로 여론조사를 한 결과 얻어지는 지지율을

X라고 정의하자. 한편 (실제로는 하지 않았지만) 여론조사를 충분히 많은 사람(n을 충분히 크게 함)을 대상으로 반복하였을 때의 지지율(즉 모평균)을 q라고 하고 분산을 v^2라고 하자. 그러면 중심극한의 정리[12]에 의해서 X는 평균이 q이고 분산이 v^2인 정규분포를 따른다. 단, 이때 $v^2=q(1-q)/n$이다. 여기서 X에 대하여 정규화하면 표준정규분포 확률변수 Z(단, $Z=(X-q)/v$)를 얻는다.

한편, 여론조사의 신뢰도가 95%라는 것은 표준정규분포 확률변수가 취하는 값의 범위가 기대치 0으로부터 좌우로 1.96 이하에 있을 확률이 95%라는 뜻이므로 다음의 관계식이 성립한다.

$$0.95 = Pr\{-1.96 \le Z \le 1.96\} = Pr\left\{-1.96 \le \frac{X-q}{v} \le 1.96\right\}$$

위의 식에 대하여 부등호의 좌우를 정렬하면 다음의 결과식을 얻는다.

$$0.95 = \Pr\{X - 1.96v \le q \le X + 1.96v\}$$

그런데 사실은 여러 번 반복한 여론조사의 결과인 v^2의 값은 우리가 모르는 값이다. 왜냐하면 우리는 여론조사를 여러 번 실시하지 않았기 때문이다. 반면에 단 한 번의 여론조사의 결과에 대해서도 분산은 알 수 없다. 그런데 우리는 여기서 약간의 직관을 도입해야 한다. 즉, 우리가 여론조사를 여러 번 반복하면 각 조사 때마다 대통령에 대한 지지율의 값을 얻을 수 있고 그 값을 기본으로 하여 기대치와 분산을 구할 수 있는데 이때의 분산을 σ^2라고 하자.

한편, 앞에서 공부한 바와 같이 이항분포의 정규분포 근사와 표본평균의 분산에 관

---

12 간단히 말하면 상호 독립인 확률실험을 무한히 반복해서 얻은 결과는 정규분포를 따른다는 것이다.

한 정리로부터 σ^2은 다음의 값을 가진다.

$$\sigma^2 = X(1-X)/n$$

여기서 v^2 대신에 근사적인 값인 σ^2을 사용한다. 그러면 식 $0.95 = Pr\{X-1.96v \le q \le X+1.96v\}$은 다음과 같이 나타낼 수 있다.

$$0.95 = Pr\{X - 1.96\sigma \le q \le X + 1.96\sigma\}$$

여기서 앞에서 가정한 값을 대입해 보자. 즉, $n=1000$, $X=0.47$을 이용하면 $\sigma^2 = 0.47 \times 0.53/1000 = 0.000249$이고 결국 $\sigma = 0.0158$이다. 그리고 이 값을 위의 마지막 식 $0.95 = Pr\{X - 1.96\sigma \le q \le X + 1.96\sigma\}$에 대입하면 다음의 결과를 얻는다.

$$0.95 = Pr\{0.47 - 0.031 \le q \le 0.47 + 0.031\}$$

위의 식이 의미하는 것은 여론조사를 여러 번 반복한 경우에 얻는 지지율 q가 단 한 번의 여론조사에서 얻은 지지율 $X(=0.47)$보다 0.031 이상 차이가 나지 않을 확률이 95%라는 의미이다. 그리고 이때 0.031(3.1%)을 오차의 한계라고 한다.

이 논의에서 오차의 한계는 결국 σ^2의 값에 따라 결정됨을 알 수 있고 σ^2이 n(여론조사를 한 표본의 수)의 함수이므로 표본의 수를 무한으로 하면 오차는 0이 된다. 즉, 5000만 명 전원을 대상으로 여론조사를 하면 오차는 0이다.

위의 이야기로부터 알 수 있는 두 가지 사실은 다음과 같다.

① 여론조사에서 표본의 수가 그리 크지 않아도 결과는 상당히 정확하다.

② 표본의 수를 늘리면 그에 따라서 오차의 한계는 작아진다.

5.2 여론조사의 신뢰성

한편, 여론조사와 관련하여 주의해야 할 점에 대해서 이야기하고 마무리하고자 한다. 2011년 2월 15일 조선일보에는 재미있는 기사가 하나 실렸다. 기사의 제목은 "여론조사 왜 툭하면 틀리나 했더니… 비밀은 '전화번호부'에 있었다"이다. 2011년 2월 8일 모 리서치사가 전화번호부에 등재된 가구를 대상으로 실시한 여론조사에서 당시 대통령의 지지도가 50.9%였다. 그런데 한 연구단체에서는 '전화번호부에 집 전화번호를 등재한 집단과 그렇지 않은 집단 간에 정치적 성향의 차이가 있으므로 전화번호부에 등재된 가구만을 대상으로 여론조사를 한 것은 오류가 있을 수 있다'고 지적했다.

사실 미국, 일본 등지에서는 여론조사의 신뢰도를 높이기 위해 지역번호와 국번 이외의 마지막 4자리수를 컴퓨터에서 무작위로 생성한 뒤 전화를 거는 RDD(random digit dialing, 임의번호 걸기) 방식을 사용한다. 그래서 그 연구원은 이를 뒷받침하기 위해 모 리서치센터에 의뢰하여 RDD 방식을 이용하여 1003명을 대상으로 앞과 같은 여론조사를 했다. 단, 이 조사의 경우 등재된 가구는 37%, 등재되지 않은 가구는 63%였다. 등재비율이 낮은 것은 사람들이 개인정보 보호 등의 이유로 전화번호부에 자신의 집 전화번호를 등재하지 않아서이다.

그렇게 당시 대통령의 국정운영에 대해 조사한 결과 전화번호부에 등재한 가구에서는 48%가 지지했고, 등재되지 않은 가구에서는 42%가 지지했다. 한편, '국정운영에 대하여 부정적'으로 대답한 비율은 등재한 가구에서는 41%였고 등재되지 않은 가구에서는 50%였다. 즉, 긍정적 답변은 등재 가구에서 많이 나왔으나 부정적 답변은 등재되지 않은 가구에서 많이 나왔다.

이런 경향은 정당 지지도에서도 잘 나타나는데 전화번호 등재 가구와 비등재 가구에 대해서 당시 여당의 지지도가 36%와 27%로 나타났고 야당에 대해서는 둘 다 18%가 나왔다. 결국 여론조사의 생명이 신뢰성이라면 조사방법에 대해서도 믿을만한 방법을 사용해야 한다는 사실을 알 수 있다.

6. 기대치, 오해와 진실

확률의 기대치에 대한 이야기를 마무리하면서 에피소드를 하나 소개한다. 2007년 9월 6일자 일간지의 경제면에는 우리나라 통계청과 국민은행(이하 KB)의 국내 아파트 전셋값 상승률과 관련된 기사(제목: '따로 노는 전셋값 상승률 통계')가 실렸는데 요약하면 다음과 같다.

통계청과 KB가 매년 국내 아파트 전셋값 상승률을 계산하여 발표하는데 지난 6년간의 통계를 보면 두 통계치 간에 상당한 차이가 있다. 그 이유는 두 기관의 통계치 조사방법이 달랐기 때문이다. 신문에서 기술한 두 기관의 통계치 조사방법은 다음과 같다.

① 통계청: 조사 대상 가구가 100가구라고 할 때 그중에서 조사기간 중에 같은 평형의 10가구가 전세 계약을 새로 해서 전셋값이 평균 10% 올랐다면 나머지 90가구는 오르지 않았다고 간주하여 전셋값은 평균 1% 올랐다(평균 전세 상승률 $=\frac{10}{100}\times 0.1+\frac{90}{100}\times 0=\frac{1}{100}=1\%$).

② KB: 같은 아파트 단지 내에서 조사기간 중에 전세 계약을 한 10 가구의 전세금이 평균 10% 올랐다면 해당 아파트의 평균 전셋값이 10% 오른 것으로 간주한다.

위에서 보듯이 통계청의 전셋값 평균 상승률은 KB의 1/10밖에 되지 않는다. 과연 그럴까? 대부분의 전문가는 KB의 손을 들어주었다. 그 이유는 크게 두 가지로 분석할 수 있다. 먼저 평균값을 계산할 때는 관측 시점에 전세가 만기되어 새로이 계약을 하거나 새로운 이주자가 생겨서 계약을 한 가구들을 대상으로 해야지 계약 변동이 없는 가구들까지 함께 계산한 것 자체가 잘못이다. 두 번째, 조사 당시 그 아파트의 전셋값이 10%가 올랐다는 것은 그 이후 단기간 내에 다른 가구가 전세를 계약할 때도 10% 올린 가격에 계약이 체결될 가능성이 높다. 따라서 KB의 분석이 맞다.

한편 통계청의 부동산 가격 변동 계산과 KB의 부동산 지수 계산에는 이보다 더 큰 차이가 있다. KB의 부동산 매매 및 전세 거래 지수는 현장에서 아파트 전세물의 중개에 종사하는 4000여 명의 공인중개사를 대상으로 조사대상 주간의 거래량을 실제로 조사해서 수치화한다. 한편 통계청이 인용하는 한국부동산원[13]의 통계는 시장에서 실제로 거래된 가격이 아니라 '거래 가능할 것으로 보이는 추정 가격'을 기반으로 추산한다. 참고로 한국부동산원은 국토교통부 산하 공공기관으로 부동산 시장의 조사와 관리를 비롯하여 부동산 가격 공시와 통계 정보의 관리 등의 업무를 수행하며 정부의 부동산 정책에 대한 자문을 수행하는 기관이다.

사실, 실거래 가격을 기반으로 평균치를 계산해도 단기간에 급등락하는 전세 가격의 대표성에 의문을 제기할 만큼 민감한 부동산 거래 가격을 실제 거래도 되지 않은 추정 가격으로 산출한다는 것이 가장 큰 문제인데 이 점은 국가에서 공개하는 정보에 대한 신뢰성에 큰 흠이 되는 결정적 요소라고 해도 과언이 아니다.

그림 5.6은 이와 같은 방법으로 2001년부터 2007년까지 6년 동안 두 기관이 집계한 전셋값의 변화 추이를 나타낸 그래프이다.

13 원래 이름은 한국감정원이었는데 2020년 12월 10일 '한국부동산원(Korea real estate board)'으로 개명하였다.

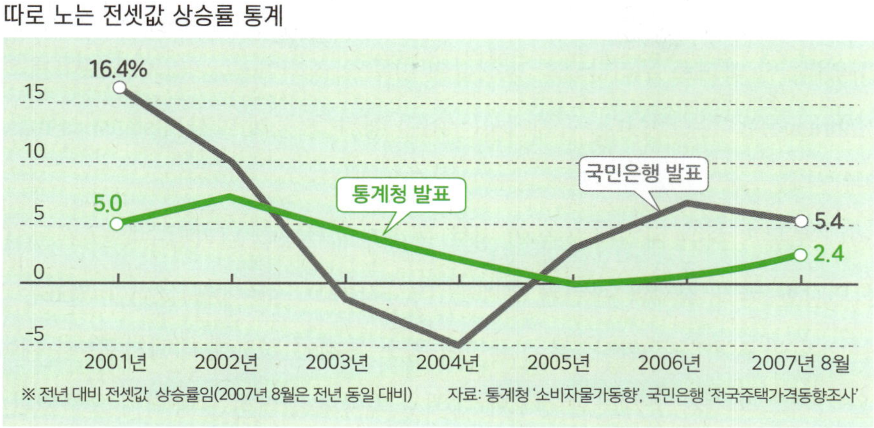

그림 5.6 통계청과 KB의 전셋값 상승률 변화

위의 그림은 사실 이 책의 제6장 확률과정에서 다루는 주제와도 연관이 있는데 시간이 흐름에 따라(연도별로) 전셋값의 변화를 나타낸 확률과정 그래프이다. 전셋값은 시간이 지남에 따라 오르기도 하고 내리기도 하는 특성을 가지며 이것을 기술하는 것이 확률과정이다. 확률과정에 대한 이야기는 뒤에서 자세히 다루기로 한다.

그림 5.6에서 알 수 있듯이 통계청의 통계에서는 전셋값이 2001년~2002년 사이에 조금 올랐을 뿐 그 후 2005년까지 계속 하락하고 있다. 그리고 그 이후에도 전세금은 그다지 오르지 않고 안정적인 추세를 보이고 있다. 그러나 부동산 전문가의 말에 의하면 2006년에 비하여 2007년의 증가세가 둔화된 것은 2007년도의 통계를 수집한 시점이 2007년 8월로서 "여름방학 수요나 가을철 이사 수요가 예년처럼 나타나지 않아서 전셋값이 급등한 상황이 아닌 것"이 이유이지, 본격적으로 가을 이사철에 접어든 후 이사 수요가 본격적으로 나타나면 그래프의 기울기가 우상향으로 바뀔 수 있다고 한다.

한편, KB의 통계에서는 전셋값이 2001년부터 2004년까지는 하향세를 그리다가 2004년부터 2006년까지 상승세로 반전하여 2007년 8월에 와서 약간 고개를 숙이고 있다.

전문가는 위의 현상을 "통계청의 통계는 KB의 통계보다 항상 변동폭이 적게 나오는데 따라서 전셋값이 올라도 덜 오른 것처럼 보이고 내려도 덜 내린 것처럼 보인다"고 분석하였다. 한 마디로 우리나라의 전셋값이 아주 안정되어 있는 것처럼 보이게 하려고 조작(fabricate)했다는 것이다. 학계에서는 이런 행위를 '통계 마사지(statistics massage)'라고 부른다.

그런데 보통 망하는 나라나 정부의 정보 공개가 불투명한 나라일수록 국민들의 관심이 큰 민감한 국가 경제와 관련된 통계를 '마사지'하고 정권에게 불리한 지표는 '조작'하려는 경향이 강하다고 한다. 결국 국민이 평소 통계와 정보에 대해서 좀 더 깨어있는 의식을 가지고 국가가 공개하는 정보에 대해서 똑바로 판단하는 능력이 요구된다.

기대치와 통계 마사지에 대한 이야기를 마무리하기 전에 하나만 더 이야기하고자 한다. 2020년도 거의 끝나가는 12월 초에 일어난 일이다. 국세청이 종합부동산세(이하 종부세[14]) 고지서를 송부하였는데 예년에 비해서 세금이 많이 오른 것은 물론이고 평생 아파트 한 채 가지고 살면서 처음으로 종부세를 내게 된 사람이 대폭 늘어서(2020년에 서울, 부산, 세종, 대구, 울산 등 대도시 아파트 가격이 급등함) 그들의 불만이 폭주했다. 그러자 정부는 종부세를 내는 사람이 '전국민의 1%밖에 되지 않는다'며 그것이 일부 극소수의 부자들에게만 부과하는 '부자세'라고 설명했다.

그렇다면 그 '1%'는 어떻게 산출된 것일까? 기획재정부는 2020년 11월 26일 종부세에 관한 설명자료를 배부하였는데 2020년 주택분 종부세 납부 대상자(개인)가 66만 7000명이며 2019년 기준 우리나라 인구가 5178만 명이므로 산술평균으로 계산하면 66만 7000/5178만=0.01288, 즉 1.288%, 반올림하여 1.3%라는 것이다.

이 말을 어떻게 해석해야 할까? 종부세는 주택 소유자에게 부과하는 것인데 우리나라 전체 국민 5178만 명 중에는 갓난아기나 유치원생, 초/중/고등학생 등도 포함되는

14 종부세는 개인에게 부과하는 세금으로서 2020년 말 기준 1주택자는 주택가격이 9억 원을 초과하는 경우, 2주택 이상은 6억 원을 초과하는 경우 부과대상이다.

데, 설마 그들이 모두 집을 소유하고 있을 리는 없지 않은가?

그리고 전문가들은 종부세 납부자 비율을 계산하는 데 있어서 주택 소유자들만을 분모로 편입할 때 가격이 어느 정도 고가인 주택만을 분모에 넣어야지(왜냐하면 종부세가 원래 '고가주택'에 부과하는 세금이기 때문) 산간벽지에 있는 시골집까지 계산에 넣는 것도 문제가 있다고 말한다.

그런데 정부는 집을 소유할 수 없는 모든 국민들을 분모에 넣었으니 이 통계를 제시하는 것은 넌센스가 아닐 수 없다. 참고로 이것도 '통계 마사지'이다.

필자가 조사해 본 바로는 2020년 말 현재 서울에서 주택을 가진 사람 6명 중 1명(16.7%)이 종부세 납부 대상이라고 하니 불만의 목소리가 커질 만도 하다.

연습문제

1. 양궁장의 과녁은 5개의 동심원으로 되어 있다. 활을 쏘았을 때 화살이 꽂힌 곳에 따라 점수가 다르며 맨 안쪽 원부터 시작하여 5개의 원에 대하여 A, B, C, D, E라 하고 각 영역에 활이 꽂혔을 때 선수가 얻는 점수가 각각 5,4,3,2,1점이다. 이때 다음의 물음에 답하라.
   (1) 갑돌이는 화살을 10발 쏘았는데 A, B, C, D, E 영역에 각각 1, 2, 2, 3, 2발이 꽂혔다. 갑돌이가 화살 한발을 쏘았을 때 기대치는 얼마인가?
   (2) 을석이는 A, B, C, D, E의 각 영역에 맞힐 수 있는 확률이 5, 10, 15, 30, 40%이다. 그런데, 을석이는 화살을 셀 수 없을 만큼 많이 쏘았다. 여기서 을석이가 화살 한발을 쏘았을 때 얻을 수 있는 기대치는 얼마인가?

2. 확률변수 X가 pdf $f(x) = cx[u(x) - u(x-2)]$ 를 가질 때 다음의 물음에 답하라.
   (1) 상수 c의 값을 구하라.
   (2) 확률변수의 기대치를 확률밀도함수를 이용하여 구하라.
   (3) 확률변수의 기대치를 확률분포함수를 이용하여 구하라.
   (4) 위의 두 결과를 비교하라.

3. 김해시 장유에서 창원대학교까지 운행하는 시내버스 109번과 283번은 러시아워 시간인 오전 8시부터 9시 사이에 각각 평균 6분 및 10분 간격의 지수함수분포를 따라서 운행하며 두 회사 간의 차량 운행은 상호 독립적이다. 이들 두 버스 회사가 운행한 차량의 대수를 각각 X와 Y라고 할 때 두 회사가 운행한 차량의 대수의 차이의 기대치를 구하라.

4. 나무심양과 조잔한군이 동전으로 윷놀이를 하는데 잔한이가 이런 제안을 했다. “무심아 우리 윷놀이를 딱 한 판만 하여 도와 개가 나오면 내가 점수를 받고 윷, 모가 나오면 네가 점수를 받고 걸이 나오면 점수를 둘이서 반씩 나누어 가지는 것으로 해서 점수를 적게 받은 사람이 점심을 사자.” 무심이는 이 제안을 수락해야 할까? 단, 도, 개, 걸, 윷, 모가 나오면 각각 10,20,30,40,50점을 받는다.

CHAPTER

6

확률과정

CONTENTS

ABSTRACT

제6장에서는 확률과정에 대해서 알아본다. 확률과정은 확률 사건이 시간의 흐름에 따라 계속 일어나는 경우에 그 사건이 가지는 특성을 기술하는 방법이다. 먼저 확률과정이 무엇인지 정의하고, 그것이 가지는 물리적 의미를 조명하며 확률과정의 종류와 특성함수 등에 대하여 알아본다.

1. 확률과정의 정의

확률과정(確率過程, random process)이란 확률적 사건이 시간의 흐름에 따라 반복해서 일어나면서 확률변수의 값이 변화하는데 이때 확률변수가 가지는 값의 동작을 기술한 것이다.

우리 주변에 확률과정의 예는 많이 있다. 여러분은 '병원 24시' 등과 같은 TV 프로그램에서 중환자 옆에서 시시각각으로 변화하는 맥박과 혈압을 나타내는 그래프를 본 적이 있을 것이다. 그리고 TV에서 세계 경제의 회복으로 주가가 폭등하거나 북한의 무력도발로 주가가 폭락하였다는 뉴스와 함께 그래프가 상하로 크게 꺾인 모습을 본 적이 있을 것이다.

이처럼 시간에 따라 변화하는 양은 우리 주변에 많이 있는데, 몇 가지 예를 들어보면 고속도로를 달리는 자동차의 대수, 환율, 주가, 맥박의 수, 실내의 온도와 습도 등이 있다. 그리고 IT(information technology)와 관련된 분야에서 확률과정으로 표시할 수 있는 현상은 네트워크를 흐르는 트래픽의 양, 인터넷 가입자의 네트워크 접속 횟수 및 데이터 양, 웹사이트에 걸리는 부하 등 다양한 예가 있다.

(1) 확률과정의 사례

우리 주변에는 확률과정의 사례가 많이 있는데 몇 가지 예를 소개한다.

변화무쌍한 주식시장

그림 6.1은 2007년 3월 어느날 아침 9시부터 오후 1시 40분까지의 주가 변동 추이를 나타낸 그래프이다. 그래프에서 주가는 시장이 열리는 아침 9시에 1382로 시작하여 11시 반경에 1397까지 올라갔다가 오후 2시경에는 1395 근처에 머물러 있는 것을 보여주

는데, 당시에는 주식시장이 오후 3시까지 열렸으므로 오후 2시 이후에도 주가가 오를 수도 있고 내릴 수도 있다. 여기서 우리는 시간이 지남에 따라 주가가 시시각각으로 변하고 있음을 알 수 있다.

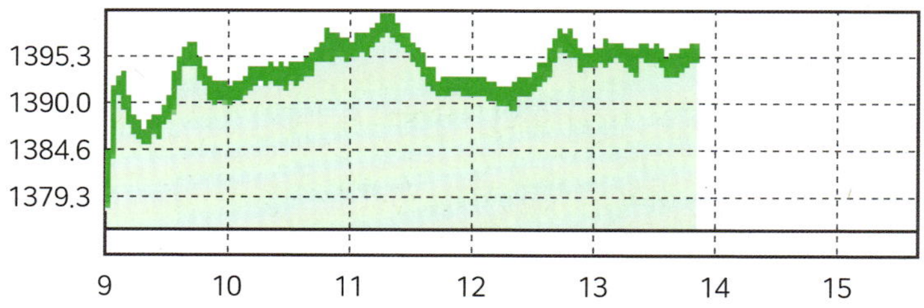

그림 6.1 2007년 3월 어느날 주가의 변동

확률과정과 확률시퀀스

확률과정을 나타내기 위해 $X(t)=x$를 시간 t에서의 어떤 사건의 값이 x라고 하자. 사건이란 주가, 주사위의 눈, 축구 경기의 득점 등 다양한 대상을 나타낼 수 있다.

한편, 여기서 시간축의 값에 대하여 두 가지로 나눌 수 있는데 하나는 시간의 단위가 연속적인 경우이고 다른 하나는 이산적인 경우이다. 앞의 경우는 시간축이 실수의 값을 가지고 뒤의 경우는 시간축이 정수의 값을 가진다.

그림 6.1을 보면 주가가 시간의 흐름에 따라 계속 변화하는 선으로 표시되어 있지만, 좀 더 자세히 관찰해보면 한 시간이라는 구간 내에 초나 분 단위 등 아주 미세한 시간 단위로 주가가 계속 변한다. 따라서 9시부터 10시 사이에도 수많은 순간에 주가는 서로 다른 값을 가진다. 따라서 이 경우에 확률과정의 시간을 연속적이라고 볼 수 있다.

한편, 그림 6.1에서 9시를 기점으로 매시간마다 주가를 기록할 때 9시는 첫 번째 관측 시점으로서 $X_1=1382$, 10시는 두 번째 관측 시점으로서 $X_2=1392$가 되며 시간의 표시를 이산적으로 나타낼 수도 있다.

이처럼 확률과정에서 시간축을 정의하는 방법에 따라 연속시간과 이산시간으로 나눌 수 있는데 앞의 경우를 확률과정(確率過程, random process)이라 하고 $X(t)$, $t>0$로 표기하며, 뒤의 경우를 확률시퀀스(random sequence)라고 하며 X_i, $i=1,2,\cdots$ 로 나타낸다. 이에 대해서는 다음 절에서 자세히 다루기로 한다.

코스피의 기나긴 여정

이번에는 좀 더 긴 시간을 가지고 확률변수가 변화하는 예를 보자. 그림 6.2는 1980년부터 2007년까지 27년 동안 우리나라 KOSPI 주가지수의 변화를 나타낸 그래프이다. 그림에서도 볼 수 있듯이 우리나라의 KOSPI 주가지수는 그동안 구간별로 등락은 있어도 전체적으로는 상승 장세임을 알 수 있다. 특히 2004년 이후에는 뚜렷한 증가세를 지속하고 있다.

1980년 이후 코스피

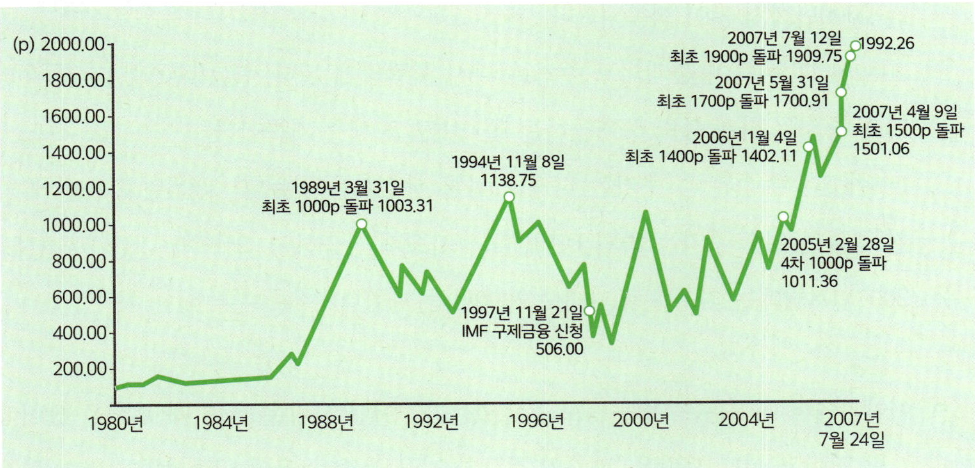

그림 6.2 1980년부터 2007년까지의 우리나라 주가지수 변동 추이

그림 6.2로부터 우리는 다음과 같은 몇 가지 유용한 정보를 얻을 수 있다.

① 1980년부터 1986년까지 우리나라의 증시는 아주 완만한 상승세를 보였다. 따라서, 이때 주식을 산 사람들은 평균적으로 손해를 보지도 않았고 이익도 크지는 않았을 것이다.

② 1986년 이후 서울 올림픽이 열린 1988년을 지나 1989년 1/4분기까지 주가는 5배나 오르며 급기야 1989년 3월 31일에는 우리나라 주식시장 개장 이후 처음으로 주가지수가 1000을 돌파했다. 따라서 이때 주식에 투자한 사람들은 상당한 이익을 냈을 것이다.

③ 1989년부터 2000년까지는 크게 오르고 내리기를 세 차례 정도 반복하면서 주가의 등락이 아주 심했다. 그 와중에 1997년 우리나라가 IMF 사태를 맞이하여 주가가 상당 기간 곤두박질쳤으나 뼈아픈 구조조정을 거친 1998년 이후에는 경제 펀더멘털도 강해지고 상대적으로 주가가 싸서 외국 자본이 대거 들어오면서 주가는 2000년까지 많이 회복되었다.

④ 2000년 IT 버블이 붕괴되고 주가는 다시 폭락하게 된다. 그 이후 약 4년간 우리나라 증시는 다시 등락을 거듭하는 톱니바퀴 장세를 거듭한다.

⑤ IT 버블이 수습된 후 주가는 다시 가파른 상승기를 맞는다. 2006년도 초반에 약간 주춤한 이후 주가는 거의 1년 반을 숨가쁘게 상승하여 (그래프에는 나타나 있지 않지만) 2007년 8월에는 최초로 주가지수 2000을 돌파한다.

이 이야기에서 여러분은 어떤 정보를 얻었는가? 어떤 사람은 IMF 때 주식을 샀어야 한다고 할 것이고 어떤 사람은 '과거의 정보가 지금 무슨 소용이 있는가?' 하면서 투자하지 않을 것이다.

금리와 아파트 가격

그림 6.3은 1990년 3월부터 2001년 12월까지 11년간 우리나라의 은행예금 금리와 아파트 가격 상승률의 변화과정이다. 그림에서 y축의 좌측은 금리의 기준이 되는 3년 만기 회사채 금리를, 우측은 아파트 가격 상승률을 나타낸다.

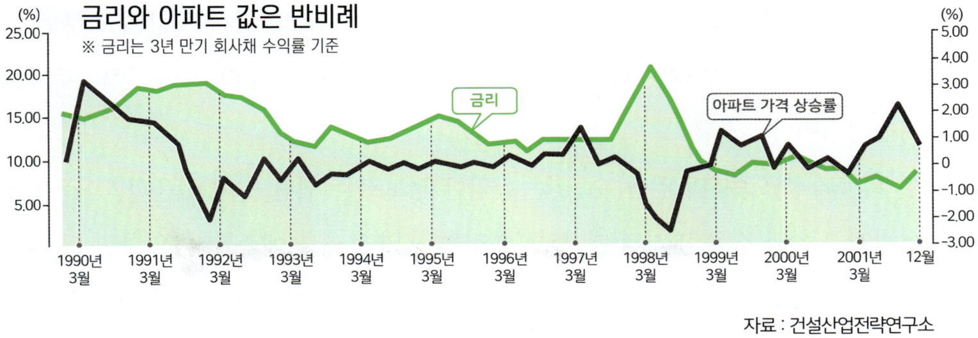

그림 6.3 금리와 아파트 값의 변화

그림 6.3에서 알 수 있는 특징은 다음과 같다.

① 금리든 아파트 가격이든 시간의 흐름에 따라 값이 계속 변한다. 그리고 금리와 아파트 가격은 별개로 보면 뚜렷한 주기성도 가지지 않은 채 랜덤한 변화를 한다.

② 금리는 시간의 흐름에 따라서 등락을 반복하면서도 장기적으로는 내리막길을 걷고 있다. 다만, 우리나라가 IMF 관리 체제하에 있었던 1997년 후반부터 1998년 초까지 금리가 잠시 20%대까지 급등하였으나 그 후에는 계속 내리막길을 걸어서 2001년 연말에는 10%대이다.

③ 대개 금리가 오르면 아파트 값은 내리고 금리가 내리면 아파트 값은 오른다. 왜냐하면 금리가 오르면 사람들은 돈을 빌려서 집을 사기가 부담스러워지므로 투자를 망설이게 되고 그로 인해서 아파트 값이 내린다. 반면에 금리가 내리면 이자

부담이 덜어지므로 돈을 빌려서라도 아파트를 사려고 하며 그로 인해서 아파트의 가격이 올라간다. 따라서, 금리와 아파트의 값은 음의 상관관계가 있다. 상관관계에 대해서는 뒤에서 자세히 소개한다.

그림 6.3과 같은 그래프를 통해 우리는 11년간의 평균 금리나 평균 아파트 가격 등을 알 수 있다. 그런데 그 값이 현재 혹은 앞으로 우리에게 과연 의미가 있는지는 한 번은 생각해 보아야 할 일이다. 즉, 지난 과거의 아파트 값이 지금의 아파트 값에 아무런 영향을 미치지 않는다면 우리는 과거의 데이터를 이용할 이유가 없다. 이는 앞의 주가에서도 마찬가지이다.

한편, 확률과정으로부터 얻을 수 있는 유익한 정보로는 어떤 것이 있을까? 이동평균이나 상관계수 등과 같은 과거의 데이터로부터 향후의 추세를 예측할 수 있다면 그 데이터는 의미가 있는 정보를 제공할 것이다. 이에 대해서도 뒤에서 자세히 다루기로 한다.

국민타자 이승엽의 기록

그림 6.4는 우리나라의 국민타자 이승엽 선수가 일본 프로야구리그에서 2004년(그의 나이 27세)부터 2010년(그의 나이 34세)의 7년간 기록한 성적이다. 이승엽 선수는 27세에 일본으로 건너가서 처음에는 치바(千葉) 롯데에서 활동하다가 2006년에 요미우리(讀賣) 자이언츠로 이적해서 선수생활을 하였다. 그림 6.4는 이승엽 선수의 시즌별 평균 타율이다.

그림 6.4를 보면 이승엽 선수는 일본에 진출한 후 3년 만인 2006년에 평균 타율이 3할을 넘어 최고조에 달하였고 그 후에는 계속 타율이 낮아짐을 알 수 있다. 그가 29세이던 2006년 타율이 0.323이었는데 34세인 2010년에는 0.174이니까 안타깝게도 타율이 거의 반으로 줄어들었다.

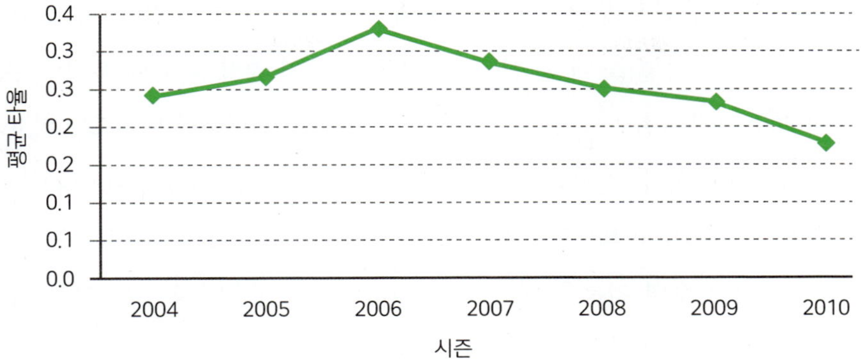

그림 6.4 이승엽 선수의 평균 타율

그림 6.5는 같은 기간에 그가 친 홈런의 수이다. 그의 기량이 최고조에 달하던 2006년에 41개의 홈런을 치며 팀의 보배였던 적이 있다. 그러나 그 후 홈런 수는 계속 감소하여 2010년에는 단 5개밖에 치지 못했다. 물론 그때에는 그가 1군에서 뛴 기회가 많지 않았기 때문에(2010년 시즌에는 56경기에 거의 대타로 출전) 홈런의 수는 적을 수밖에 없었을 것이다.

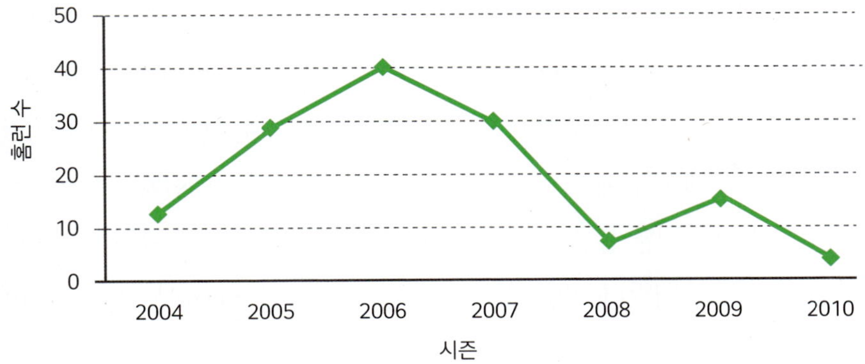

그림 6.5 이승엽 선수의 시즌별 홈런 수

한편, 두 그래프를 관찰해 보면 그의 타율과 홈런 수가 아주 밀접한 관계가 있음을 알 수 있다. 즉, 타율이 좋을 때 홈런도 많이 쳤고 타율이 좋지 않을 때 홈런의 수도 작았다. 특히 2008년에는 홈런을 많이 치지 못했다. 그러나 전체적인 트렌드는 타율과 홈런의 수가 아주 유사하다. 결과적으로 볼 때 이승엽 선수는 2010년에 이르러서는 야구 인생의 전성기는 지났다고 봐야겠다[15].

그러나 이승엽 선수의 기록은 대단하다. 1976년생인 이승엽 선수는 고교 졸업 후 1995년부터 2003년까지 9년간 한국의 프로야구리그에서 활약했었는데 그 기간의 통산 평균 타율은 0.305였으며 홈런은 324개였다. 그리고 그가 일본에서 활약한 7년 동안 친 홈런의 수는 144개이며 평균 타율도 0.245(일본에서의 선수생활 중 후반부에 타율이 많이 낮아서 전체적인 평균이 많이 낮아진 것임)이다. 하여간 그는 1995년부터 2010년까지 총 468개의 홈런을 쳤다. 이승엽 선수는 2011년 다시 KBL(삼성 라이온즈)에 복귀한 뒤 7년간 선수 생활을 하고 41세인 2017년 시즌을 끝으로 23년의 프로야구 선수 생활을 마감했다. 과연 그는 진정한 국민타자였다.

레전드, 박지성

이번에는 영국 프리미어리그 맨체스터 유나이티드(Manchester United, 이하 맨유)의 산소탱크 박지성 선수가 맨유에서 보낸 7년간의 기록을 분석해보자. 박지성 선수는 2005년(7월 14일 입단)에 맨유에 들어가서 2012년 7월 퀸즈파크 레인저스로 이적했는데 그림 6.6은 그가 일곱 시즌 동안 기록한 골과 도움 점수를 나타낸 그래프이다. 단, 그래프에서 가로축은 시즌의 시작 연도를 나타낸다. 예를 들면 2004년은 2004~2005년의

15 2010년 12월 10일 이승엽 선수는 요미우리 자이언츠와 이별하고 오릭스 버펄로스로 옮겼으나 거기서도 좋은 성적을 거두지 못하고 결국 한국으로 돌아와서 본인이 선수 생활을 하던 삼성 라이온즈로 복귀했다.

시즌을 말한다.

그림 6.6에서도 볼 수 있듯이 박지성 선수는 맨유에 입단한 이후 2007년을 제외하고 4년간 비슷한 성적을 올리다가 2010~2011년 시즌에는 탁월한 성적을 올렸다. 보통 축구선수는 부상을 당해서 출전 기회가 적으면 골을 넣을 기회가 적고 출전 기회가 많으면 골을 넣을 기회가 많다. 과연 그런지 알아보자. 그림 6.7은 박지성 선수가 영국 프리미어 리그에서 시즌별로 출전한 경기의 수를 나타낸 것이다.

그림 6.6 박지성 선수의 시즌별 성적

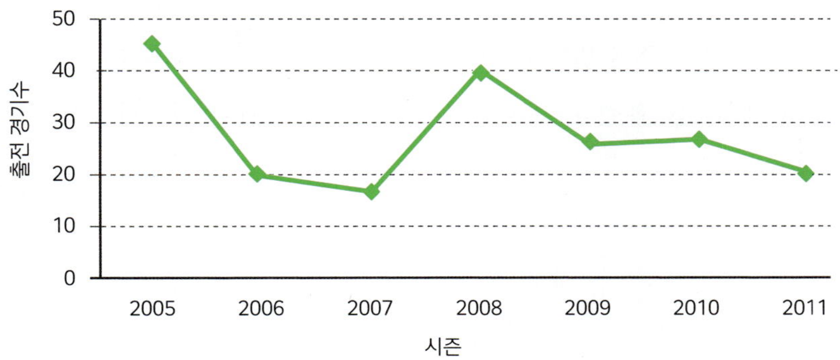

그림 6.7 박지성 선수의 출전 경기수

박지성 선수는 첫 시즌에는 45경기를 뛰었고 2008 시즌에도 40번이나 출전하였으나 2006, 2007 시즌에는 20, 18 경기로 출전을 많이 하지 못했다. 반면에 2006 시즌에 20번, 2007년 시즌에 18번, 2009년에 26번, 2010년에 27번, 2011년에 21번 출전하였다.

이번에는 출전 경기의 수와 공격 포인트 간의 관계를 관찰해보자. 그림 6.8은 각 시즌별로 얻은 공격 포인트를 출전한 횟수로 나눈 그래프이다.

그림 6.8 박지성 선수의 경기당 평균 공격 포인트

그림 6.8의 그래프에서 본 바와 같이 박지성 선수는 경기당 평균적으로 0.2~0.3의 공격 포인트를 기록하다가(즉, 평균적으로 3~5 경기에 1골) 2010년 시즌에는 타 시즌과는 비교가 되지 않을 정도의 실력을 발휘하여 0.52의 공격 포인트를 기록하였다. 즉 두 경기에 한 번은 공격 포인트를 올렸다. 박지성 선수는 2010~2011년 시즌에서 최고의 전성기를 구가하였다.

문제 6.1

다음은 이청용 선수(1988년생)가 영국 프리미어리그 볼턴 원더러스에서 21세부터 27세까지 얻은 성적이다. 아래의 표를 보고 다음 물음에 답하라.

시즌	리그			FA컵			리그컵			합계		
	출장	득점	도움	출장	득점	도움	출장	득점	도움	출장	득점	도움
09-10	34	4	6	4	1	1	2	0	1	40	5	8
10-11	31	3	8	4	1	0	1	0	0	36	4	8
11-12	2	0	0	0	0	0	0	0	0	2	0	0
12-13	41	4	7	3	1	0	0	0	0	44	5	7
13-14	45	3	5	2	0	0	0	0	0	47	3	5
14-15	23	3	3	0	0	0	3	0	1	26	3	4
합계	176	17	29	13	3	1	6	0	2	195	20	32

(1) 이청용 선수가 볼턴 원더러스에서 통틀어서 얻은 득점 기여도(공격 포인트÷출장 수)는 얼마인가? (단, 공격 포인트=득점+도움)

(2) 이청용 선수의 시즌별 득점 기여도(공격 포인트÷출장 수)는 얼마인가?

(3) 이청용 선수의 경기력에 대해서 분석하라.

AI를 이긴 유일한 인간 이세돌

2016년 3월 13일, 이세돌 9단은 구글이 개발한 인공지능 알파고를 상대로 인간으로서는 세계에서 처음으로 승리했다. 그 뒤에도 어느 누구도 알파고를 이기지 못했다.

이번에는 이세돌 9단(1983년생, 1995년에 프로 입단)이 획득한 우승 타이틀의 횟수를 관찰해보자. 그림 6.9는 2000년부터 2012년까지 이세돌 9단의 우승 횟수이다.

그림 6.9 이세돌 9단의 국내외 바둑대회 우승 횟수

그림 6.9를 보면 이세돌 9단은 프로에 입문한지 5년만인 2000년에 처음으로 우승 트로피를 쥐기 시작한 후 13년 동안 연간 1~5회까지의 우승을 기록하였다. 2002년과 2011년에는 한 해 동안 5회의 우승을 하기도 했다.

그 뒤 이세돌 9단의 성적은 어떻게 되었을까? 위의 그래프를 보면 그의 성적은 오른쪽으로 약간 상승하는 경향을 가지고 있다. 그래프에서 마지막 년도가 2012년인데 그의 나이가 29세이며 그때까지 그의 누적 우승 횟수는 36회이다. 이세돌 9단은 그 뒤 2019년까지 14회 우승을 추가하여 통산 50번 우승했다.

그러나 이세돌 9단은 2019년 11월 19일 돌연 한국기원 기사회를 탈퇴하고 프로기사 사퇴서를 제출하면서 바둑계를 떠났다. 그의 나이 36세였다.

한편, 우리나라에는 이세돌 9단보다 30년 전에 태어나서 바둑계의 거목이 된 조훈현 9단과 이세돌 9단보다 8세가 많은 이창호 9단이 있는데 문제 6.2에서 그들의 장기간에 걸친 성적을 바탕으로 그들의 걸어온 길과 앞날을 예측해 보기로 한다.

문제 6.2

아래의 그림은 1974년부터 2008년까지 34년간 프로 바둑기사 조훈현(1953년생) 9단과 그의 제자 이창호(1975년생) 9단이 국내외에서 개최된 바둑대회에서 우승한 타이틀의 획득수에 대한 그래프이다. 그림에서 마름모로 표시된 그래프는 조훈현의 타이틀 획득수이며 직사각형으로 표시된 그래프는 이창호의 타이틀 획득수이다. 아래의 그림을 보고 다음의 물음에 답하라.

(1) 조훈현과 이창호 기사의 기량이 최고조인 때는 나이가 몇 살 때인가?

(2) 향후 두 사람은 어떤 성적을 거둘까?

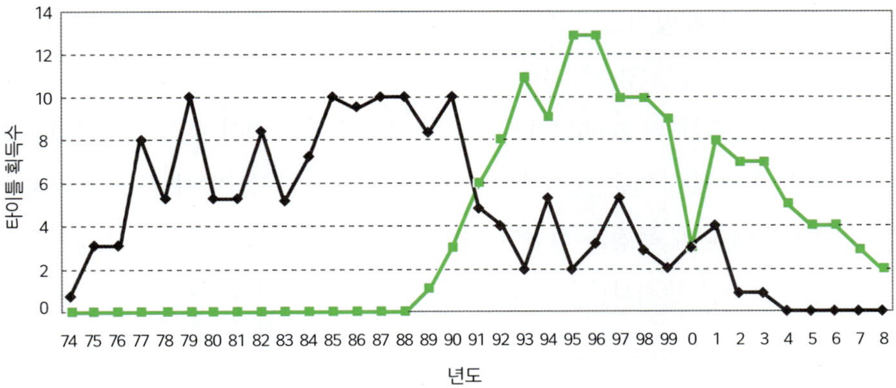

이 그래프로부터 알 수 있는 것은 '세월 앞에서 장사 없다'는 것이다. 이창호는 1996년 이후에 타이틀을 획득하는 횟수가 계속 줄어들고는 있어도 그래도 매년 타이틀을 획득한 실적이 있으므로 그 뒤에도 당분간은 현역으로 활동할 가능성이 있다. 한편, 조훈현 9단은 현재 '실버바둑'계에서 활약 중에 있다.

예로 든 몇 가지 사례들을 통해서 확률과정은 어떤 현상에 대해서 과거와 현재의 상황을 시간의 변화에 대하여 나타냄으로써 관찰자에게 향후의 상황에 대해 어느 정도는 예측을 가능하게 함을 알 수 있다.

한국 축구, 무엇이 문제인가?

이번에는 확률과정의 또 다른 측면에 대해서 생각해 보기로 한다. 여러분은 우리나라 축구에 대해서 관심이 많을 것으로 생각한다. 특히 2002년의 한일월드컵은 아마도 우리 민족의 스포츠 역사상 가장 감동적인 이벤트가 아니었나 생각한다. 필자도 우리나라의 경기를 하나도 빼지 않고 모두 보았을 뿐만 아니라 그것도 집에서 보지 않고 창원 시청광장이나 해운대 바닷가로 나가서 다른 사람들과 함께 보았을 정도였다.

그런데 우리나라 축구 국가대표 선수들은 2002년 월드컵을 제외하고는 월드컵에서 거의 매 경기마다 손에 땀이 날 정도로 아슬아슬한 승부를 벌이고 다른 팀의 경기 결과에 따라 16강 진출에 대한 경우의 수를 따지곤 했다.

그림 6.10은 1986년부터 2006년까지 20년간 총 5회에 걸쳐서 우리나라 국가대표 축구팀이 월드컵 본선에서 얻은 성적이다. 그래프는 경기가 시작하여 끝날 때까지 10분 간격으로 관측하였을 때 득점과 실점이 시간대에 따라 어떻게 분포하고 있는지를 나타내고 있는데 가로축은 누적시간을 나타내며 세로축은 득실점을 나타낸다.

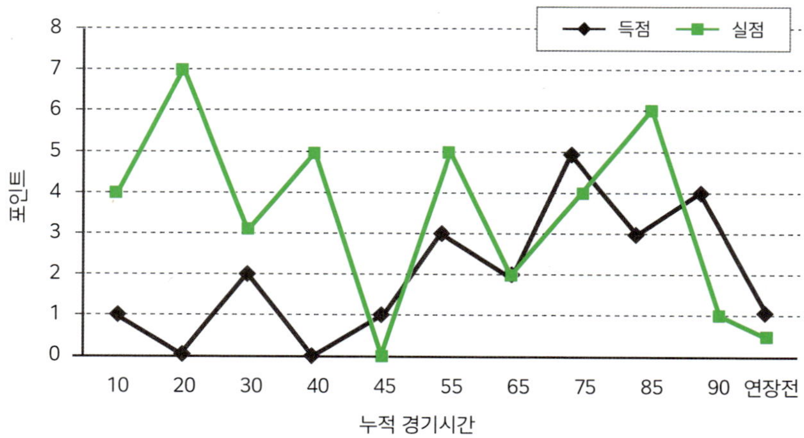

그림 6.10 월드컵 본선에서 우리나라의 득실점 분포

이 그래프에서 우리나라 축구대표팀에 대해서 다음과 같은 몇 가지 사실을 알 수 있다.

① 초반 20분 이내와 종료 직전 10분 이내에서 실점을 가장 많이 하였다. 반면에 전반전 경기시작 20분 이내에서 득점이 없다.

② 후반전의 중후반 부근에서 득점이 많은데 그것은 아마도 실점을 만회하려고 많은 노력을 기울였기 때문인 것 같다.

③ 연장전에서는 골을 잘 주지도 않았고 그렇다고 골을 잘 넣지도 못했다.

필자가 축구 전문가가 아니어서 자세히 말할 수는 없지만 우리나라 축구선수들이 경기에서 힘을 제대로 발휘할 때까지 시간이 걸림을 알 수 있고 초반의 실점 때문에 나머지 시간에 경기를 어렵게 풀어가고 있다. 결국, 우리나라 선수들이 초반에 지나친 긴장으로 실점을 하지 않는다면 경기는 의외로 쉽게 풀릴 수도 있을 것이다.

문제 6.3

아래의 그래프는 1972년부터 2010년까지 약 40년간 강원도 대관령의 겨울 평균기온을 나타내고 있다. 이 그래프에서 여러분은 무엇을 느끼는가?

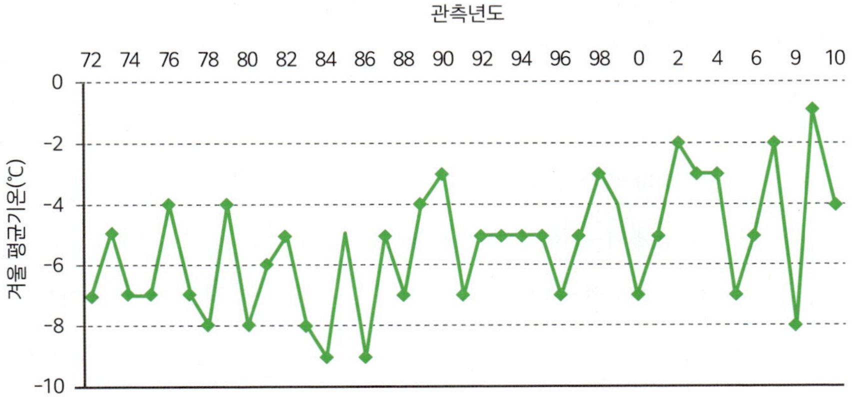

2. 확률과정의 분류

확률과정은 분류하는 기준에 따라 여러 가지로 정의할 수 있다. 먼저 확률적 사건에 대해서 장래에 대한 예측이 가능한지 아닌지에 따라 결정적 확률과정과 비결정적 확률과정으로 나눌 수 있고, 또 시간과 공간의 값에 따라서 연속 혹은 이산과정으로 나눌 수 있다.

먼저 전자의 분류기준에 따라 확률과정을 분류하기로 하고 후자의 분류법은 뒤에서 다루기로 하자.

2.1 사건의 예측 가능성에 따른 분류

확률사건은 그 사건이 사전에 예측이 가능한지 아닌지에 따라 결정적 확률과정과 비결정적 확률과정으로 나눌 수 있다.

(1) 결정적 확률과정

결정적 확률과정(決定的確率過程, deterministic random process)은 과거나 현재 사건의 결과로부터 미래의 모습이 예측 가능한 과정을 말한다. 그래서 확률과정(random process)이라는 단어 앞에 결정적(deterministic)이라는 수식어가 붙어있다.

예를 들어서 $X(t)=A\sin\omega t$ (단, A는 상수이며 T는 주기이고 $\omega=\frac{2\pi}{T}$)를 생각해 보자. 이 그래프는 시간축 상에서 주기 T를 가지고 반복되는 파형을 그리며 시간이 지남에 따라 일어날 파형의 모습이 예측 가능하다. 이와 같은 확률과정을 결정적 확률과정(줄여서 '결정적 과정')이라고 한다. 보통 확률 세계에서 이와 같은 결정적 과정은 거의 문제되지 않는다. 왜냐하면 현재의 정보로부터 미래가 예측 가능하기 때문에 굳이 확률을 따질 필요가 없다.

따라서 결정적 확률과정을 사실 확률실험이라고 부르는 것은 의미가 없으며 이 이야기는 더 이상 다루지 않기로 한다.

(2) 비결정적 확률과정

비결정적 확률과정(非決定的確率過程, non-deterministic random process, 혹은 stochastic process라고도 함)은 과거나 현재 사건의 결과로부터 미래의 모습이 예측 불가능하거나 예측할 수 있더라도 확률적인 사건에 의해서 결정되는 과정을 말한다.

$X(t) = A\sin\omega t$를 다시 생각해 보자. 이번에는 A가 매 주기가 끝날 때마다 시행하는 주사위 던지기 실험의 결과에서 나오는 눈의 값이라고 하자. 그러면 이 그래프는 시간축 상에서 sine 함수의 매 주기마다 1에서 6 사이의 진폭을 랜덤하게 가지는 파형을 그린다. 따라서, 향후 일어날 파형의 모습이 어떻게 될지 모른다. 이와 같은 확률과정을 비결정적 과정이라고 한다.

비결정적 확률과정의 또 다른 예로서 시간축 상의 값이 이산치를 가지는 시퀀스에 대하여 생각해 보자. X_n(단, n은 주사위를 던진 횟수)이 주사위의 눈의 수라고 하면 주사위의 눈은 1부터 6까지의 값 중에서 어느 한 값을 가지게 될 것이다. 예를 들면, 첫 번째 시행에서 던진 주사위의 눈이 3이라면 $X_1 = 3$이고, 스무 번째 시행에서 던진 주사위의 눈이 1이라면 $X_{20} = 1$이다.

비결정적 과정의 또 다른 예로서 앞에서도 예를 들었지만 시간에 따라 확률적인 값을 가지고 변화하는 주가지수 역시 비결정적 과정을 따른다. 그림 6.11은 이 모습을 나타낸 것이다.

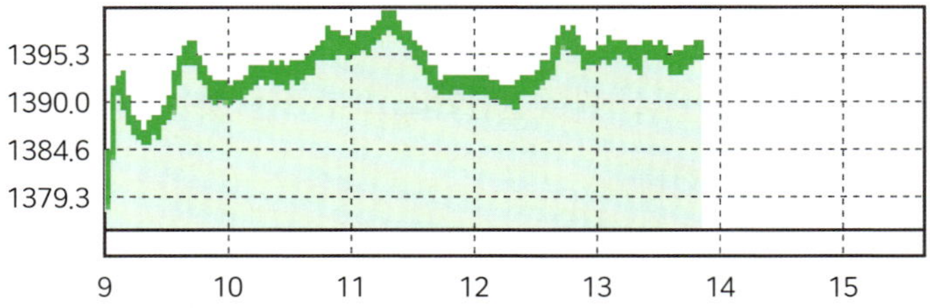

그림 6.11 코스피지수의 시간에 따른 변화

이 그림은 주식시장이 개장한 아침 9시부터 오후 1시 45분까지의 코스피지수를 나타내고 있는데 시장이 종료되는 3시 30분까지는 아직 1시간 45분이 남아 있으며 그 사이에 주가가 어떻게 움직일지는 아무도 모른다.

이 같은 논의에서 알 수 있는 사실은 우리가 확률을 고려하면서 다루는 대부분의 확률과정은 비결정적 과정이라는 사실이다.

문제 6.4

주변에서 비결정적 확률과정을 따르는 예를 하나 찾아서 동작 특성을 기술하여 보자.

2.2 시간과 공간에 따른 분류

확률과정은 시간과 공간의 두 영역에서 정의할 수 있다. 관찰하는 시간에 따라 연속시간과 이산시간으로 나눌 수 있고, 또 확률변수가 가지는 값에 따라 연속공간과 이산공간으로 나눌 수 있다. 결국 확률과정은 시간과 공간의 개념에 따라서 총 네 가지로 분류 가능한데 표 6.1은 이를 나타내고 있다.

확률과정을 부를 때 공간 영역에 대해서는 이름 그대로 연속 혹은 이산으로 부른다.

다만 시간 영역에 대해서는 연속시간에 대해서는 확률과정(random process)이라 부르고 이산시간에 대해서는 확률시퀀스(random sequence)라고 부른다. 다음에서 각 경우에 대해 설명한다.

표 6.1 확률과정의 분류

공간/시간	연속시간	이산시간
연속공간	연속확률과정	연속확률시퀀스
이산공간	이산확률과정	이산확률시퀀스

(1) 연속확률과정

연속확률과정(連續確率過程, continuous random process)은 시간축과 공간축이 모두 실수의 값을 가지는 확률과정이다. 가장 간단한 예는 그림 6.12와 같이 그래프가 시간 및 공간축에 대하여 연속적인 곡선으로 표시되는 것이다. 그림 6.12에서 x축은 시간을 나타내고 y축은 코스피지수를 나타낸다. 그림에서는 편의상 시간이 1시간 단위로 표시되어 있지만 실제는 주가지수는 주식시장이 개장되는 아침 9시부터 폐장되는 오후 3시 30분까지 실시간으로 계속 변한다. 또 y축은 그래프에서는 소수 첫째 자리까지만 나타내었지만 이것 역시 편의상 그렇지 실제로는 소수점 이하로 얼마든지 표시할 수 있다. 따라서 이 그래프는 연속확률과정이다.

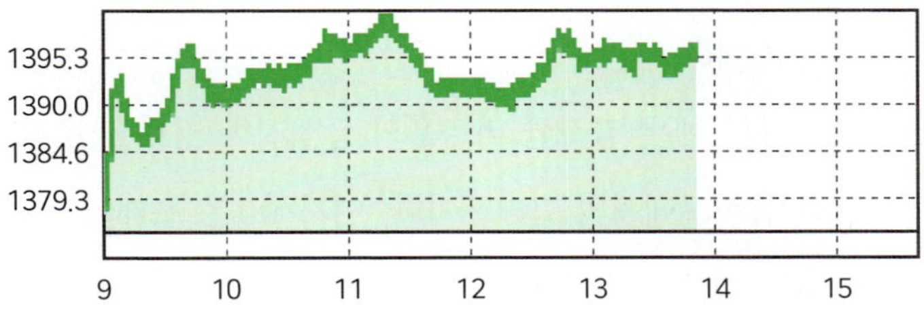

그림 6.12 연속확률과정의 예

이처럼 연속확률과정의 대표적인 예는 연속시간축 상에서 시시각각으로 변화하는 주식의 가격 혹은 인터넷 트래픽의 그래프이다.

문제 6.5

주변에서 연속확률과정의 예를 하나 찾아서 그래프를 그려보자.

(2) 이산확률과정

이산확률과정(離散確率過程, discrete random process)은 시간축이 실수의 값을 가지고 공간축은 정수의 값을 가지는 확률과정이다. 즉, 시간은 연속적인 값을 가지고 확률변수가 이산적인 값을 가지는 경우이다.

이산확률과정의 예로는 주변에서 어떤 것이 있을까 잠시 고민을 해보았는데 요즘 인기가 높은 전동 스쿠터가 이와 같은 예이다. 버스 정류장 근처에 놓여있는 스쿠터는 누군가가 타거나 안 타거나 둘 중의 하나이다. 누군가가 타면 점유 중이고 그렇지 않으면 비점유 중인데 점유에 1, 비점유에 0을 매핑하면 이 스쿠터의 상태는 시간의 흐름에 따라서 0 아니면 1의 값을 가진다.

이처럼 이산확률과정은 그림 6.13와 같이 확률과정이 단속적(斷續的)인 계단함수(階段函數, step function)로 표시되는 것이다. 그림에서 그래프는 시간이 지남에 따라 0과 1을 반복하면서 변화하고 있다.

이산확률과정의 또 다른 예는 일정한 비트율의 음성전화 정보를 프레임으로 만들어서 네트워크로 보내는 음성트래픽의 그래프이다. 여기서 1은 프레임이 있는 것을 나타내고 0은 프레임이 없는 것을 나타낸다. 하나의 프레임은 말을 하는 사람의 음성신호를 일정한 크기의 패킷으로 포장해서 만들기 때문에 데이터의 길이는 가변이지만, 데이터의 양은 항상 일정하게 할 수 있다. 이 구간을 유음구간(有音區間, speech period)이라고 한다. 한편, 0은 말을 하는 사람이 말을 하지 않거나 상대방의 말을 들을 때를 나타내는 것으로 무음구간(無音區間, silence period)이라고 한다.

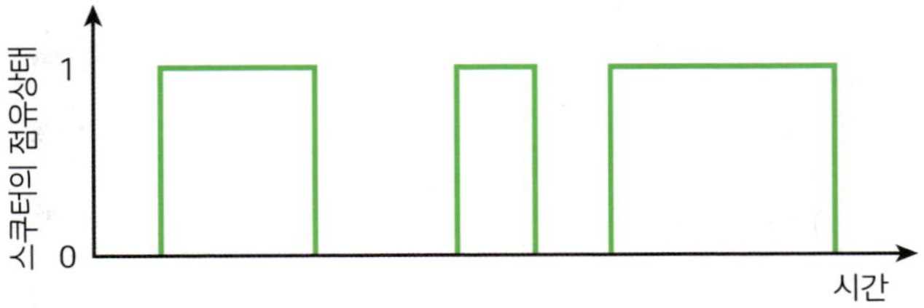

그림 6.13 이산확률과정의 예

> **문제 6.6**
>
> 주변에서 이산확률과정의 예를 하나 찾아서 그래프를 그려보자.

(3) 연속확률시퀀스

연속확률시퀀스(continuous random sequence)는 시간축은 정수의 값을 가지나 공간축이 실수의 값을 가지는 경우이다. 그림 6.14는 이승엽 선수의 시즌별 평균 타율을 나타낸 것인데 이것이 연속확률시퀀스이다. 그림에서는 평균 타율을 소수 첫째 자리까지 나타냈지만 그 이하까지도 계산할 수 있다.

연속확률시퀀스의 다른 예로서 데이터의 표본값이 있다. 예를 들면 인터넷 트래픽이 시시각각으로 변화하는데 모든 데이터를 관측해서 저장하려면 메모리의 크기가 아주 커야 할 것이다. 따라서, 메모리의 용량을 줄이고 데이터를 쉽게 가공하기 위해 보통 5초, 1분 또는 하루 등 관측자가 원하는 시간 간격마다 데이터를 측정하는 방식처럼 관측 시각이 이산적인 값을 가질 때 그림 6.14와 같은 그래프를 그릴 수 있다.

그림 6.14 연속확률시퀀스의 예

문제 6.7

주변에서 연속확률시퀀스의 예를 하나 찾아서 그래프를 그려보자.

(4) 이산확률시퀀스

이산확률시퀀스(discrete random sequence)는 시간축과 공간축이 모두 정수의 값을 가진다. 이산확률시퀀스의 예는 그림 6.15에서 나타낸 이승엽 선수의 시즌별 홈런 수처럼 두 축이 모두 정수로 표시되는 것이다.

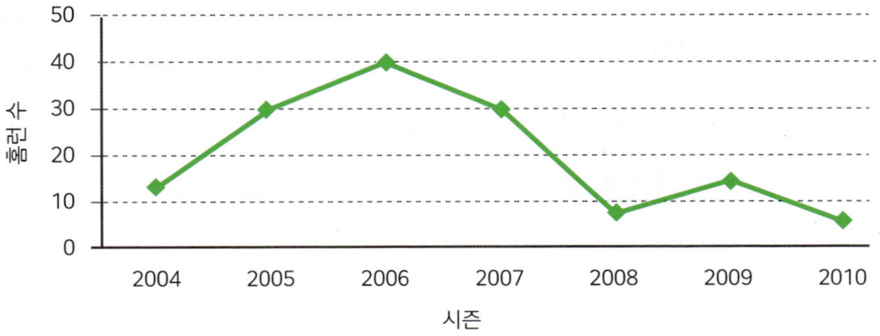

그림 6.15 이산확률시퀀스의 예

> **문제 6.8**
>
> 주변에서 이산확률시퀀스의 예를 하나 찾아서 그래프를 그려보자.

3. 확률과정의 특성함수

확률과정이 시간에 따라 변화하는 확률변수의 동작을 나타내는 만큼 시간 간격을 두고 확률과정의 값에 대해서 표본을 추출하거나 실험을 일정한 주기로 반복하면 거기에서 얻어지는 값이 바로 확률변수가 되므로 앞에서와 같이 분포함수나 밀도함수를 이용하여 그 특징을 나타낼 수 있다. 그런데 우리는 확률과정의 밀도함수나 분포함수를 구하는 것이 과연 의미가 있는지는 한 번쯤 생각해 보아야 한다.

앞에서 1980년부터 2007년까지 우리나라의 종합주가지수 변동 상황을 소개하면서 확인했듯이 확률적 현상에 대해서 장기간 데이터를 수집하여 그 데이터로부터 확률변수의 밀도함수나 분포함수를 구해도 그 정보가 미래를 예측하는 데 아무런 도움이 되지 않는다면 그 정보는 의미가 없다. 즉 최근 20년 동안 코스피 주가지수가 1500을 넘은 횟수가 다섯 번이라고 하더라도 그 정보를 통해 앞으로 어떻게 될지 힌트를 얻을 수 없다면 그 정보는 의미가 없다.

그림 6.16은 2006년 1월부터 2013년 11월까지 우리나라의 종합주가지수(코스피지수)의 변화를 나타낸 것이다.

그림 6.16 2006년부터 2013년까지의 코스피지수

그림 6.16에서 보듯이 2000년대 초반부터 7년간 지속적으로 증가하던 코스피지수는 2007년 하반기에 2000 고지를 찍은 후 2008년 미국의 서브프라임 모기지 사태로 인하여 2009년 2월까지 급강하하여 반토막인 1000까지 떨어진다. 그 이후 2년 만에 다시 2000을 재탈환하게 되는데 그 이후 다시 2013년 11월까지 2년간 2000선을 중심으로 지루한 횡보장을 반복하게 된다. 그러면 앞으로 어떻게 될 것인가?

한편, 앞에서 확률과정의 의미가 주식 가격의 변화나 환율의 변동 등 시간의 흐름에 따른 확률변수 값의 변화 양상을 표시하는 데 있다고 이야기하였는데 확률과정에 대해서 의미있는 지표로서 서로 떨어진 순간의 확률과정의 관계를 표시하는 방법이 있는데 그것은 이동평균과 상관계수이다.

이제부터 이들에 대해서 소개한다.

3.1 이동평균

확률과정의 평균을 구할 때 확률과정에 대한 시간축 상의 모든 데이터를 가지고 평균값을 구하는 경우도 있지만, 과거의 오래된 데이터가 현재에는 그다지 의미가 없고 수시로 변화하는 값의 반영에 더 관심이 많은 경우가 있다. 주식시장이나 인터넷 트래픽의 경우를 보자. 앞에서도 예로 들었지만 2007년 9월 21일 우리나라의 코스피지수는 1900이었다. 그런데 그로부터 얼마 지나지 않은 2009년 2월에는 주가지수가 1000 근처까지 떨어졌다. 그리고 다시 2013년 11월 말에는 주가지수가 2044.87까지 치솟았다.

이때 2007년부터 2013년까지 7년간의 모든 데이터를 고려하여 본 결과 우리나라 주가의 평균이 1500이라고 주장하는 것이 무슨 의미가 있겠는가? 더 중요한 것은 그동안의 주가 변동 추이를 바탕으로 앞으로 주가가 어떻게 변할지를 아는 것이 아닐까?

한편, 인터넷에서 네트워크 운용자가 시시각각으로 변화하는 트래픽 양을 관측하는 경우를 생각해 보자. 이때 트래픽이 계속해서 증가 혹은 감소할 경우와 같이 시간이 흐름에 따라 정보의 경향이 일관성을 가진다면 과거의 데이터와 현재의 데이터를 이용하여 단기간의 미래, 혹은 중장기 미래를 예측할 수 있다.

이처럼 시간의 흐름에 따라 데이터의 중요성을 달리하여 적응적으로 기대치를 얻는 방법으로 이동평균(移動平均, moving average)이 있다. 이동평균은 확률과정에 대해서 시간이 변함에 따라서 평균값을 계속 갱신하여 계산하는 방법이다. 그렇다고 평균을 구할 때 모든 원시 데이터를 다시 이용해서 평균치를 구하는 것이 아니고 과거의 평균치와 현재의 평균치를 바탕으로 새로운 평균치를 구한다. 시간의 흐름에 따라 확률사건을 여러 번 관측하여 평균을 내는 경우를 생각하자. 이때 k번째 관측까지의 평균을

μ_{old}라 하고 $k+1$번째 관측 시점에 얻은 데이터의 평균치를 μ_{new}라고 하자. 그리고 이들 두 평균치로부터 얻는 새로운 평균 μ_{final}을 다음과 같이 나타내자.

$$\mu_{final} = \alpha\mu_{new} + (1-\alpha)\mu_{old}$$

이때 위 식을 망각계수(忘却係數)가 α인 이동평균이라고 한다. α는 시간적 정보에 대한 가중치로서 매 관측 시점마다 새로운 이동평균을 구할 때 과거의 데이터를 잊는 정도를 나타낸다. 망각계수는 0과 1 사이의 값을 가지며 과거로부터 누적해온 평균치와 최근에 측정한 평균치의 반영 정도를 나타내는 척도이다. 현재의 데이터에 비중을 많이 두면 α는 1에 근접하고 과거의 데이터에 더 비중을 두면 α는 0에 근접한다. 망각계수가 1이면 평균치를 구할 때 과거의 데이터는 완전히 잊어버리고 최근의 데이터만을 반영하고 망각계수가 0이면 평균치를 구할 때 최근에 구한 데이터는 전혀 반영하지 않고 과거의 데이터만을 반영한다.

그림 6.17은 NS-2 시뮬레이터를 이용하여 평균 1Mbps, 표준편차 0.25인 정규분포를 따르는 트래픽(단위는 초당 발생하는 비트의 수, bit per second)을 180초 동안 발생시킨 경우의 그래프이다.

그림 6.17에서 트래픽은 평균 1M(1M=10^6)bps 근처에서 상하로 임의적으로 변화하는 값을 가질 뿐 그냥 봐서는 시간의 변화에 따른 특이한 점을 찾기 어렵다.

그림 6.17에 대해서 망각계수를 0.3으로 설정하고 표본의 창의 크기(관측 기간, window size라고 부름)를 5초로 하여 이동평균을 구해보면 그 결과는 그림 6.18과 같다. 그림 6.18에서 y축의 실제 단위는 bps이다.

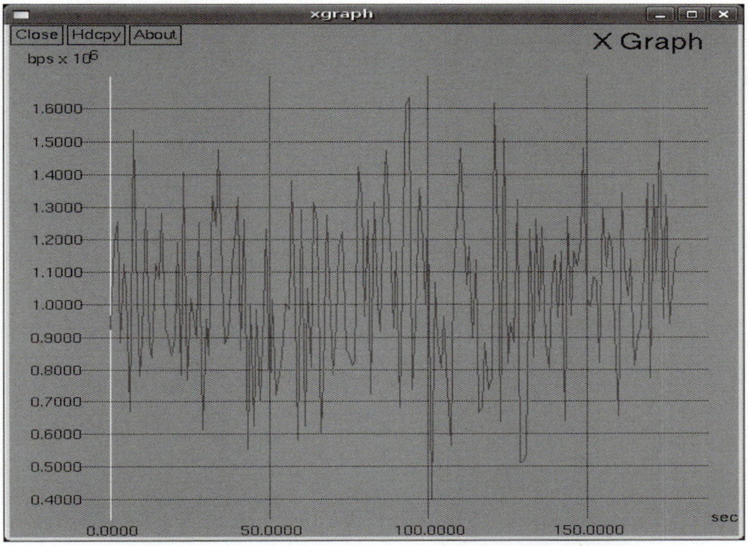

그림 6.17 평균 1Mbps, 표준편차 0.25인 정규분포를 따르는 확률과정

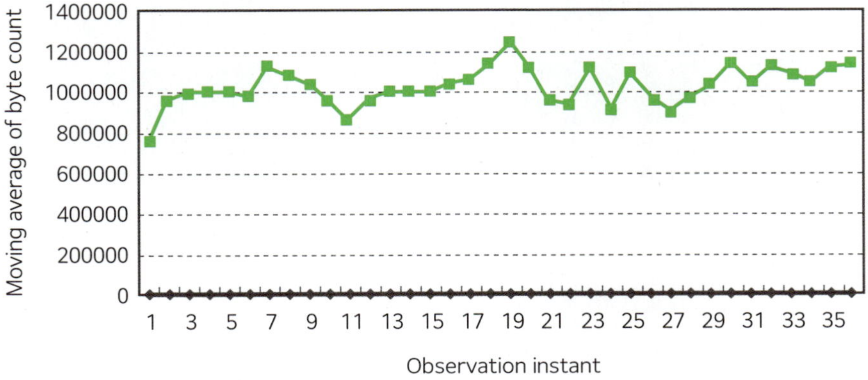

그림 6.18 그림 6.17에 대한 이동평균치

그림 6.18로부터 트래픽의 이동평균치는 원래의 측정치보다 훨씬 부드러운 곡선을 그리며 트래픽이 관측 순간마다 평균을 중심으로 등락을 반복하면서 완만하게 변화하고 있음을 알 수 있다. 따라서, 이동평균치는 관측한 데이터의 시간에 대한 변화 패턴

을 이해하는 데 도움을 준다.

그림 6.19는 그림 6.17에서와 같은 조건으로 시뮬레이션을 수행하되 60초에서 80초 사이 및 120초에서 140초 사이에 평균보다 훨씬 큰 트래픽을 부과한 경우이다. 여기서 아래쪽에서 임의로 변화하는 값을 정상치(正常值, normal value)라고 하고 특히 솟은 값을 이상치(異常值, abnormal value)라고 하자.

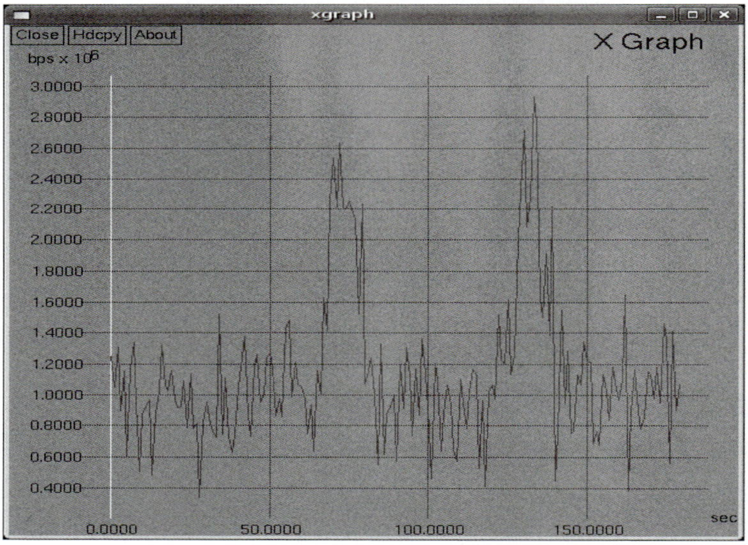

그림 6.19 평균 1Mbps, 표준편차 0.25인 정규분포를 따르는 확률과정에 두 차례에 걸쳐서 비정상적인 상승이 발생한 경우

이때 그림 6.19의 그래프만을 봐서는 정상치와 이상치의 평균치를 확실히 알기가 어렵다. 이를 위하여 망각계수를 0.3으로 설정하고 표본의 창의 크기를 5초로 하여 이동평균을 구해보면 그 결과는 그림 6.20과 같다. 그림 6.20에서도 y축의 실제 단위는 bps이다.

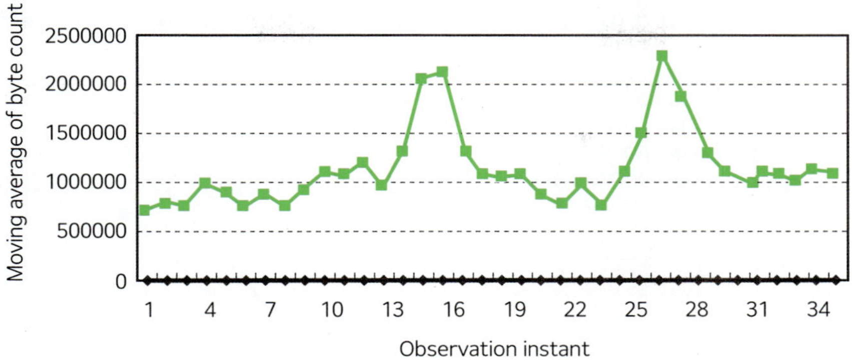

그림 6.20 그림 6.19에 대한 이동평균치

그림 6.20으로부터 알 수 있는 것은 이동평균을 사용하면 트래픽의 이상 현상을 더욱 뚜렷하게 나타낼 수 있다는 것이다. 이 같은 방법은 네트워크의 이상상태의 탐지 혹은 분산디도스공격(distributed denial of service attack, 보통 DDOS 공격이라고 함)의 판단 등에 사용된다.

예제 6.1

아래의 표는 2008년 각 분기별 창원대학교 정보통신공학과 건물 앞에 세운 자전거의 일 평균 수이다. 이때 망각계수 α가 각각 0.1, 0.3, 0.5, 0.7일 경우에 대하여 2사분기부터 4사분기까지의 이동평균치를 구하라.

분기	1	2	3	4
분기평균 수	100	200	400	800

풀이

먼저 α가 0.1일 경우를 예로 들어서 이동평균치를 계산하는 방법을 소개한다.

이동평균의 식 $\mu_{final}=\alpha\mu_{new}+(1-\alpha)\mu_{old}$로부터

2분기의 이동평균은 $\mu_2=0.1\times200+0.9\times100=110$이다.

3분기의 이동평균은 $\mu_3=0.1\times400+0.9\times110=139$이다.

4분기의 이동평균은 $\mu_4=0.1\times800+0.9\times139=205.1$이다.

같은 방법으로 다양한 α의 값에 대하여 이동평균을 구해보면 다음의 그림과 같다.

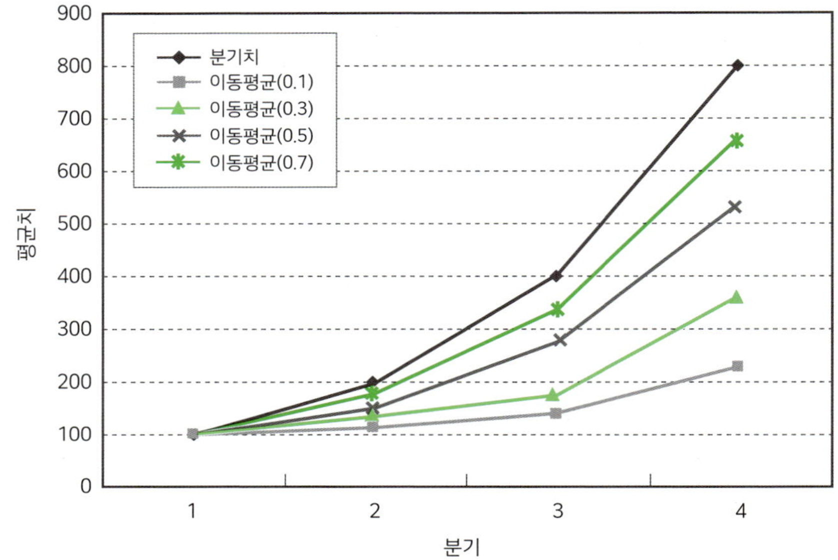

한편 그래프의 맨 위의 곡선인 분기별 단순 평균치(분기치)를 보면 분기마다 자전거의 수가 2배씩 증가하고 있음을 알 수 있다. 이 예제에서 보듯이 확률과정의 시간에 대한 변화가 단순 증가할 경우에는 이동평균의 가중치가 클수록 증가하는 경향도 잘 반영하지만 그래도 원래의 경향을 제대로 반영하지 못함을 알 수 있다. 따라서 이 경우에는 이동평균을 구하는 것이 의미가 없다.

문제 6.9

아래의 표는 창원대학교 정보통신공학과 건물 앞에 주차한 자전거의 월 평균 수를 6개월 동안 관찰한 결과이다. 망각계수가 각각 0.1, 0.3, 0.5, 0.7일 경우에 이동평균치를 구하라.

관측횟수	1	2	3	4	5	6
월평균 주차 대수	30	20	25	10	20	15

문제 6.10

아래의 그래프는 1972년부터 2010년까지 약 40년간 강원도 대관령의 겨울 평균기온을 나타내고 있다. 이 그래프에 대해서 다음 물음에 답하라.

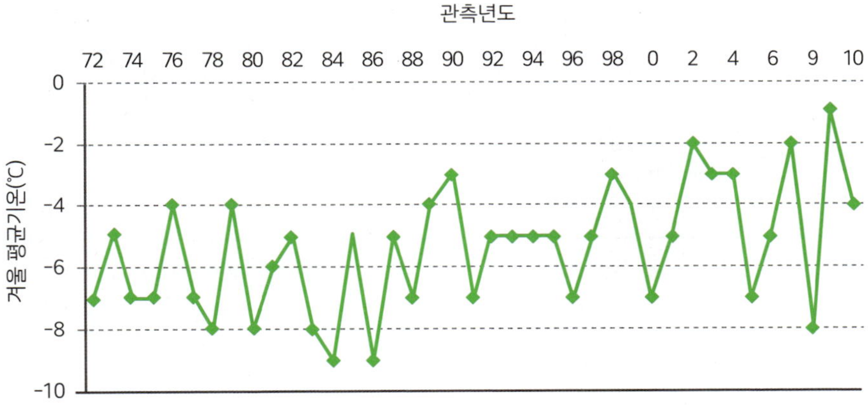

(1) 망각계수를 0.3, 0.5, 0.7로 하여 년도별 이동평균을 구하고 그래프로 그리고 결과에 대해서 논하라.

(2) 이동평균과 실제 온도와의 비교를 통해 향후 온도에 대해 전망하라.

지금까지 우리는 확률변수의 기대치에 대하여 시간의 변화를 반영하는 방법으로서 이동평균에 대해서 공부했다. 그런데 관측 주기를 다르게 하면 이동평균도 다를 것이다. 그래서 이번에는 이동평균과 관측 주기 간의 상관관계를 알아보기로 한다.

그림 6.21은 국내 어느 회사의 약 2개월간(어느 해 12월 10일부터 그 다음 해 2월 4일까지)의 주가의 변화이다. 그림에서 막대기가 꽂힌 직육면체로 나타낸 것이 시간의 변화에 대한 순간의 값을 나타낸 것이고 실선으로 나타낸 것이 이동평균이다. 이동평균은 5, 10, 20, 60일의 네 가지 경우로 나누어서 구했는데 먼저 막대기 근처의 구불구불한 곡선이 5일 이동평균이고 그 아래의 곡선이 10일 이동평균이다. 그리고 조금 더 아래의 완만하

게 상승하는 곡선이 20일 이동평균이다. 마지막으로 맨 아래쪽의 거의 직선처럼 아주 완만하게 증가하는 선이 60일 이동평균이다.

그림 6.21 관측 기간에 따른 이동평균

그림 6.21에서 보는 바와 같이 관측 기간을 짧게 할 경우에는 이동평균이 실제값의 변화를 반영하여 변화의 추세를 잘 반영함을 알 수 있다. 반면에 관측 기간을 길게 할 경우에는 이동평균이 실제값의 변화를 잘 반영하지 않음을 알 수 있다.

그럼에도 불구하고 이와 같은 다양한 관측 기간에 대해서 데이터를 구하는 이유는 무엇일까? 먼저 관측 기간을 5일과 같이 짧게 할 경우에는 이동평균이 실제값의 변화를 반영하므로 주가의 단기 변화의 추이를 잘 반영할 수 있다. 그러나 이 경우 당장 앞으로 1개월 뒤에 주가가 어떻게 될지는 판단하기가 쉽지 않다. 왜냐하면, 12월 23일부터 오르던 주가는 1월 19일 이후에는 떨어졌고, 1월 말에는 오르다가 2월 4일에는 다시 떨어지듯이 이 회사의 주가가 오르고 내리기를 반복하고 있는데 앞으로 떨어질지 오를지 확실한 예측이 불가능하기 때문이다.

반면에 60일 이동평균을 보면 이 회사의 주가는 비록 완만하기는 하지만 관측 기간 동안 꾸준히 상승하고 있음을 알 수 있다. 따라서, 앞으로도 이 회사의 주가는 특별한 일이 없으면 장기적으로 계속 상승세로 이어질 가능성이 아주 높다. 이와 같은 이유로 이동평균선을 여러 가지 관측 기간에 대해서 구해보는 것이다.

3.2 상관계수

아래의 그림은 2008년부터 2013년까지 고속도로에서 운전자가 한눈을 팔다가 사고를 일으킨 건수의 추이를 나타낸 것이다.

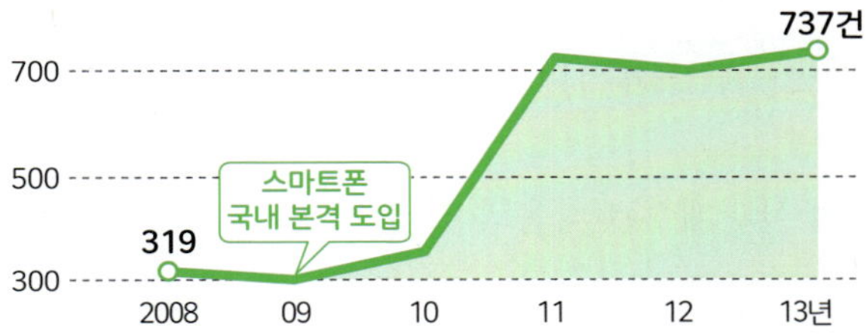

그림 6.22 운전자의 한눈팔기로 인한 고속도로 교통사고 건수의 추이

위 그림에서도 볼 수 있듯이 연간 300여 건에 불과하던 한눈팔기에 의한 고속도로 사고가 스마트폰이 본격적으로 도입된 2009년 이후에 늘어나기 시작하여 스마트폰 시장이 거의 포화상태에 도달하는 2011년까지 급격한 상승곡선을 그리고 있다. 그 이유는 두 가지인데 하나는 스마트폰의 보급이 급격히 늘어난 것이고 다른 하나는 운전 중에 DMB 시청이 금지되자 운전자가 스마트폰을 통해서 음악이나 TV 시청을 하게 된 것이다. 교통안전공단과 ㈜현대해상이 2013년에 공개한 자료에 의하면 차와 사람이 부딪친 교통사고 중에서 스마트폰이 원인인 경우가 3년 사이에 94%나 증가했다고 한다.

(1) 상관계수

두 확률과정 사이에 연관성이 있는 경우에 두 확률과정이 서로 얼마나 관련 있는지를 나타내는 척도를 상관계수(coefficient of correlation)라고 한다. 예를 들어서 두 사건에 대해서 n번의 측정(관찰)을 한 결과 측정값 (X, Y)가 (X_i, Y_i),(단 $i=1,2,\cdots,n$)의 값을 가진다고 하자. X와 Y의 측정치에 대한 표본기대치(sample mean)는 각각 μ_X 및 μ_Y이고 표본표준편차(sample standard deviation)는 각각 σ_X 및 σ_Y라고 하면 다음의 결과를 얻는다(표본평균과 표본분산에 대한 자세한 사항은 제5장에서 이미 다룬 적이 있으므로 아래의 식은 쉽게 구할 수 있을 것임).

$$\mu_X = \frac{\sum_{i=1}^{n} X_i}{n}, \quad \mu_Y = \frac{\sum_{i=1}^{n} Y_i}{n},$$
$$\sigma_X = \sqrt{\frac{\sum_{i=1}^{n}(X_i - \mu_X)^2}{n-1}}, \quad \sigma_Y = \sqrt{\frac{\sum_{i=1}^{n}(Y_i - \mu_Y)^2}{n-1}}$$

이때 두 확률과정의 상관계수는 다음과 같다.

$$r_{XY} = \frac{\sum_{i=1}^{n}(X_i - \mu_X)(Y_i - \mu_Y)}{(n-1)\sigma_X \sigma_Y}$$

위의 상관계수에 대한 식은 그 식의 고안자인 칼 피어슨(Karl Pearson)의 이름을 따서 피어슨의 상관계수(Pearson correlation coefficient, PCC)라고 하는데 다른 말로는 표본상관계수(標本相關係數, sample correlation coefficient) 혹은 표본 피어슨 상관계수(sample Pearson correlation coefficient)라고 한다.

위의 r_{XY}에 관한 식에서 $(n-1)$이라는 표현이 있는데 n개의 데이터에 대해서 통계치를 구하고서 왜 $n-1$로 나누었는지 궁금한 사람도 있을 것이다. 그러나 이것은 통계학에서 자유도(自由度, degree of freedom)라는 개념으로부터 나온 결과인데 여기서는 자세한 설명은 생략하고 n이 충분히 크면 분모의 값이 n이든 $n-1$이든 계산의 결과는 거의 같다.

한편, 상관계수의 값은 $-1 \le r_{XY} \le 1$의 범위에 있는데 $r_{XY} > 0$이면 양의 상관관계를 가진다고 하고 $r_{XY} < 0$이면 음의 상관관계를 가진다고 하며 $r_{XY}=0$이면 상관성이 없다고

한다.

상관계수의 예를 하나 들어보자. 그림 6.23은 1989년부터 2006년까지의 국제유가(미국 서부 텍사스산 중질유 기준)와 우리나라의 종합주가지수인 코스피지수와의 관계를 나타낸 것이다.

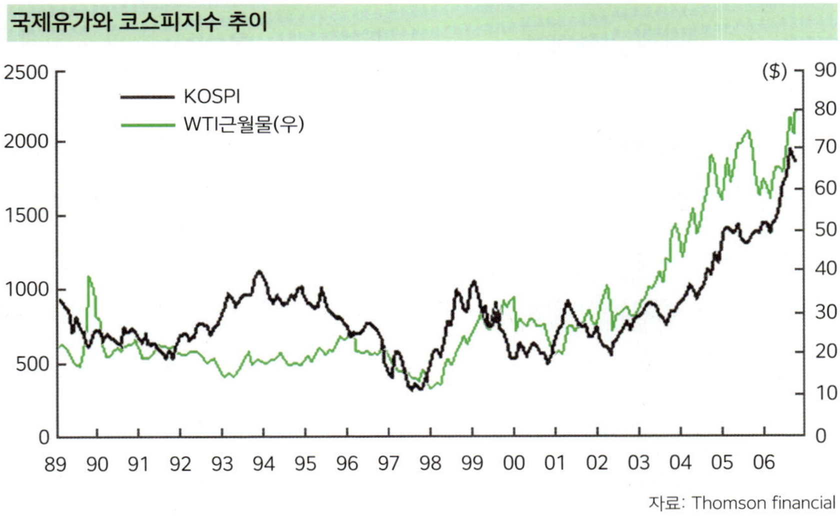

그림 6.23 국제유가와 코스피지수의 상관관계

그림 6.23을 통해서도 알 수 있듯이 우리나라의 코스피지수는 국제유가에 약간의 시차를 두고 비슷한 경향을 가지면서 등락을 거듭하고 있으며 1992년부터 1996년 간의 구간을 제외하고는 등락의 패턴이 아주 유사함을 육안으로도 알 수 있다. 1990년대 이후 2006년까지를 대상으로 하여 전체적으로 분석해 보면 서부 텍사스산 중질유 국제유가와 우리나라 코스피지수와의 정규화된 상관계수는 0.77이다. 두 확률과정의 상관계수가 0.77이라는 것은 상관계수가 0보다는 1쪽에 근접하므로 두 확률과정이 서로 아주 밀접한 양의 상관관계가 있음을 나타낸다고 할 수 있다.

그럼 우리나라 주식시장과 서부 텍사스산 중질유 국제유가는 왜 밀접한 관계에 있는 것일까? 필자가 경제 전문가는 아니지만 국제유가는 대개 수요와 공급의 원칙에 의해서 결정된다. 가끔 머리에 터번을 둘러쓴 OPEC회원국 대표들이 만나서 기름의 수급을 조절하고 유가를 조정한다는 기사가 신문에 나면 얼마 지나지 않아서 신문에서 '석유값 인상: 우리나라 무역수지에 먹구름…'이라는 기사를 본 기억이 있을 것이다. 석유의 수요는 세계 경제가 활황을 맞이하여 석유를 많이 필요로 하거나 시중에 여윳돈은 많은데 금리는 낮아서 원자재 시장에 투기 세력이 끼어들 때 오를 것이다. 결국 세계 경제가 활황을 맞이하거나 시중에 여윳돈이 많아지면 당연히 주식시장도 활기를 띠게 될 것이다. 따라서 국제유가와 주식시세는 상호 양의 상관관계가 존재한다. 다만, 이들 둘 사이의 관계가 시간적으로 완전히 동기를 맞춘다고는 볼 수 없기 때문에 약간의 시차를 두고 비슷한 양상을 띠게 되는 것이다.

한편, 수요공급의 원칙이 뚜렷하게 반영되던 과거와는 달리 최근(2012년 이후)에는 석유시장에 공급의 과잉현상이 나타나기 시작하면서(지하 수 km까지 채굴이 가능한 석유채굴 기술의 발달로 전 세계 석유 매장량은 2000년대 이후 계속 늘고 있다고 함) 유가와 코스피지수 간 상관계수가 0.14까지 떨어지는 현상이 발생했다는 신문 보도가 있었다. 상관계수가 거의 0에 가까우므로 유가와 코스피지수의 변화가 거의 독립적이라는 말이다.

그런데 일부 경제 전문가들의 말에 의하면 유가의 하락이 석유를 외국에서 수입해야 하는 우리나라의 기업에게는 생산 원가의 절감 효과를 증대시키고 개인의 소비 여력도 증가시켜서 물가 하락의 압력이 완화되고 그에 따라 금리 인하의 가능성이 커지므로 결국 주가 상승에 긍정적 요인이 된다는 것이다. 이렇게 되면 유가와 코스피지수 간에는 음의 상관관계가 있게 된다. 국제 경제란 참으로 복잡하다는 생각이 든다.

1. 동전 하나를 20번 던져서 앞면이 나오면 1, 뒷면이 나오면 0의 값을 할당하는 실험을 수행하고 그 결과 나오는 그래프를 시간축 상에 그리고 이 확률과정이 어떤 동작을 하는지 확률변수로 정의하여 관찰하라.

2. 우리 지방의 최근 1년간 월별 평균 온도를 조사하여 다음 물음에 답하라.
   (1) 월별 평균 온도의 변화를 그래프로 그려보고 변화하는 모습을 관찰하라.
   (2) 온도의 연평균치와 분산은 얼마인가?
   (3) 계절별 평균 온도와 분산은 얼마인가? (단, 봄: 3~5월, 여름: 6~8월, 가을: 9~11월, 겨울: 12~이듬해 2월이다)
   (4) (2)번과 (3)번에서 얻은 데이터에 대하여 차이와 그 의미를 논하라.

3. 연속확률과정이 다음과 같이 정의될 때 이 확률과정의 시간 평균을 구하라.

$$X(t) = \begin{cases} 1, 0 \le t < 1 \\ -2, 1 \le t < 2 \\ 3, 2 \le t \le 3 \end{cases}$$

4. 이산확률시퀀스 $X(n)$, $n = 1,2,3,\cdots$, n은 두 개의 주사위를 던져서 나온 눈의 합을 나타내고 다음과 같이 주어진다.

$$X(n) = \begin{cases} 0, n\text{은 2의 배수} \\ 1, n\text{은 3의 배수} \\ 0.5, n\text{은 2와 3의 배수} \\ -1, \text{그 외} \end{cases}$$

이때 주사위를 무수히 많이 던졌을 때 $E[X(n)]$을 구하라.

연습문제

5. 하나의 주사위를 60번 던져서 나온 눈의 값에 대하여 다음의 물음에 답하라.

(1) 실험에서 얻어진 시퀀스를 시간축 상에 배열하라.

(2) 확률시퀀스에 대하여 5회씩 총 12개의 그룹을 지어서 각 그룹의 값에 대해서 평균을 구한 후 망각계수를 0.5로 하여 이동평균을 구하라.

6. 아래의 데이터는 2009년부터 2018년까지 10년간의 7월 24일 전력 수요량(단위: 만kW)을 나타낸 것이다. 참고로 7월 24일 전력 수요량을 관측하는 이유는 이 시기가 한 해 동안 최대 전력수요를 나타내는 시기이기 때문이다.

년도	2009	2010	2011	2012	2013	2014	2015	2016	2017	2018
수요량	5722	5872	5544	7291	6923	7195	7174	6579	8205	9248

이때 아래의 물음에 답하라.

(1) 표를 막대 그래프로 그리고 결과에 대해서 논하라.

(2) 표에 대해서 망각계수를 0.3, 0.5, 0.7로 가정하여 이동평균을 구한 후 꺾은선 그래프로 그리고 그 결과에 대해서 논하라.

에필로그

지금까지 우리는 확률의 세계를 여행하였다. 먼저 워밍업 차원에서 우리 주변에서 발견할 수 있는 확률의 이야기로 시작하여 확률의 근간이 되는 경우의 수에 대해 알아보았다. 이어서 확률의 개념과 연산에 대해서 공부했고, 확률변수, 확률분포, 확률밀도함수에 대해 다양한 사례를 통해서 그들이 가지는 물리적 의미를 알아보았다. 그리고 확률실험의 기대치와 분산에 대해서도 공부했으며 다른 책에서는 찾아보기 힘든 고차원 모멘트에 대해서도 소개하여 그것이 가지는 의미에 대해서도 알아보았다. 마지막으로 확률과정에 대해서도 공부하였다.

이 책에서 필자는 확률이라는 주제에 대하여 수식 전개를 위주로 하는 기존의 정리-증명-예제로 이어지는 시점에서 기술한 순수 수학서적에서 벗어나기 위해서 가능하면 복잡한 수식 전개를 지양하고 보다 현실적이고 구체적인 상황을 예로 들면서 이야기를 전개하려고 노력하였다.

지난 20여 년간 필자는 창원대학교 정보통신공학과 2학년 학생들을 대상으로 『확률론』이라는 과목을 강의해왔는데 한 학기 16주 동안의 강의 계획을 미리 공지하고 각 시간에 공부할 교재의 단원을 미리 읽어오라고 한 뒤 수업시간에 질문과 대답을 하면서 토론식 수업을 해오고 있다.

한 학기가 끝나고 나면 강의평가 결과를 받는데, 그때 “태어나서 처음으로 확률이 재미있는 과목이라는 것을 알게 되었다”, “초중고 때 수학을 이렇게 가르쳐주는 선생님이 단 한 분이라도 있었다면 수포자는 되지 않았을 것 같다”라고 이야기하는 학생이 한 학기에 한 두명은 나오는 것에 가장 큰 보람을 느끼고 있다.

부록 1 그리스 문자

수학 기호로 그리스 문자를 많이 사용하는데 그리스어와 영어의 발음이 달라서 많은 사람들이 어려워하고 있다. 대부분의 국제학회에서는 영어 발음을 기준으로 사용하고 있어서 필자가 영어사전을 참고하여 국제적으로 통용 가능한 발음을 표기한다.

문자 (대문자,소문자)	영어식 발음과 알파벳 표기	
	영어식 발음	알파벳 표기
Α α	앨퍼	Alpha
Β β	베이터	Beta
Γ γ	개머	Gamma
Δ δ	델터	Delta
Ε ε	엡설란	Epsilon
Ζ ζ	제이터	Zeta
Η η	에이터	Eta
Θ θ	쎄이터	Theta
Ι ι	아이오우터	Iota
Κ κ	캐퍼	Kappa
Λ λ	램더	Lambda
Μ μ	뮤우	Mu
Ν ν	뉴우	Nu

문자 (대문자,소문자)	영어식 발음과 알파벳 표기	
	영어식 발음	알파벳 표기
Ξ ξ	자이	Xi
Ο ο	아미크란	Omicron
Π π	파이	Pi
Ρ ρ	로우	Rho
Σ σ	시그머	Sigma
Τ τ	타우	Tau
Υ υ	업실런	Upsilon
Φ φ	파이	Phi
Χ χ	카이	Chi
Ψ ψ	프사이	Psi
Ω ω	오메거	Omega

부록 2 표준정규분포 계산표

$\Phi^{H}(z)=P\{0<Z<z\}$, [예] $P(Z<2.03)=0.5+\Phi^{H}(2.03)=0.5+0.47882=0.97882.$

z	0.00	0.01	0.02	0.03	0.04	0.05	0.06	0.07	0.08	0.09
0.0	0.00000	0.00399	0.00798	0.01197	0.01595	0.01994	0.02392	0.02790	0.03188	0.03586
0.1	0.03983	0.04380	0.04776	0.05172	0.05567	0.05962	0.06356	0.06749	0.07142	0.07535
0.2	0.07926	0.08317	0.08706	0.09095	0.09483	0.09871	0.14058	0.10642	0.11026	0.11409
0.3	0.11791	0.12172	0.12552	0.12930	0.13307	0.13683	0.14058	0.14431	0.14803	0.15173
0.4	0.15542	0.15910	0.16276	0.16640	0.17003	0.17364	0.17724	0.18082	0.18439	0.18793
0.5	0.19146	0.19497	0.19847	0.20194	0.20540	0.20884	0.21226	0.21566	0.21904	0.22240
0.6	0.22575	0.22907	0.23237	0.23565	0.23891	0.24215	0.24537	0.24857	0.25175	0.25490
0.7	0.25804	0.26115	0.26424	0.26730	0.27035	0.27337	0.27637	0.27935	0.28230	0.28524
0.8	0.28814	0.29103	0.29389	0.29673	0.29955	0.30234	0.30511	0.30785	0.31057	0.31327
0.9	0.31594	0.31859	0.32121	0.32381	0.32639	0.32894	0.33147	0.33398	0.33646	0.33981
1.0	0.34134	0.34375	0.34614	0.34849	0.35083	0.35314	0.35543	0.35769	0.35993	0.36214
1.1	0.36433	0.36650	0.36864	0.37076	0.37286	0.37493	0.37698	0.37900	0.38100	0.38298
1.2	0.38493	0.38686	0.38877	0.39065	0.39251	0.39435	0.39617	0.39796	0.39976	0.40147
1.3	0.40320	0.40490	0.40658	0.40824	0.40988	0.41149	0.41308	0.41466	0.41621	0.41774
1.4	0.41924	0.42073	0.42220	0.42364	0.42507	0.42647	0.42785	0.42922	0.43056	0.43189
1.5	0.43319	0.43448	0.43574	0.43699	0.43822	0.43943	0.44062	0.44179	0.44295	0.44408
1.6	0.44520	0.44630	0.44738	0.44845	0.44950	0.45053	0.45154	0.45254	0.45352	0.45449

z	0.00	0.01	0.02	0.03	0.04	0.05	0.06	0.07	0.08	0.09
1.7	0.45543	0.45637	0.45728	0.45818	0.45907	0.45994	0.46080	0.46164	0.46246	0.46327
1.8	0.46407	0.46485	0.46562	0.46638	0.46712	0.46784	0.46856	0.46926	0.46995	0.47062
1.9	0.47128	0.47193	0.47257	0.47320	0.47381	0.47441	0.47500	0.47558	0.47615	0.47670
2.0	0.47725	0.47778	0.47831	0.47882	0.47932	0.47982	0.48030	0.48077	0.48124	0.48169
2.1	0.48214	0.48257	0.48300	0.48341	0.48382	0.48422	0.48461	0.48500	0.48537	0.48574
2.2	0.48610	0.48645	0.48679	0.48713	0.48745	0.48778	0.48809	0.48840	0.48870	0.48899
2.3	0.48928	0.48956	0.4883	0.49010	0.49036	0.49061	0.49086	0.49111	0.49134	0.49158
2.4	0.49180	0.49202	0.49224	0.49245	0.49266	0.49286	0.49305	0.49324	0.49343	0.49361
2.5	0.49379	0.49396	0.49413	0.49430	0.49446	0.49461	0.49477	0.49492	0.49506	0.49520
2.6	0.49534	0.49547	0.49560	0.49573	0.49585	0.49598	0.49609	0.49621	0.49632	0.49643
2.7	0.49653	0.49664	0.49674	0.49683	0.49693	0.49702	0.49711	0.49720	0.49728	0.49736
2.8	0.49744	0.49752	0.49760	0.49767	0.49774	0.49781	0.49788	0.49795	0.49801	0.49807
2.9	0.49813	0.49819	0.49825	0.49831	0.49836	0.49841	0.49846	0.49851	0.49856	0.49861
3.0	0.49865	0.49869	0.49874	0.49878	0.49882	0.49886	0.49889	0.49893	0.49896	0.49900
3.1	0.49903	0.49906	0.49910	0.49913	0.49916	0.49918	0.49921	0.49924	0.49926	0.49929
3.2	0.49931	0.49934	0.49936	0.49938	0.49940	0.49942	0.49944	0.49946	0.49948	0.49950
3.3	0.49952	0.49953	0.49955	0.49957	0.49958	0.49960	0.49961	0.49962	0.49964	0.49965
3.4	0.49966	0.49968	0.49969	0.49970	0.49971	0.49972	0.49973	0.49974	0.49975	0.49976
3.5	0.49977	0.49978	0.49978	0.49979	0.49980	0.49981	0.49981	0.49982	0.49983	0.49983
3.6	0.49984	0.49985	0.49985	0.49986	0.49986	0.49987	0.49987	0.49988	0.49988	0.49989
3.7	0.49989	0.49990	0.49990	0.49990	0.49991	0.49991	0.49992	0.49992	0.49992	0.49992
3.8	0.49993	0.49993	0.49993	0.49994	0.49994	0.49994	0.49994	0.49995	0.49995	0.49995
3.9	0.49995	0.49995	0.49996	0.49996	0.49996	0.49996	0.49996	0.49996	0.49997	0.49997
4.0	0.49997	0.49997	0.49997	0.49997	0.49997	0.49997	0.49998	0.49998	0.49998	0.49998

참고문헌

고두현, "천자칼럼: 동전 던지기", 한국경제신문, 2016년 2월 6일.

고석태, "보여주겠다, 살아있다는 걸", 조선일보, 2010년 12월 11일.

고지마 히로유키 저/김경원 역, "확률의 경제학", 살림Biz, 2004.

김남영, "비 오면 실내 관광지, 점심엔 맛집 추천 … 벌써 300만 명 이용", 한국경제신문, 2019년 2월 20일.

김미경, 허명회, "윷의 확률", Proc. of the Spring Conference, Korean Statistical Society, 1995.

김민철, "KTX 탈선, 7mm 너트 하나 때문에 …", 조선일보, 2011년 2월 14일.

김선태, "[천자 칼럼] 로또가 유일한 희망?", 한국경제신문, 2020년 12월 31일.

김승범, "편 가르기 '종부세 정치'", 조선일보, 2020년 12월 9일.

김철중, "삼성병원 방문 23일만에 확진 메르스 '최대잠복기' 논란", 조선일보, 2015년 6월 23일.

뉴턴코리아, "우연의 수학 확률", Newton 2009년 8월호.

다치바나 아키라, "臆病者를 위한 投資防衛術", 文藝春秋, 2020년 11월호.

데보라 J. 베넷 저/박병철 역, "확률의 함정", 영림카디널, 2005년 11월.

래리고닉 그림/울코트 스미스 저/전영택 역, "세상에서 가장 재미있는 통계학", 궁리, 2008년 2월.

리쳐드 윌리엄스 저/박대철 역, "공학도를 위한 확률통계", 도서출판 인터비전, 1991.

민태기, "[민태기의 사이언스토리] 확률과 예측 그리고 인간의 선택", 조선일보, 2020년 4월 3일.

박경미, "박경미의 수학콘서트", 동아시아, 2006년 12월.

박진경, 박홍선, "윷의 확률추정에 대하여", 응용통계연구, 제9권 2호, 1996년 9월.

백수진, "당첨번호 알려주는 AI까지… 로또 공화국 천태만상", 조선일보, 주말섹션 아무튼 주말, 2021년 1월 23일.

선우정, "여의도 '죄수의 딜레마'", 조선일보, 萬物相, 2016년 12월 1일.

선우정, "사고 확률 '1000만 년에 1번'", 조선일보 만물상, 2021년 5월 20일.

신양우, "기초확률론", 경문사, 2000년 12월.

신재경, 장덕준, "통계학의 이해", 도서출판 성심, 2006년 3월.

신형준, "문화재 야화[16], 안압지 출토 14면체 주사위", 조선일보, 2007년 10월 8일.

야마우치지로(山内二郎)(編), "統計數値表–JSA 1972", 日本規格協會, 東京, 1972.

오형규, "천자 칼럼: 로또 명당?", 한국경제신문, 2015년 8월 1일.

오형규, "천자 칼럼: 로또 호황", 한국경제신문, 2017년 4월 24일.

윤원아, "장기투자는 심리게임–눈 앞의 손익에 불안해 말라", 한국경제신문, 2016년 3월 7일.

윤정현, "'머피의 법칙'에 우는 개미들", 한국경제신문, 2017년 9월 22일.

이길성, "뻔히 보이는 파멸의 길로 왜?... 심리학으로 본 도박 중독", 조선경제 사이언스, 조선일보, 2011년 1월 25일.

이성훈, "30cm 드라이버 때문에", 조선일보, 2011년 2월 17일.

이충국, "세상의 어떤 언어도 만들 수 있는 '6개의 점'", 조선일보, 2013년 7월 31일.

이훈, "광대역통신망설계", 사림인쇄사, 2008년 8월.

이훈 외, "NGN에서 서비스별 트래픽 실시간 특성 분석 및 활용방안", 연구 최종연구보고서, 2003년 11월.

이훈, 이태준, "초고속인터넷 가입자망의 대역설계", 한국통신학회 논문지 제31권 제12B호, 2006년 12월.

이훈, 황민태, “비디오전화 서비스를 위한 링크설계방법”, 창원대학교 산업기술연구원 논문집 제19호, 2005년 5월.

이훈, “인터넷 과금방식의 분석 및 새로운 과금방식의 제안”, KTR&DZINE 제2권, 2005년 9월.

이훈, 이태준, “NGN에서 소스트래픽 발생기의 개발”, 대한전자공학회/한국통신학회, 부산경남지부 추계 합동 학술논문발표회 논문집, 제12권 제2호, 2003년 12월.

이훈, 윤미선, 이종엽, “DoS 공격의 유형분석 및 탐지방법”, KNOM Review vol.6, no.2, 2003년 2월.

장경영, “장경영의 재무설계 가이드 〈28〉 도박사 오류 · 과잉확신”, 한국경제신문, 2017년 3월 15일.

전철호, 박홍식, 김시범, 옥철호, “공업수학”, 보성각, 2007년 2월.

정우성, “대용량 자료를 활용한 복잡계 연결망 연구 동향 및 재난 연구에의 기여”, 정보와 통신 2012년 5월호, 2012년 5월.

정재승, “정재승의 과학콘서트”, 동아시아, 2003년 11월.

제임스 글리크 지음/박배식, 성하운 역, “카오스: 현대과학의 대혁명”, 누림book, 2005년.

조선일보, “따로 노는 전셋값 상승률 통계”, 조선경제, 2007년 9월 6일.

조선일보, “스마트폰 보고, 이어폰 꽂고 눈 · 귀 막은 채 ‘위험한 활보’”, 조선일보, 2014년 10월 23일.

조호진, “통계에 대한 의사의 무지가 ‘잘못된 의학 속설’ 키워”, 조선경제, 2013년 4월 16일.

진정호, “OJ 심슨, 전처 살해 고백하나?”, http://news.mk.co.kr, 2011년 6월 24일.

최익호, 방영덕, “‘로또 1등’ 매주 나오는 충격적 사실…바로: 조작론 회자…로또 구입 패턴 변화가 원인”, 매일경제 인터넷, 2012년 7월 14일.

타지마 이치로우, 곤도우 지로우, 다카하시 이와로우, 고바야시 류우이치, 고야나기 요시오, “통계해석”, 工科의 數學 시리즈 5, 培風館, 1992.

허원순, "KB부동산지수 소동", 한국경제신문, 2020년 10월 28일.

홍영림, "여론조사 왜 툭하면 틀리나 했더니… 비밀은 '전화번호부'에 있었다", 조선일보, 2011년 2월 15일.

황병원, 이기수, "확률 및 통계", Ohm사, 1990년 10월.

KBS 韓國史傳 제작팀, 한국사傳5, 한겨레출판, 2009년 1월.

http://www.mk.co.kr, 매일경제신문, 2007년 7월 25일.

http://adp.joins.com/ "가위바위보 첫 게임서 가위가 가장 승률 높다", 중앙일보, 2007년 12월 20일.

http://www.dongascience.com/info/contents.asp, "윷놀이 말놀음 필승전략", 동아 사이언스, 2008년 1월 29일.

C. Ash, "The probability tutoring book", Revised printing, IEEE Press, 1993.

R. B. Ash, "Real analysis and probability", Korean student ed., Academic Press, 1972.

S. Asmussen, "Applied probability and queues", John Wiley & Sons, 1987.

G. Boggia, P. Camarda, D. Striccoli, "Aggregate bandwidth estimation in video distribution systems", http://www.scs.org/getDoc.cfm?id=2535.

L. Breslau, P. Cao, L. Fan, G. Phillips, and S. Shenker, "Web caching and Zipf-like distributions: evidence and implications", Proc. of the INFOCOM 1999, March 1999.

Y. Chabhoub, C. Fricker, F. Guillemin, and P. Robert, "On the statistical characterization of flows in Internet traffic with application to sampling", Computer Communications 33, pp.103-112, 2010.

D. Childers, "Probability and random processes, Using MATLABS with applications to continuous and discrete time systems", IRWIN, 1997.

Y.-M. Chiu and Do-Young Eun, "Minimizing file download time in stochastic peer-to-peer networks", IEEE/ACM TRANSACTIONS ON NETWORKING, VOL.16, NO.2, APRIL 2008.

G. R. Cooper and C. D. McGillem, "Probabilistic methods of signal and system analysis, Third edition", Oxford University Press, 1999.

W. B. Davenport, Jr., "Probability and random processes", McGraw-Hill Kogakusha, 1970.

Molly Fox, Rebecca Sear, Jan Beise, Gillian Ragsdale, Eckart Voland and Leslie A. Knapp, "Grandma plays favorites: X-chromosome relatedness and sex-specific childhood mortality", Proceedings of the Royal Society B, November 4, 2009.

K. Iwasaki et al., "Current status of electric power industry and role of ICT for developing green energy", Proc. of IEICE vol.97, no.10, Oct. 2014.

Daniel Kahneman, "Thinking, fast and slow, Farrar, Strauss and Giroux", 2011.

H.S. Kim, "If your tail is long, it will be bitten: Long tail theory-a reverse prospect", Chosunilbo, July 5th 2008.

T. Kitano, H. Iwai, and H. Sasaoka, "A wireless steganography technique by embedding trequency domain spreading signal in OFDM mobile communication systems", 電子情報通信學會論文誌 B Vol.J92-B, No.1, pp.2-10, 2009年 1月.

E. Kreyszig, "Advanced engineering mathematics", John Wiley & Sons, Inc., (최신공업수학, 범한서적주식회사, 수학교재편찬위원회 편역).

Hoon Lee and Minsu Kim, "How to detect the anomaly in the network traffic", Proc. KNOM Conference 2008, April 24-25, 2008.

Hoon Lee, "A Practical Network Design for VoD Services", Journal of KICS, Vol.34, No.3, pp.225-234, March 2009.

Hoon Lee, "Charging and Revenue Estimation for the WiMAX System", Journal of

KICS, Vol.34, No.3, pp.288–303, March 2009.

Hoon Lee, et al., "Dimensioning next generation networks for QoS guaranteed voice services", 대한전자공학회논문지 제40권 TC편 제12호, 2003년 12월.

Hoon Lee, "A new approach for pricing the Internet services", 한국통신학회논문지, 제28권 제11B호, 2003년 11월.

Hoon Lee, "Approximate cell loss performance in ATM networks: In comparison with exact results", 한국통신학회논문지 제25권 제5A호, 2000년 4월.

Hoon Lee, "Effect of delay–sensitivity to the charging in broadband networks", Proc. of APCC2000, 2000년 10월 30일–11월 2일.

Hoon Lee et al., "Progressive analysis of traffic in the Internet", Engineering Research & Technology, Vol.8, December 2008.

Hoon Lee, "The power of power law: A view from VoD service", 한국통신학회 논문지, 제38 B권, 제8호, 2013년 8월.

W.E. Leland, M.S. Taqqu, W. Willinger, and D. Wilson, "On the self–similar nature of Ethernet traffic", IEEE/ACM Tr. On Networking, Vol.2, No.1, Feb. 1994.

A. Leon-Garcia, "Probability and random processes for electrical engineering, Second edition", Addison Wesley Longman, 1994.

Eileen Magnello and Borin Van Loon, "Introducing Statistics", Icon Books, 2009.

S. L. Miller and D. G. Childers, "Probability and random processes with application to signal processing and communications", Elsevier Academic press, 2004.

Martin A. Nowak, "Five rules for the evolution of cooperation", Martin A. Nowak in science, vol.314, December 2006.

A. Papoulis, "Probability, random variables, and stochastic processes, Korean student ed"., McGraw–Hill Book Co., 1965.

S. M. Ross, "Introduction to Probability models", Academic Press, Inc., 1993.

S. M. Ross, "Stochastic processes", John Wiley & Sons, 1983.

T. Sasake et al., "Reference traffic for network resource dimensioning under unexpected and evenly distributed traffic load", IEICE Tr. J91−B, No.7, pp.734−745, July 2008.

R. E. Walpole and R. H. Myers, "Probability and statistics for engineers and scientists", Collier MacMillan International ed., 1978.

J.D. Williams, "An approximation to the probability integral", Annals of Mathematical Statistics, 17, pp.363−365, 1946.

INDEX

A

B

C

D

ㅎ